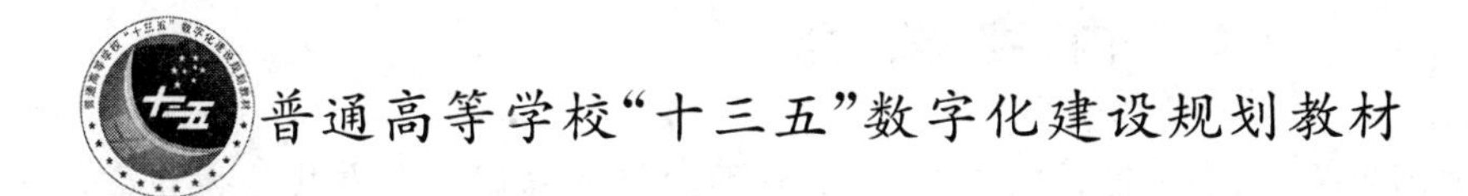

大学计算机基础——计算思维

主　编　刘相滨

副主编　唐文胜　谭湘键

内 容 简 介

本教材采用类似因果关系、需求推动的方式，介绍计算思维的知识。全书共分为5章，内容涵盖计算机的诞生与发展、计算机的硬件和软件组成、二进制数据表示方法、经典的计算机数据处理算法、网络的概念与应用、数据库的原理以及计算机的资源共享及其带来的信息安全问题等，前后连贯、结构清晰、内容丰富、通俗易懂，既具知识性，又具趣味性，引导读者培养计算思维的理念。

本书配有《大学计算机基础——应用操作指导》一书，既可独立成册，也可相互配合使用；适合于高等院校非计算机专业本、专科学生学习，也可作为普通读者学习计算机基础知识的教程。

前　　言

1972年,图灵奖的获得者艾兹格·迪科斯彻(Edsger Dijkstra)说,我们所使用的工具影响着我们的思维方式和思维习惯,从而也将深刻地影响着我们的思维能力。

我们学习计算机应用技术,一方面是因为计算机的应用已经渗透到各个学科专业领域,我们的学习、工作和生活都离不开计算机;另一方面,也是主要的一个方面,是通过学习,让我们了解计算机解决问题的方法,培养如何高效地利用计算机来解决实际问题的能力,从而提高分析问题、解决问题的能力,一句话,就是培养计算思维的能力。

然而,什么是计算思维?如何培养计算思维呢?

本教材采用类似因果关系、需求推动的方式,介绍计算思维的知识,前后连贯、结构清晰、内容丰富、通俗易懂,引导读者培养计算思维的理念。

全书共分为5章,内容涵盖计算机的诞生与发展、计算机的硬件和软件组成、二进制数据表示方法、经典的计算机数据处理算法、网络的概念与应用、数据库的原理以及计算机的资源共享及其带来的信息安全问题等,既具知识性,又具趣味性。

第1章从计算的本质出发,讲述什么是计算,人类为什么需要计算,人类为了追求高效便利的计算进行了怎样不懈的努力,从而终于迎来了计算机的诞生,开启了信息时代的新纪元。

第2章分别从“人脑”与“电脑”的物理结构与计算方式的类比出发,引出计算机的组成结构与计算机的工作原理,让我们知道“软”和“硬”是相辅相成的。

第3章从人类为了计数而发明的计数符号出发,介绍了计算机中数据的表示方法——二进制以及各种类型的数据(数字、字符、声音、图像等)在计算机中的具体表示方法,创造了丰富多彩的“01”世界。

第4章从人类问题求解的一般过程出发,引出采用计算机进行问题求解的一般方法,了解如何对问题进行抽象,如何进行数据的组织,如何设计科学、合理、高效的求解算法,从而深刻理解我们人与计算机求解问题的相同点与不同点,建立计算思维的概念。

第5章从资源共享的需求出发,引出实现资源共享的两大关键技术:计算机网络与数据库,理解计算机是如何聚数据成“库”并实现共享的,理解“矛”和“盾”总是对立的,在资源共享为我们的学习、工作、生活带来巨大便利的同时也引发了严重的信息安全问题。

本书配有《大学计算机基础——应用操作指导》一书,既可独立成册,也可相互配合使用;适合于高等院校非计算机专业本、专科学生学习,也可作为普通读者学习计算机基础知识的教程。

本书由刘相滨教授担任主编,唐文胜、谭湘键担任副主编。第1章由刘相滨、汤清明编写,第2章由蔡美玲、谭湘键编写,第3章由官理、黄灿编写,第4章由丁亚军、秦宏毅编写,第5章由刘相滨、唐文胜编写。全书由刘相滨统稿。

在本书的编写过程中，编者的同事给予了许多帮助和支持，特别是黄建平教授和黄金贵教授对全书的编写工作提出了许多宝贵的指导意见，在此表示诚挚的谢意。此外，本书的编写还参考了大量文献资料和许多网站的资料，在此一并表示衷心的感谢。

苏文华、沈辉构思并设计了与本书配套的数字化教学资源的结构，余燕、付小军编辑了相关数字化教学资源内容，马双武、邓之豪组织并参与了配套教学资源的信息化实现，苏文春、陈平提供了版式和装帧设计方案。在此表示衷心感谢。

由于时间仓促以及水平有限，书中错误和不当之处在所难免，恳请读者批评指正。

编 者

2018 年 3 月

目　　录

第1章　计算与计算机

计算机(Computer)是一种用来“计算”的机器，是一种能够按照事先存储的程序，自动、高速地进行大量数值计算和各种信息处理的现代化智能电子设备。计算机的出现是人类科学发展史上的里程碑，它的诞生为人类社会带来了巨大变化，也为科学研究注入了强劲的推动力。目前，计算机的应用已经渗透到科学技术的各个领域，也渗透到人们学习、工作、生活的方方面面，可以毫不夸张地说，我们已经离不开计算机了。

那么，什么是计算？人类为什么需要计算？人类为了追求高效便利的计算进行了怎样的不懈努力？计算机是如何诞生的？它是万能的吗？

带着这些问题，通过本章的学习，我们可以深刻理解计算的本质、人类的智慧与奋斗精神，从而建立计算思维的初步概念，为进一步理解计算机的组成与工作原理及应用打下基础。

1.1　什么是计算

1.1.1　计算的释义

我们都知道，计算是计算机的首要功能，因为，计算机就是一种用来“计算”的机器。

那么，什么是计算呢？

大家可能都会不约而同地想到，计算就是形如这样的工作：

$$345+21\times68-45\div6=?$$

这，确实就是计算！这，也是计算的基本含义：核算数目，根据已知量算出未知量。例如，已知圆的半径 r，根据公式 $S=\pi r^2$ 就可算出圆的面积 S。

实际上，计算的含义很广，下面这些情形都属于“计算”的范畴。

(1)核算数目。

这是计算的基本含义：计数、运算等，例如：

《史记・平准书》中写道：“于是以东郭咸阳、孔仅为大农丞，领盐铁事；桑弘羊以计算用事，侍中。”其中的背景是：桑弘羊出身于商人家庭，聪明伶俐，深得汉武帝赏识，被委以重任，负责财政方面的事务，制定了一系列财政措施，为国家聚敛了丰厚的钱财物资。

施耐庵的《水浒传》第三十九回写道：“便唤酒保计筭，取些银子筭还，多的都赏了酒保。”这里，“计筭”通“计算”，为“算账”的意思。

柳青的《铜墙铁壁》第十四章写道：“群众比头一天慌张，要求不要过秤，拿口袋计算，只记下名字就行了。”这里很明显计算为“计数”或“计量”的意思。

(2)谋划,考虑。

这个含义就引申了一层,不是表面的计数、运算,而是内心的“盘算”、谋略的策划、权衡等,例如:

《韩非子·六反》中写道:“故父母之于子也,犹用计算之心以相待也,而况无父子之泽乎!”意思是:父母对待生男生女的事情,都会考虑一下今后对自己是否有好处。

(3)算计。

这个含义就带有一点贬义,特指不好的谋划,暗中打损害别人的坏主意。例如:

《廿载繁华梦》第二回写道:“且说周庸祐自从计算傅成之后,好一个关里库书,就自己做起来。”很明显,周庸祐“算计”了一下傅成。

(4)演算,推理。

这个含义可以看作计算的更高境界,包括棋局中的对弈,案情的分析、推理等。例如,在围棋比赛中,如图 1-1 所示,棋手心中进行的演算,或者棋手的演算能力,都称为“计算”。计算愈深远精确,棋力愈强。

图 1-1 围棋比赛中的“计算”

“计算”无处不在,古人有“运筹帷幄,决胜千里”,今天有“云计算、智能计算”。

那么,到底什么是计算呢?

1.1.2 计算的本质

很难对计算下一个确切的定义。在不同的使用情景中,有不同的使用方式,既有精确的定义,例如,使用各种算法进行的“算术”运算;也有较为抽象的定义,例如,在一场竞争中“策略的计算”,或者“计算”两人之间关系的“亲密度”。

一般来说,计算是一种将单一或复数之输入值转换为单一或复数之结果的一种思考过程。

本质上,计算是依据一定的法则对有关符号串进行变换的过程。抽象地说,计算的本质就是递归。直观地描述,计算是从一个已知的符号串开始,按照一定的规则,一步一步地改变符号串的过程经过有限步骤,最终得到一个满足预定条件的符号串,这样的一种有限符号串变换过程与递归过程是等价的。

广义上,计算包括数学计算、逻辑推理、文法的产生式、集合论的函数、组合数学的置换、变量代换、图形图像的变换和数理统计等;人工智能解决空间遍历、问题求解、图论路径的问题、网络安全、代数系统理论、上下文表示、感知与推理和智能空间等;甚至包括数字系统设计(例如逻辑代数)、软件程序设计(文法)、机器人设计、建筑设计等设计问题。

计算主要用在科学领域,可称为科学计算。计算不仅是数学的基础技能,而且是整个自然科学的工具。例如:

天文学家想要分析太空脉冲、星位移动;

生物学家想要模拟蛋白质的折叠过程,发现基因组的奥秘;

药物学家想要研制治愈癌症或各类细菌与病毒所致疾病的药物,医学家想要研究防止衰老的新办法;

数学家想计算最大的质数和圆周率的精确值;

经济学家想要分析在几万种因素作用下某个企业/城市/国家的发展方向从而宏观调控;

工程师想要准确计算生产过程中的材料、能源、加工与时间配置的最佳方案;

……

由此可见,人类未来的科学,时时刻刻都离不开计算。

1.2　高效便利计算的不懈追求

1.2.1　数与计数

1. 计算的要素

要完成计算,首先需要对计算的对象进行描述,然后才能按照一定的计算方法进行计算。其中,计算对象的描述就是对计算对象进行抽象,采用某种符号来表示计算对象,并且这种表示方法要适合选定的计算方法,以便能够方便地实现计算。而计算方法是指计算规则和计算步骤,通过该计算方法可以对计算对象进行加工处理,得到我们期望的结果。

例如,对于算术运算,数就是计算对象,数的表示就是对计算对象的描述方法,而数的运算规则及具体的运算步骤就是计算方法,如图1-2所示。

数的表示包含两个方面的内容,一是数的表示符号,二是数的类型。数的表示符号称为记数符号,如阿拉伯数字、罗马数字、中文数字等。为了使算术运算能够应用于不同的场合,人们对数进行了分类,称为数的类型,如实数和复数、有理数和无理数、整数和小数等。

数的运算规则是指基本的运算规则,如四则运算、开乘方等。具体的运算步骤则是指为求解某个具体的问题而采用的方法和步骤,如计算圆的面积,如果已知圆的半径 r,则可根据公式 $S=\pi r^2$ 算出圆的面积 S,而如果是已知圆的直径 d,则应根据公式 $S=\pi(d/2)^2$ 算出圆的面积 S。

2. 数的起源

数是人类日常生活中不可缺少的内容,是我们表示数量关系的尺度。从远古时代起,人们在生产劳动中就有了计数的需要。例如,人们出去打猎的时候,要数一数共出去了多少人,拿了多少件武器;回来的时候,要数一数捕获了多少只野兽等。

在漫长的人类进化和文明发展过程中,人类首先产生了“数”的朦胧概念。他们狩猎而

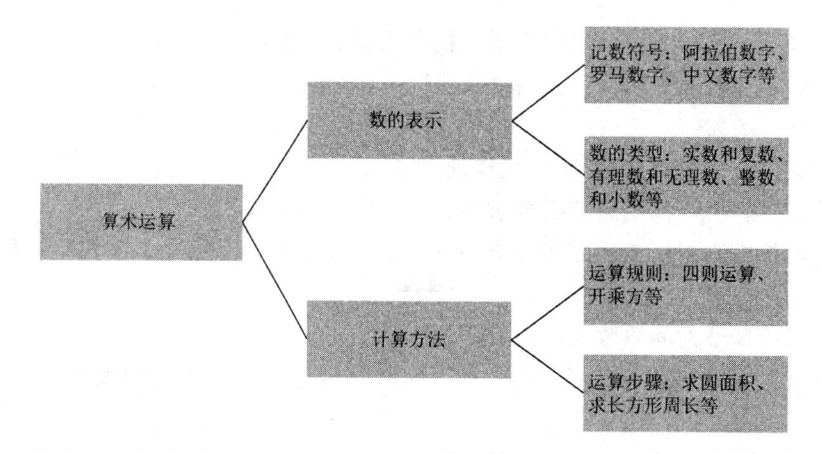

图 1-2 算术运算中数的表示与计算方法

归，猎物或有或无，于是先有了“有”与“无”两个概念。连续几天“无”兽可捕，就没有肉吃了，“有”“无”的概念便逐渐加深。慢慢地，又有了“同样多”“多”或“少”的概念。为了更详细地表示“数”、区分“数”的多少，人们借助一些其他物品，如在地上摆小石子（如图 1-3 所示）；在木棒或骨头上刻痕（如图 1-4 所示）；在绳上打结（如图 1-5 所示）等方法来计数。例如，出去放牧时，每放出一只羊，就摆一颗小石子，一共出去了多少只羊，就摆多少颗小石子；放牧回来时，再把这些小石子和羊一一对应起来，如果回来的羊的数量和小石子同样多，就说明放牧时羊没有丢。再如，出去打猎时，每拿一件武器，就在木棒上刻一道痕，一共拿了多少件武器就在木棒上刻多少道痕；打猎回来时，再把拿回来的武器和木棒上刻的痕数一一对应起来，看武器和刻痕是不是同样多，如果是，就说明武器没有丢失，结绳计数的道理也是这样。这些计数的基本思想就是把要数的实物和用来计数的实物一个一个地对应起来，也就是现在所说的一一对应。

图 1-3 石头计数

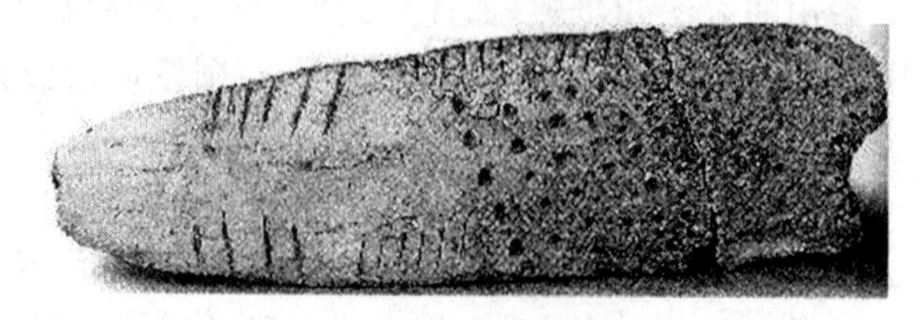

图 1-4 刻痕计数

图1-5　结绳计数

3.数字的出现

后来，随着语言的发展逐渐出现了数词，随着文字的发展又发明了一些记数符号，也就是最初的数字。最初，各个国家和地区的记数符号是不同的，如阿拉伯数字、罗马数字、中文数字等。例如，阿拉伯数37，采用中文数字写作三十七，采用罗马数字写作XXXⅦ。

但是，你知道吗？阿拉伯数字，其实并不是阿拉伯人发明的，而是由印度人发明的。

大约在公元前三千多年，居住在印度河流域的人类发明了比较先进的数字，而且采用了十进位的计算方法。到公元前3世纪，印度就出现了整套的数字，但在各地区的写法并不完全一致，其中最有代表性的是婆罗门式数字，如图1-6所示。

图1-6　婆罗门式数字

婆罗门式数字的特点是从“1”到“9”每个数都有一个专门的数字，但这一组数字中没有“0”(零)，“0”是到了笈多王朝(公元320—550年)时期才出现的。公元4世纪完成的数学著作《太阳手册》中，使用了“0”的符号，当时只是实心小圆点“·”。后来，小圆点演化成为小圆圈“0”。这样，一套从“0”到“9”的数字就趋于完善了。这是古代印度人民对世界文化的贡献。

在公元8世纪前后，婆罗门式数字由印度传入阿拉伯，被阿拉伯人广泛用于经商，并进行了改进。因为使用方便，公元12世纪又从阿拉伯传入欧洲，于是人们就误认为这些数字是阿拉伯人发明的，因而就叫作“阿拉伯数字”。

1.2.2　计算工具的发展

计算工具是指从事计算所使用的器具或辅助计算的实物及思想和方法。计算和计算工具是息息相关的。

子曰：“工欲善其事，必先利其器”。在人类文明发展的历史长河中，人们为了追求高效、便利的计算，从数与计数产生之日起，便进行了不懈的努力，发挥出了极大的聪明才智，促进了计算工具的不断发展。

本质上说，计算工具是将基本的计算方法和计算步骤予以自动实现的一种工具，利用先进的计算工具，我们能够极大地提高计算的效率。计算工具的发展和计算技术的发展是相互促进的，计算工具体现了计算方法和计算技巧，代表了计算技术的水平，并促进计算技术的发展，而计算技术的提高又能促使更先进计算工具的发明。

1. 古老的算筹

算筹是一种古老的计算工具，根据史书的记载和考古的发现，古代的算筹实际上是一根根长短和粗细都相同的小棍子，很多情况下是用竹子做成的，也有用木头、兽骨、象牙、金属等材料做成的。为了携带方便，通常将大约二百来根捆成一捆，放在一个布袋里，系在腰间。在需要进行记数和计算的时候，就把它们取出来，放在桌子上、炕上或地上都可以，用起来很方便。

在算筹计数法中，采用纵横两种排列方式来表示数目，其中，数字 1～5 分别采用纵、横方式排列相应数量的算筹(棍子)来表示，而 6～9 则以上面的算筹再加下面相应数量的算筹(棍子)来表示，上面的算筹当作 5，如图 1－7 所示。如果要表示多位数，个位就采用纵式，十位采用横式，百位又采用纵式，千位用横式，以此类推，交叉摆放，以免混淆，遇零则空出位置。

图 1－7 算筹

别看这些一根根不起眼的小棍子，它们在我国的数学史上却是立了大功的，我国古代数学的早期发达与持续发展是受惠于算筹的。例如，我国古代数学家祖冲之就是用算筹计算出圆周率的值介于 3.141 592 6 和 3.141 592 7 之间，并且这一记录保持了近千年。汉高祖刘邦在总结打败项羽的原因时，说张良是“运筹帷幄之中，决胜千里之外”，后来，“运筹帷幄”就成了一个成语，这里的“筹”指的就是算筹。现代数学中，有一门学科叫“运筹学”，其名称也来源于古代算筹。

2. 精巧的算盘

算筹在我国从周代到元代应用了约两千年，对我国古代数学的发展功不可没。但算筹的应用也有很大的限制：

(1)工作场所不方便。使用算筹进行运算时，需要有比较大的地方来摆放算筹，运算的位数越多，或要解决的问题越难，则需要摆放算筹的场所就越大，应用起来不是很方便。

(2)运算过程不能保留。这是一个比较重要的问题，使用算筹进行运算时，运算过程实际上就是挪动算筹的过程，每运算到下一步，上一步的结果就看不到了。这样，一旦发生了错误，就不好检查，学习者学习起来也很困难。元朝数学家朱世杰能用算筹解四元高次方程，其数学水平居世界领先地位，但是，他的方法太难懂了，因而后继无人。

我国古代数学不能发展为现代数学，算筹方法的限制是一个重要原因。元末明初之后，珠算(算盘)逐渐代替了算筹。

算盘是珠算的工具,最早记录于汉朝人徐岳撰写的《数术记遗》一书里。

如图1-8所示,算盘的四周叫作框,也叫作边。算盘中间的横条,叫作梁。在算盘从上边贯穿横梁至下边的小棒叫作档,也叫作杆。计算时,可选定一个档作为个位。从这一档向左数,依次为十位、百位、千位、万位……向右数则依次为十分位、百分位……算盘上的珠子叫算珠,也叫作算盘子。靠近算盘底边的一颗下珠,叫作底珠。在梁上方的算珠,一般有2颗,有的有1颗。每颗梁上方的算珠等于同档的5颗下珠,靠近算盘上边的一颗梁上方的算珠,叫作顶珠。

图1-8　算盘

算盘是我国古代劳动人民发明创造的一种简便的计算工具。由于算盘制作简单,价格便宜,珠算口诀又便于记忆,运算简便、快速,能够进行加减乘除以及开乘方运算(5次方),所以在我国被普遍使用,几千年来一直是我国古代劳动人民普遍使用的计算工具,并且陆续流传到日本、朝鲜、美国和东南亚等国家和地区。在进入电子计算机时代后,古老的算盘仍然发挥着一定的作用,如图1-9所示(摄于1996年),上海一家银行的柜员桌上同时有计算机和算盘。2013年12月4日,联合国教科文组织正式将中国珠算列为人类非物质文化遗产,成为我国第30项被列为非遗的项目。

图1-9　上海一家银行的柜员桌上同时有计算机和算盘(摄于1996年)

3. 纳皮尔对数与计算尺

计算尺大约发明于公元1620—1630年间,在苏格兰数学家约翰·纳皮尔(John Napier)于1614年提出对数概念后不久。

波兰天文学家尼古拉·哥白尼(Nikolaj Kopernik)通过一生的天文观测与研究,创立了"太阳中心说"。但是,由于害怕教会的惩罚,哥白尼在世时不敢公开他的发现,直到1543

年，这一发现才公之于世。即使这样，哥白尼的发现还是不断受到教会、大学等机构与天文学家的蔑视和嘲笑。终于，在60年后，约翰尼斯·开普勒和伽利略·伽利雷证明了哥白尼是正确的，“太阳中心说”才开始流行，天文学因而成了当时的热门学科。

那时，天文学家们为了进行天文观测和研究，需要进行很多的计算，而且通常要算几个数的连乘，而那时候，计算多位数的乘积，还是非常复杂的运算，因而苦不堪言，各种天文数据都是依靠没日没夜的计算才得到的结果。

1594年，为了寻求一种球面三角计算的简便方法，纳皮尔运用独特的方法构造出了对数方法，但完善这一理论，却整整花了他20年的光阴。1614年6月，他出版了世界上第一本对数专著《奇妙的对数表的描述》，在书中，他阐明了对数原理，为了纪念他，后人称之为纳皮尔对数。

对数的出现，将复杂的数与数之间的乘除法化为了简单的加减法，进一步体现了需求推动生产力这一永恒不变的自然规律，很好地证明了数学来源于生活，同时又服务于生活，促进生产力的发展。因而，恩格斯在他的著作《自然辩证法》中曾经把笛卡儿的坐标、纳皮尔的对数、牛顿和莱布尼兹的微积分共同称为17世纪的三大数学发明。法国著名的数学家、天文学家拉普拉斯也曾说，对数，可以缩短计算时间，在实效上等于把天文学家的寿命延长了许多倍。

纳皮尔虽然简化了多位数乘除的计算方法，但前提条件是需要知道这些数的对数值。那么，怎样才能快捷、方便地获得任意一个数的对数呢？当然，我们可以事先把所有数的对数都计算出来，做成一个对数表，需要的时候查表就行。但小数的个数是无限的，因此这个对数表穷尽所有的数是不可能的，即使列出具有代表性的数也将会是非常巨大的，况且纸质表的查找、携带都不方便，因而急需一种携带方便、查找快捷、覆盖面广（能查很多的对数，最理想的就是能查任意一个数的对数）、功能强大（能直接完成任意两个数的相乘或相除）的工具来满足这个需求。

不久，牛津的埃德蒙·甘特（Edmund Gunter）发明了一种使用单个对数刻度的计算工具，称为计算尺。当计算尺和另外的测量工具配合使用时，可以直接完成两个数的乘除法，而无须查对数表，非常方便。

1630年，剑桥的威廉·奥特雷德（William Oughtred）发明了圆算尺，如图1-10所示。但奥特雷德是理论数学家，对这个小小的计算尺并不在意，也没有打算让它流传于世，此后的二百年来，他的发明也没有被实际应用。

直到18世纪末，以发明蒸汽机闻名于世的瓦特，由于需要迅速计算蒸汽机的功率和气缸体积，终于成功地制作出了第一把名副其实的计算尺。他在尺座上多设计了一个滑标，用来“存储”计算的中间结果，更为实用，这种滑标很长时间一直被后人所沿用。

1850年以后，对数计算尺迅速发展。由于几乎没有替代工具可选择，计算尺便逐渐成了工程师们必不可少的随身携带的“计算机”。从20世纪50年代到60年代，如同显微镜代表了医学行业一样，计算尺是工程师身份的象征。同时，为了提高计算方便性，加快计算速度，计算尺制造商也在计算尺上增加了其他各种标记和符号。

所有这一切在20世纪70年代宣告结束，因为微型科学计算器（带有三角和对数函数的计算器，1972年的惠普HP-35是最早的科学计算器）的诞生，使计算尺最终失去了市场。

4. 帕斯卡的加法器

布莱士·帕斯卡（Blaise Pascal）从小就显示出了对科学研究的浓厚兴趣。他于1623年

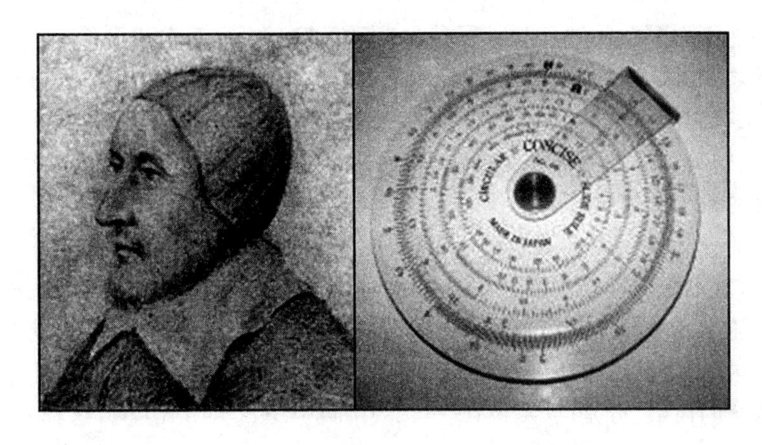

图1-10　威廉·奥特雷德及其发明的圆形计算尺

出生在法国一位数学家家庭,3岁时母亲就不幸去世了,由担任税务官的父亲拉扯着长大成人。帕斯卡非常爱戴他的父亲,每天看着年迈的父亲费力地计算各种税率税款,很想帮着做点什么。于是,他决定为父亲制作一台可以计算税款的机器,来减轻父亲的负担。19岁那年,他制造出了人类历史上的第一台机械计算机。

帕斯卡的计算机是一种由一系列齿轮组成的装置,外形像一个长方盒子,如图1-11所示,用儿童玩具那种钥匙旋紧发条后才能转动,只能够做加法和减法运算。为了实现加法的"逢十进一"进位,帕斯卡采用了一种小爪子式的棘轮装置。当定位齿轮朝9转动时,棘爪便逐渐升高,一旦齿轮转到0,棘爪就"咔嚓"一声跌落下来,推动十位数的齿轮前进一挡。

图1-11　帕斯卡及其发明的加法器

帕斯卡不仅在计算机方面,在其他的诸多领域内也都有建树。他既是数学家、物理学家和哲学家,也是流体动力学和概率论的创始人,他甚至还是文学家,其文笔优美的散文在法国极负盛名。可惜,长期从事艰苦的研究损害了他的健康,1662年他英年早逝,去世时年仅39岁。他留给了世人一句至理名言:"人好比是脆弱的芦苇,但是他又是有思想的芦苇。"

全世界"有思想的芦苇",尤其是计算机领域的后来者,都不会忘记帕斯卡在混沌中点燃的亮光。为了纪念他为科学做出的杰出贡献,在很多地方都留有他的名字,例如,射影几何的"帕斯卡定理"、流体静力学的"帕斯卡定律"、压强的单位"帕斯卡"以及1971年发明的一种程序设计语言——Pascal语言,等等。

5. 莱布尼兹的乘法器

帕斯卡逝世后不久,与法兰西毗邻的德国莱茵河畔,有位英俊的年轻人有幸读到了帕斯卡亲自撰写的关于加法计算机的论文,这篇论文使他似醍醐灌顶,勾起了强烈的发明欲,一个朦胧的设想在心中酝酿成熟。他就是德国大数学家、被《不列颠百科全书》称为"西方文明最伟大的人物之一"的戈特弗里德·威廉·莱布尼兹(Gottfried Wilhelm Leibniz)。

后来,他又有幸获得了一次出使法国的机会,为他实现制造计算机器的夙愿创造了契机。在巴黎,他聘请了多位著名机械专家和能工巧匠协助工作,终于在1674年设计制造出了一台更完美的机械计算机。

这台新型的计算机大约有1米长,内部安装了一系列齿轮机构,如图1-12所示,除了体积较大之外,基本原理继承于帕斯卡。不过,莱布尼兹为计算机增添了一种名叫"步进轮"的装置。步进轮是一个有9个齿的长圆柱体,9个齿依次分布于圆柱表面,旁边另有1个小齿轮可以沿着轴做轴向移动,以便逐次与步进轮啮合。每当小齿轮转动一圈,步进轮可根据它与小齿轮啮合的齿数,分别转动1/10圈、2/10圈……直到9/10圈,这样一来,它就能够连续重复地做加法运算。

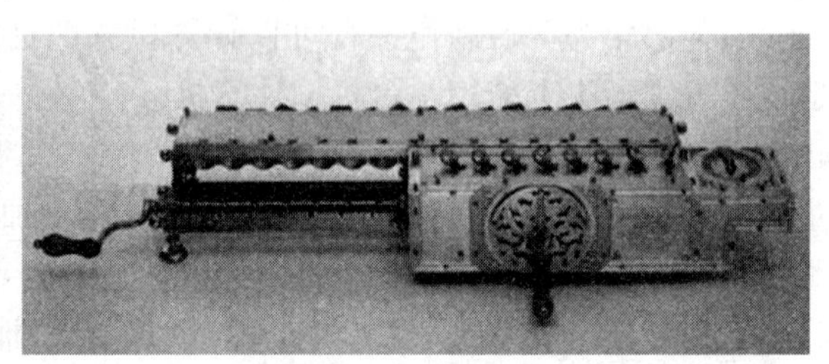

图1-12 莱布尼兹及其发明的乘法器

了解计算机组成原理的人都知道,现代计算机中,所有运算(加、减、乘、除)都是通过加法来实现的,连续重复的加法运算是实现其他运算的基础。因此,莱布尼兹的计算机,加、减、乘、除四则运算一应俱全,这就给后来风靡一时的手摇计算机铺平了道路。

此外,莱布尼兹在数学和哲学上也都有突出的成就。

在数学上,他和牛顿先后独立发明了微积分,而且他对微积分的表述更清楚,采用的符号系统比牛顿的更直观、合理,被普遍采纳,沿用至今。莱布尼兹悟出了二进制数的真谛,率先提出了二进制的运算法则。

在哲学上,莱布尼兹的乐观主义最为著名。他和笛卡儿、巴鲁赫·斯宾诺莎被认为是17世纪三位最伟大的理性主义哲学家。

6."程序"驱动的编织机

要让机器听从我们人类的安排,按照我们人类的意愿去做事,首先就要让机器能够听懂我们的话,或者说,要把我们的思想传达给机器。也就是说,首先要做到人与机器之间能够进行对话,这样,机器才能根据我们的意愿来自动执行命令,快速、批量地完成工作。

说来也怪,最早实现人与机器对话的却不是研制计算机的那些前辈,而是与计算机发明毫不相干的纺织机械师。最早出现在我国的提花编织机就是具有这种思想的一种机器。如图1-13所示为明朝刻印的《天工开物》一书中的一幅提花编织机示意图。

据史书记载,西汉年间,钜鹿县纺织工匠陈宝光的妻子,能熟练地掌握提花编织机操作技术,她的机器配置了120根经线,平均60天即可织成一匹花布,每匹价值万钱。

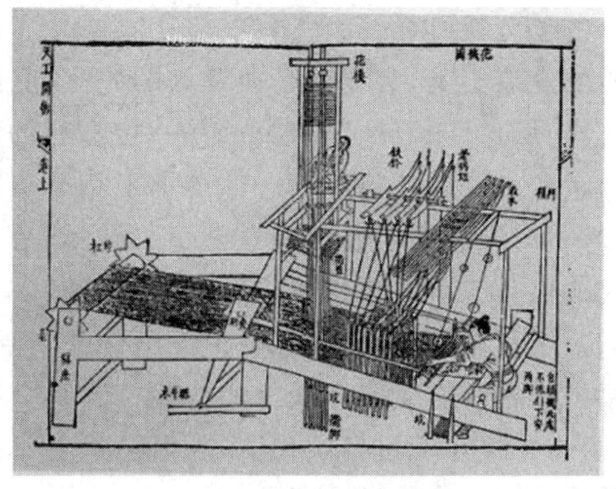

图 1-13　《天工开物》及其记载的提花机样图

这台提花编织机是能够储存提花信息的特殊织机。如果需要织造的纺织品有花纹，就将提花信息利用织机上的提花装置储存起来，相当于一个“模板”，这样就使得提花信息能够重复使用，织出一匹匹相同花纹的纺织品。这些储存的提花信息也相当于现在计算机中的程序，一旦编好了，就可以反复调用，不论输入什么样的数据，处理的方法和过程都是一样的。

随着需求的不断提高，为了省时省力，提花技术不断提高。不过，用当时的编织机编织图案还是相当费事，并且没有灵活性。所有的纺织品都是用经线(纵向线)和纬线(横向线)编织而成。若要织出花样，织工们必须细心地按照预先设计的图案，对提花装置进行操作，在适当位置“提”起一部分经线，以便让滑梭牵引着不同颜色的纬线通过。但是，机器不可能自己知道应该在何时、在何处提线，只能靠人的手来“提”起一根又一根经线，不厌其烦地重复这种操作。

1725 年，法国纺织机械师布乔突然想出了一个“穿孔纸带”的绝妙主意。他首先设法用一排编织针控制所有的经线运动，然后用一卷纸带，根据图案打出一排排小孔，再将纸带压在编织针上。机器启动后，正对着小孔的编织针能够穿过去钩起经线，而其他的针则被纸带挡住了，不能穿过去。这样一来，编织针就能够自动地按照预先设计的图案来挑选经线，于是，布乔的“思想”就巧妙地“传递”给了编织机。这里，编织图案的“程序”就“储存”在穿孔纸带的小孔之中。

提花编织机技术的真正突破是 80 年后法国机械师约瑟夫·杰卡德(Joseph Jacquard)实现的，大约在 1805 年，他完成了“自动提花编织机”的设计制作。

在新的提花编织机中，杰卡德增加了一种装置，可以同时操纵 1 200 个编织针，控制图案的穿孔纸带后来也换成了穿孔卡片。据说，杰卡德自动提花编织机面世后仅 25 年，考文垂附近的乡村里就有了 600 台，可以想象一下这样的一个场面，在老式蒸汽机扑哧扑哧的伴奏下，一匹匹漂亮的花绸布源源不断地从机器中编织出来，这给人一种怎样的震撼。就像现在很多工厂启用工业机器人给人们带来的压力一样，纺织工人最初强烈反对这架自动化新鲜玩意的到来，害怕机器会抢去他们的饭碗，使他们失去工作，但因为它优越的性能，终于被人们普遍接受。1812 年，仅在法国已经装配了万余台，并通过英国传遍了西方世界，杰卡德也因此而被授予了荣誉军团十字勋章和金质奖章。

杰卡德自动提花编织机奏响了 19 世纪机器自动化的序曲。杰卡德自动提花编织机“千疮百孔”的穿孔卡片，不仅让机器编织出绚丽多彩的图案，而且意味着程序控制思想的萌芽，穿孔纸带和穿孔卡片也被广泛地应用于早期的计算机中，用来储存程序和数据。或许，我们现在把“程序设计”俗称为“编程序”，就引申自编织机的“编织花布”的词义。

7.巴贝奇的差分机

在计算机的发展史上,有两位令人尊敬的先驱:巴贝奇与阿达。

查尔斯·巴贝奇(Charles Babbage)是一位富有的银行家的儿子,如图1-14所示,1792年出生在英格兰西南部的托特纳斯。他继承了相当丰厚的遗产,但他把金钱全都用于了科学研究,为计算机事业做出了杰出的贡献。

童年时代的巴贝奇就显示出了极高的数学天赋,考入剑桥大学后,他发现自己掌握的代数知识甚至超过了教师。24岁的他毕业留校并荣幸受聘担任剑桥大学"路卡辛讲座"的数学教授。这是一个很少有人能够获得的殊荣,牛顿的老师巴罗是第一名,牛顿是第二名。在教学之余,巴贝奇完成了大量发明创造,如运用运筹学理论率先提出"一便士邮资"制度,发明了供火车使用的速度计和排障器等等。

假如巴贝奇继续在数学理论和科技发明领域耕耘,他本来是可以走上鲜花铺就的坦途。然而,这位旷世奇才却选择了一条无人敢于攀登的崎岖险路。

事情还得从对数说起。1614年,纳皮尔提出了对数原理,为了充分享受对数原理带来的计算便利,一方面是研制计算尺,另一方面是编制对数表。在此背景下,18世纪末,法兰西发起了一项宏大的计算工程——人工编制《数学用表》,对数表就是其中的一项重要内容。这在没有先进计算工具的当时,是一件极其艰巨的工作。为此,法国数学界调集了大批数学家,组成了人工手算的流水线,算得天昏地暗,才完成了17卷大部头书稿。

然而,计算出的数学用表存在大量错误,翻一页就是一处错,翻两页就有好几处错。面对错误百出的数学表,巴贝奇目瞪口呆,这也许就是巴贝奇萌生研制计算机的起因。

巴贝奇的第一个目标是制作一台"差分机"。所谓"差分"的含义,就是把函数表的复杂算式转化为差分运算,用简单的加法代替平方运算。20岁的巴贝奇随后花了整整十年的光阴,终于在1822年完成了第一台差分机,如图1-14所示。

图1-14 巴贝奇及其1822年发明的差分机

巴贝奇从杰卡德自动提花编织机上获得了灵感,差分机的设计闪烁出了程序控制的灵光,它能够按照设计者的旨意,自动处理不同函数的计算过程。它可以处理3个不同的5位数的运算,计算精确度达到6位小数。看着由机器制作出的准确无误的《数学用表》,巴贝奇兴奋不已。

成功的喜悦激励着巴贝奇,他连夜上书皇家学会,要求政府资助他建造第二台运算精确度为20位的大型差分机。英国政府看到巴贝奇的研究有利可图,破天荒地与科学家签订了第一个合同,财政部慷慨地为这台大型差分机提供了1.7万英镑的资助。巴贝奇自己也投入1.3万英镑巨款,用以弥补研制经费的不足。在当年,这笔款项的数额无异于天文数字——有资料介绍说，1831 年，约翰·布尔制造一台蒸汽机车的费用才 784 英镑。

然而，第二台差分机在机械制造工厂里触上了“暗礁”。

由于当时工业技术水平极低，第一台差分机从设计、绘图到机械零件加工，都是巴贝奇亲自动手完成的。第二台差分机的设计大约需要 25 000 个零件，主要零件的误差不得超过每英寸千分之一，这样的高精度机械加工要求，即使用现在的加工设备和技术都很难做到。巴贝奇把加工任务交给了英国当时最著名的机械工程师约瑟夫·克莱门特所属的工厂。然而，工程进度十分缓慢，巴贝奇心急火燎，从剑桥到工厂，从工厂到剑桥，一天几个来回。他把图纸改了又改，让工人把零件重做一遍又一遍。年复一年，日复一日，又一个 10 年过去了，全部零件也只完成了不足一半。参加研制的同事们再也坚持不下去，纷纷离他而去。

巴贝奇又独自苦苦支撑了第三个 10 年，终于感到无力回天。看着偌大的作业场空无一人，只剩下满地的滑车和齿轮，一片狼藉，他无计可施，只得把全部设计图纸和已完成的部分零件送进伦敦皇家学院博物馆供人观赏。

在痛苦的煎熬中，英国政府又宣布断绝对他的一切资助，连科学界的友人都用一种怪异的目光看着他，让他雪上加霜。

就在这痛苦艰难的时刻，一位不凡的女士出现了。那天，巴贝奇实验室门口走进来一位年轻的女士。她身披素雅的斗篷，鬓角上斜插一朵白色的康乃馨，显得那么典雅端庄，如图 1－15 所示。她就是伯爵夫人——阿达·奥古斯塔(Ada Augusta)，英国著名诗人拜伦的独生女。她比巴贝奇的年龄小 20 多岁，从小继承了母亲的数学才能和毅力。

图 1－15　世界上第一位软件工程师——阿达·奥古斯塔

原来，还是在阿达的少女时代，母亲的一位朋友领着她们去参观巴贝奇的差分机。当其他女孩子围着差分机，只知道叽叽喳喳乱发议论的时候，她却认真地听着巴贝奇的讲解，非常好奇、非常仔细地观察着差分机，十分理解并且深知巴贝奇这项发明的重大意义。或许是这个小女孩特殊的气质，在巴贝奇的记忆里打下了较深的印记，他赶紧请阿达入座，并欣然同意与这位小有名气的数学才女共同研制新的计算机器。

就这样，在阿达 27 岁时，她成为巴贝奇科学研究上的合作伙伴，迷上了这项常人不可理喻的“怪诞”研究。

30 年的困难和挫折并没有使巴贝奇屈服，阿达的友情援助更加坚定了他的决心。还在大型差分机进军受挫的 1834 年，巴贝奇就已经提出了一项新的更大胆的设计。他最后冲刺的目标，不是仅仅能够制表的差分机，而是一种通用的数学计算机。巴贝奇把这种新的机器叫作“分析机”,它能够自动解算有100个变量的复杂算题,每个数可达25位,速度可达每秒钟运算一次。

今天我们再回首看看巴贝奇的设计,分析机的思想仍然闪烁着天才的光芒。

巴贝奇的分析机大体上有三大部分:第一个部分是齿轮式的“存储库”,巴贝奇称它为“仓库”(Store),每个齿轮可存储10个数,齿轮组成的阵列总共能够存储1 000个50位数。第二个部分是所谓的“运算室”,被巴贝奇命名为“作坊”(Mill),其基本原理与帕斯卡的转轮相似,用齿轮间的啮合、旋转、平移等方式进行数字运算。为了加快运算速度,他改进了进位装置,使得50位数加50位数的运算可在一次转轮之中完成。第三部分巴贝奇没有具体命名,其功能是以杰卡德穿孔卡中的“0”和“1”来控制运算操作的顺序,类似于计算机里的控制器。他甚至还考虑到如何使这台机器处理依条件转移的动作,例如,第一步运算结果若是“1”,就接着做乘法,若是“0”就进行除法运算。此外,巴贝奇也构思了送入和取出数据的机构以及在“仓库”和“作坊”之间不断往返运输数据的部件。

阿达“心有灵犀一点通”,她非常准确地理解了分析机的结构和工作原理,因此,为分析机编制一批函数计算程序的重担,就落到了她的肩头。阿达开天辟地第一次为计算机编出了程序,其中包括计算三角函数的程序、级数相乘程序、伯努利函数程序等等。阿达编制的这些程序,即使到了今天,计算机软件界的后辈仍然不敢轻易改动一条指令。人们公认她是“世界上第一位软件工程师”。

为了纪念阿达对现代计算机与软件工程所产生的重大影响,1981年,美国国防部将耗费巨资、历时近20年研制成功的一种高级程序语言命名为Ada语言。

不过,这些都是后话,殊不知巴贝奇和阿达当年处在怎样痛苦的水深火热之中!由于得不到任何资助,巴贝奇为了把分析机的图纸变成现实,耗尽了自己全部财产,弄得一贫如洗。他只好暂时放下手头的活,和阿达商量设法赚一些钱,如制作什么国际象棋玩具,什么赛马游戏机等等。为筹措科研经费,他们不得不“下海”搞“创收”。最后,两人陷入了惶惶不可终日的窘境。阿达忍痛两次把丈夫家中祖传的珍宝送进当铺,以维持日常开销,而这些财宝又两次被她母亲出资赎了回来。

贫困交加,无休止的脑力劳动,使阿达的健康状况急剧恶化。1852年,怀着对分析机成功的美好梦想,软件才女英年早逝,享年仅36岁。阿达去世后,巴贝奇又默默地独自坚持了近20年。晚年的他已经不能准确地发音,甚至不能有条理地表达自己的意思,但是他仍然百折不挠地坚持工作。1871年,为计算机事业贡献了毕生精力的巴贝奇,终于满怀着对分析机无言的悲怆,孤独地离开了人世。

虽然巴贝奇和阿达失败了,分析机最终没能造出来,但失败的原因是因为他们看得太远,分析机的设想超出了他们所处的时代至少一个世纪!当时科学技术发展的水平制约了他们理想的实现,科技社会发展的需求和科学技术发展的现实水平之间的矛盾,使得他们注定要成为悲剧人物。如果当时的机械加工技术能够达到他们的设计要求,那么历史就会是另一种写法了。尽管如此,巴贝奇和阿达还是为计算机科学留下了一份极其珍贵的精神遗产,包括30种不同设计方案,近2 000张组装图和50 000张零件图……更包括那种在逆境中自强不息,为追求理想而奋勇向前的拼搏精神。

为了纪念巴贝奇所做出的贡献,在靠近月球的北极,有一个陨石坑被命名为“巴贝奇坑”,科学界将永远缅怀他的功绩。1977年,为了研究信息革命的历史,美国建立了巴贝奇研究所。巴贝奇是世界公认的“计算机之父”。

8. 巴贝奇夙愿的实现——Mark I

大约在1936年，美国青年霍华德·艾肯(Howard Aiken，如图1-16所示)来到哈佛大学攻读物理学博士学位。由于其博士论文的研究涉及空间电荷的传导理论，需要求解非常复杂的非线性微分方程，在进行烦琐的手工计算之余，艾肯很想发明一种机器代替人工求解的方法，幻想能有一台计算机帮助他解决数学难题。

图1-16　霍华德·艾肯

就像莱布尼兹在书里"找到"了帕斯卡一样，艾肯也是在图书馆里"发现"了巴贝奇和阿达。巴贝奇和阿达的论文，让年轻人心驰神往。70多年过去了(自巴贝奇逝世以来)，科技水平已经有了很大的提高，也许已经能够完成巴贝奇未竟的事业，制造出通用计算机。为此，他写了一篇《自动计算机的设想》的建议书，提出要用机电方式，而不是用纯机械方法来构造新的"分析机"。

然而，如果没有资金支持，就会重蹈巴贝奇和阿达的覆辙。艾肯家庭贫困，他是以半工半读的方式读完高中的，大学期间，也是一边工作，一边刻苦学习，怎么去筹措这么大的一笔经费呢？为了实现计算机梦想，取得博士学位后的艾肯在他的一位老师的推荐下，说动了具有敏锐眼光、爱好"思考"的企业家——国际商业机器公司(International Business Machines Corporation，IBM)董事长沃森，获得了50万美元的资助。

有了IBM作坚强后盾，新的计算机研制工作在哈佛大学物理楼后的一座红砖房里开始了，艾肯把它取名为"Mark I"，又叫作"自动序列受控计算机"。IBM又派来莱克、德菲和汉密尔顿等工程师组成攻关小组。财源充足，兵强马壮，比起巴贝奇和阿达，艾肯的境况实在要幸运得多。IBM也因此从生产制表机、肉铺磅秤、咖啡碾磨机等乱七八糟玩意的行业里，正式跨进了计算机的"领地"。

艾肯设计的Mark I已经是一种电动的机器，它借助电流进行运算，最关键的部件用的是普通电话上的继电器。Mark I上大约安装了3 000个继电器，每一个都有由弹簧支撑着的小铁棒，通过电磁铁的吸引上下运动。吸合则接通电路，代表"1"；释放则断开电路，代表"0"。继电器"开关"能在大约1/100秒的时间内接通或是断开电流，当然比巴贝奇的齿轮先进得多。

为Mark I编制计算程序的格雷丝·霍波(Grace Hopper，如图1-17所示)也是一位女数学家。这位闻名遐迩的数学博士，1944年加入哈佛大学计算机的研究工作中，她说，我成了世界上第一台大型计算机 Mark Ⅰ的第 3 名程序员。霍波博士后来还为第一台储存程序的商业电子计算机 UNIVAC 写过程序，又率先研制成功第一个编译程序 A－O 和计算机商用语言 COBOL，是公认的计算机语言领域的带头人。有一天，她在调试程序时出现了故障，拆开继电器后，发现有只飞蛾被夹扁在触点中间，从而“卡”住了机器的运行。于是，霍波诙谐地把程序故障统称为“臭虫”（bug），而这一奇怪的“称呼”后来成为计算机领域的专业行话，调试程序排除故障就叫作 Debug。

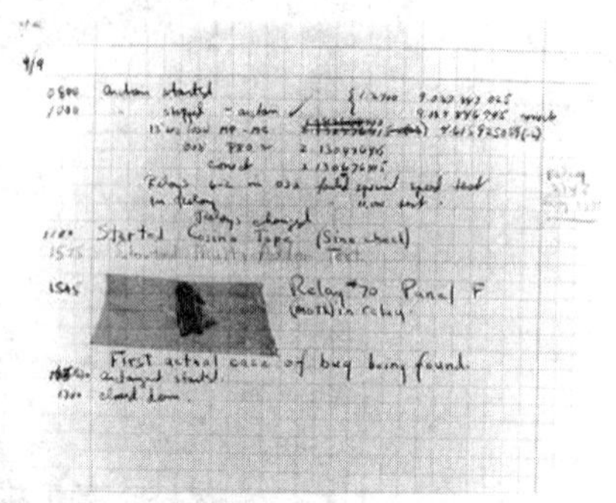

图 1－17　格雷丝·霍波及其保存在她的笔记本中的第一个“bug”

1944 年 2 月，Mark Ⅰ计算机在哈佛大学正式运行。它的外壳用钢和玻璃制成，长约 15 米，高约 2.4 米，自重达到 31.5 吨，是个像恐龙般的庞然大物，如图 1－18 所示。据说，艾肯和他的同事们，为它装备了 15 万个元件和长达 800 公里的电线。这台机器能以令当时人们吃惊的速度工作——每分钟进行 200 次以上的运算。它可以做 23 位数加 23 位数的加法，一次仅需要 0.3 秒，而进行同样位数的乘法，则需要 6 秒多的时间。只是它运行起来响声不绝于耳，有的参观者说：“就像是挤满了一屋子编织绒线活的妇女”，也许你会联想到，Mark Ⅰ计算机也与杰卡德自动提花编织机有天然的联系。

图 1－18　Mark Ⅰ

Mark Ⅰ代表着自帕斯卡以来人类所制造的机械计算机或电动计算机的顶尖水平，当时就被用来计算原子核裂变过程。它后来运行了 15 年，编制的数学用表我们至今还在使用。1946 年，艾肯和霍波联袂发表文章说，这台机器能自动实现人们预先选定的系列运算，甚至可以求解微分方程。

Mark Ⅰ终于实现了巴贝奇的夙愿。事隔多年后，已经担任大学教授的艾肯谈起巴贝奇其人其事来，仍然惊叹不已，他曾感慨地说，如果巴贝奇晚生 75 年，我就会失业。但是，Mark Ⅰ是早期计算机的最后代表，从它投入运行的那一刻开始就已经过时，因为此时此刻，人类社会已经跨进了电子的时代。

9.黎明前的最后准备

1883年的一个晚上，为人类社会贡献了2 000多项发明的美国发明家爱迪生（T. Edison），正在实验室为寻找一种合适的灯丝材料而不断地忙碌着。当时他用碳丝作为灯丝材料，但碳丝发光后由于温度高，碳丝很快就被蒸发变成了炭灰，几经实验后仍然没有结果。

怎么才能阻止碳丝蒸发呢？爱迪生首先找来一小截铜丝，把它靠在碳丝附近后一起封装到一只新玻璃壳里，抽去空气，然后把它接在电路上。实验结果使爱迪生大失所望，碳丝发光后依然变细。爱迪生叹了口气，无意间用电流表探头触了触铜丝外露的端头。

奇怪的事发生了，电流表的指针竟摆动了一个角度。爱迪生简直不敢相信，这铜丝并没有接触通电发光的碳丝，哪来的电流呢？连续实验了几次，情况都没有变化，爱迪生把它记录在案，作为一项发明申请了专利，称为"爱迪生效应"，这也是他一生中唯一的"纯科学"发现。爱迪生当时没有找到实际用途，也没能更深入地探讨和追寻，让一次更伟大的发明机会擦肩而过。

"爱迪生效应"没有引起爱迪生本人的重视，却惊动了大洋彼岸的一位英国青年工程师弗莱明（J. Fleming，如图1-19所示）。弗莱明漂洋过海，专程向爱迪生陈述他对单向电子流效应的真知灼见，不料想却受到了大发明家的冷落。

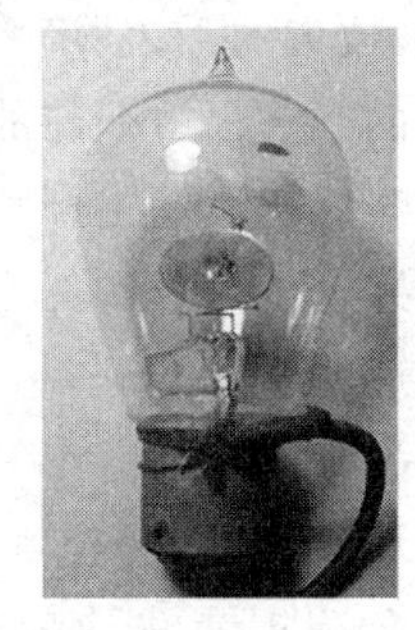

图1-19 弗莱明及其实验用的灯泡

1895年，为了解决无线电讯号的检波问题，弗莱明在实验室重新摆弄起爱迪生的"电灯泡"来。他故意把碳丝做得细一些，而把铜丝加粗加宽，变成一块薄铜板，并把铜板弯曲成圆筒状，把碳丝整个儿包起来。当他把"灯泡"连接在交流电回路后，弗莱明兴奋地看到自己的预想变成了现实：交流电讯号被整流为单向流动的直流电。于是，弗莱明以"热离子阀"为名在英国申请了专利。弗莱明的发明，正是世界上第一只电子管，也就是人们后来所说的"真空二极管"。

弗莱明把他发明的东西叫作"热离子阀"，"阀"就是开关。电子管确实是计算机理想的开关元件，然而，弗莱明的真空二极管尚未达到计算机高速开关的要求。20世纪初，在弗莱明开创的事业的基础上，一位美国青年发明家李·德·福雷斯特（Lee de Forest，如图1-20所示）在真空中再次驯服了电子。

1906年，为了提高真空二极管的检波灵敏度，德·福雷斯特在弗莱明的玻璃管内添加了一种栅栏式的金属网，形成电子管的第三个极。他惊讶地看到，这个"栅极"仿佛就像百叶窗，能控制阴极与屏极之间的电子流；只要栅极有微弱电流通过，就可在屏极上获得较大的电流，而且波形与栅极电流完全一致。也就是说，他发明的是一种能够起放大作用的真空三极管器件。

然而，因发明这种新型电子管，德·福雷斯特竟无辜受到美国纽约联邦法院的传讯，原因是有人控告他企图为公司推销积压产品，进行商业诈骗。愚昧无知的法官下达判决，宣布德·福雷斯特发明的电子管是一个“毫无价值的玻璃管”。

图 1-20 李·德·福雷斯特及其发明的真空三极管

1912 年，冒着随时可能被捕入狱的危险，德·福雷斯特和两名助手来到美国西部加利福尼亚，在帕洛阿托小镇坚持不懈地改进三极管。在爱默生大街 913 号一座小木屋里，他们发现了比他们原来期望更多的东西。在用铜线重新缠绕三极管的栅极过程中，德·福雷斯特突然想到可以用这种玻璃管制作更强大的放大器。他们把若干个三极管连接起来，并与电话机的话筒、耳机相互连接，再将德·福雷斯特那只“走时相当准确的英格索尔手表”放在话筒前方。结果，被放大的手表“滴答”声，几乎要把德·福雷斯特的耳朵震聋。

在帕洛阿托市的德·福雷斯特故居，至今依然矗立着一块小小的纪念碑，以市政府名义书写着一行文字，“李·德·福雷斯特在此发现了电子管的放大作用。”用来纪念德·福雷斯特的伟大发明为新兴电子工业所奠定的基础。德·福雷斯特发明电子管几十年后，这里竟变成了世界计算机产业腾飞的硅谷。他的发明为他赢得了“无线电之父”“电视始祖”和“电子管之父”的称号。

电子管主要在无线电装置里充当检波、整流、放大和振荡元件，它的诞生为通信、广播、电视等相关技术的生长、发展铺平了道路。但是，人们不久后就发现，按照不同的电路形式，真空三极管除了可以处于“放大”状态外，还可以分别处于“饱和”与“截止”状态。“饱和”即从阴极到屏极的电流完全导通，相当于开关开启；“截止”则从阴极到屏极没有电流流过，相当于开关关闭。这两种状态可以由栅极进行控制，其控制速度要比艾肯的继电器快10 000 倍。

发明家们在世纪之交的年代驯服了电子，采用电子器件制作计算机已经水到渠成。

1.3 划时代的发明

1.3.1 计算机的诞生

1. ENIAC 计算机

全世界在隆隆的炮火声中迎来了 1943 年。战争的迫切需要，像一只有力的巨手，为计算机的诞生扫清障碍，铺平道路。

1943 年 4 月 9 日，在美国马里兰州阿贝丁陆军军械部召集的一次会议上，陆军上校西蒙(L. Simon)端坐在主席的位置，他的身旁坐着普林斯顿高等研究院的韦伯伦(O. Veblen)

教授(以创立“拓扑学”闻名世界)。

其时,西蒙上校领导阿贝丁试炮场,担负着美国陆军新式火炮的试验任务。早些时候,军械部曾派出青年军官戈德斯坦(H. Glodstine)中尉,从宾夕法尼亚大学莫尔电气工程学院召集了一批研究人员,帮助计算新式火炮的弹道表,这次会议就是应戈德斯坦等人的要求,审核一项关于研制电子计算机的立项资助报告,这是一件非同小可的事情。

人们都知道,刚试制出来的火炮是否能够通过验收,必须对它发射的多枚炮弹的轨迹做认真检查,分析弹着点误差的原因。一发炮弹从发射升空到落地爆炸,只需约一分钟,而计算这发炮弹的轨迹却要做 750 次乘法和更多的加减法。一张完整的弹道表需要计算近 4 000 条弹道,试炮场每天要提供给戈德斯坦 6 张这样的表,可想而知任务量有多大。

戈德斯坦本人就是一位数学家,曾在密歇根大学任数学助理教授。他从陆军中抽调百余位姑娘来做辅助性的人工计算。可以设想一下:一发炮弹打过去,100 多人用手摇计算机忙乱地算个不停,还经常出错,既吃力又不讨好,那场景不免令人啼笑皆非。

在戈德斯坦领导的队伍中,有两位来自莫尔电气工程学院的年轻学者,如图 1-21 所示。一位是他多年的好友,宾夕法尼亚大学莫尔电气工程学院副教授约翰·威廉·莫奇利(John William Mauchly),36 岁的物理学家。另一位名叫约翰·普雷斯伯·埃克特(John Presper Eckert),24 岁的电气工程师,不久前刚从宾夕法尼亚大学莫尔电气工程学院毕业。莫奇利擅长总体构思,他的设想又总能够被心灵手巧的埃克特领会并加以具体化。两个人志趣相投,几番碰撞,一拍即合,交给了戈德斯坦一份研制电子计算机的设计方案——高速电子管计算装置的使用,明确提出要使用弗莱明、德·福雷斯特发明的电子管,造一台前所未有的计算机器,把弹道计算的效率提高成百上千倍。

图 1-21　莫奇利(右)与埃克特(左)

经过仔细的研读和细致的考量,敏锐、远见的韦伯伦教授终于认可了这份报告。世界上第一台电子计算机的研制就这样戏剧性地拉开了帷幕。军方与宾夕法尼亚大学莫尔电气工程学院最初签订的协议是提供 14 万美元的研制经费,但后来合同被修订了 12 次,经费一直追加到了 48 万美元,大约相当于现在的 1 000 多万美元。

宾夕法尼亚大学莫尔电气工程学院组建的研制小组是一个朝气蓬勃的跨学科攻关小组,在科技史上留下了敢冒风险、敢于取胜的美名。小组成员包括物理学家、数学家和工程师 30 余名,还组织了近 200 名辅助人员参与攻关。项目总负责人勃雷纳德是宾夕法尼亚大学莫尔电气工程学院富有声望的教授,他曾经讲,这是一项不能确保一定会达到预期效果的开发方案,然而,现在正是一个合适的时机。他顶住了来自各方面的压力,满腔热情地支持年轻人的创造精神。戈德斯坦则在科研组织方面表现出杰出的才干，他不仅为项目提供数学方面的帮助，还以军方联络员的身份，负责协调项目的进展。在计算机研制中发挥最主要作用的当属莫奇利和埃克特以及工程师勃克斯。其中，莫奇利是计算机的总设计师，主持机器的总体设计；埃克特是总工程师，负责解决复杂而困难的工程技术问题；勃克斯则作为逻辑学家，为计算机设计乘法器等大型逻辑元件。

然而，为支援战争赶制的机器，最终还是未能赶上最后一班车，德国法西斯很快就被击溃。1946 年 2 月 14 日，世界上第一台通用计算机才姗姗来迟，在一片欢呼声中正式启动运行。

1946 年 2 月 14 日，正是姑娘、小伙们钟爱的"情人节"。莫尔小组的绝大多数成员风华正茂、情窦初开，选择这一天作为公开揭幕典礼的日期，或许是寓意深长的——电子数字积分计算机不正是他们的"大众情人"吗？这位"大众情人"的名字叫作"埃尼阿克"(Electronic Numerical Integrator and Calculator，ENIAC)，如图 1-22 所示。埃尼阿克总共安装了 17 468 只电子管，7 200个二极管，7 万多个电阻器，1 万多只电容器和 6 000 只继电器，电路的焊接点多达 50 万个之巨。在机器表面，则布满电表、电线和指示灯，就像姑娘身上挂满的各式翡翠珍珠宝石项链，其庞大的身躯挤进了一排 2.75 米高的金属柜里，占地面积为 170 平方米左右，约为整整 10 间房那样的空间大小，总重量达到 30 吨，堪称空前绝后的"巨型机"。

图 1-22 ENIAC 计算机

在庆典大会上，埃尼阿克不凡的表演让来宾们大开眼界。它输入数据和输出结果都采用穿孔卡片，每分钟可以输入 125 张卡片，输出 100 张卡片。在 1 秒钟内可以完成 5 000 次加法，或者在 3/1 000 秒内完成两个 10 位数的乘法，运算速度超出 Mark I 至少在 1 000 倍以上。一条炮弹的轨迹，20 秒钟就可以算完，比炮弹本身的飞行速度还要快。埃尼阿克一天完成的计算工作量，大约相当于一个人用手摇计算机操作 40 年。

2. ABC 计算机

需要说明的是，法定的世界上第一台电子计算机并不是 ENIAC，而是由美国爱荷华州立大学的约翰·文森特·阿塔纳索夫(John Vincent Atanasoff)和他的研究生克利福特·贝瑞(Clifford Berry)在 1937 年设计的，取名为阿塔纳索夫-贝瑞计算机(Atanasoff-Berry

Computer)的计算机,简称 ABC。该机器不可编程,仅仅设计用于求解线性方程组,并在 1942 年成功进行了测试。

这台计算机是电子与电器的结合,其电路系统中装有 300 个电子真空管执行数字计算与逻辑运算,机器使用电容器来进行数值存储,数据输入采用打孔读卡方法,还采用了二进制。因此,ABC 的设计中已经包含了现代计算机中 4 个最重要的基本概念(电子元件、二进制、存储思想、逻辑运算),从这个角度来说它是一台真正现代意义上的电子计算机。

然而,这台计算机用纸卡片读写器实现的中间结果存储机制是不可靠的。而且,在发明者阿塔纳索夫因为执行第二次世界大战任务而离开爱荷华州立大学之后,这台计算机的工作就没有继续进行下去。实际上,当学校将研制 ABC 所在的地下室改造成教室的时候,原始的 ABC 最终被拆掉了,并且所有的零部件(除了一个存储器转鼓之外)都被丢弃了。因此,其工作直到 1960 年才被发现和广为人知,并且陷入了谁才是第一台电子计算机的冲突中。那时候,ENIAC 普遍被认为是第一台现代意义上的电子计算机。

1973 年 10 月 19 日,美国明尼苏达州一家地方法院经过 135 次开庭审理,当众宣判,莫奇利与埃克特没有发明第一台电子计算机,只是利用了阿塔纳索夫发明中的构思。并且判决莫奇利与埃克特的专利无效,ENIAC 专利是由阿塔纳索夫的发明所派生的。理由是阿塔纳索夫早在 1941 年,就将他对计算机的初步构想告诉了莫奇利,这个判决没有人提出上诉。但是阿塔纳索夫所在的爱荷华州立大学并没有为 ABC 计算机申请专利,而且打官司的也不是 ABC 计算机的几位设计者本人,而是两家计算机公司 Honeywell 和 Sperry Rand 公司。

对于 ENIAC 和 ABC 谁才是第一台电子计算机之争,我们应当客观看待。ABC 开创了现代计算机的重要元素,因而在 1990 年被认定为电气和电子工程师协会(Institute of Electrical and Electronics Engineers,IEEE)里程碑之一,但 ABC 缺乏通用性、可变性与存储程序的机制,而且没有得到实际应用。而 ENIAC 在这些方面获得了巨大的成功,ENIAC 的诞生为人类开辟了一个崭新的信息时代,标志着人类社会从此大步迈入了计算机时代的大门。

因此,现在的共识是,ABC 是第一台电子计算机,ENIAC 是第一台通用计算机和第二台电子计算机。

3.冯·诺依曼思想

在计算机的发展史上,冯·诺依曼及其提出的冯·诺依曼思想占有非常重要的地位。

约翰·冯·诺依曼(John von Neumann,1903—1957 年,如图 1-23 所示)美籍匈牙利人,1903 年 12 月 28 日生于匈牙利的布达佩斯,父亲是一位银行家,家境富裕,十分注意对孩子的教育。冯·诺依曼从小聪颖过人,兴趣广泛。据说他 6 岁时就能用古希腊语同父亲闲谈,一生掌握了 7 种语言,其中最擅长的是德语,他可以在用德语思考种种设想时,又能以阅读的速度译成英语。1911—1921 年,冯·诺依曼在布达佩斯的卢瑟伦中学读书期间就崭露头角而深受老师的器重。在费克特老师的个别指导下并合作发表了第一篇数学论文,此时冯·诺依曼还不到 18 岁。1921—1923 年,冯·诺依曼在苏黎世大学学习,1926 年以优异的成绩获得了布达佩斯大学数学博士学位,此时冯·诺依曼年仅 22 岁。1927—1929 年,冯·诺依曼相继在柏林大学和汉堡大学担任数学讲师。1930 年接受了普林斯顿大学客座教授的职位,西渡美国,于 1931 年成为该校终身教授,1933 年转到普林斯顿高等研究院,成为最初 6 位教授之一,并在那里

图 1-23　冯·诺依曼

工作了一生。1954年夏,冯·诺依曼被发现患有癌症,1957年2月8日,在华盛顿去世,终年54岁。

冯·诺依曼在数学的诸多领域都进行了开创性工作,并做出了重大贡献。他对人类的最大贡献是对计算机科学、计算机技术和数值分析的开拓性工作。

ENIAC的诞生和成功证明电子真空技术可以大大地提高计算技术,不过,ENIAC本身存在两大缺点:①没有存储器;②它用布线接板进行控制,甚至要搭接几天,计算速度也就被这一工作抵消了。ENIAC研制组的莫奇利和埃克特显然是感到了这一点,他们也想尽快着手研制另一台计算机,以便改进。

冯·诺依曼由ENIAC研制组的戈德斯坦中尉介绍参加ENIAC研制小组后,便带领这批富有创新精神的年轻科技人员,向着更高的目标进军。1945年,他们在共同讨论的基础上,发表了一个全新的"存储程序通用电子计算机方案"——EDVAC(Electronic Discrete Variable Automatic Computer)。在这过程中,冯·诺依曼显示出了他雄厚的数理基础知识,充分发挥了他的顾问作用及探索问题和综合分析的能力。

EDVAC方案明确新机器由5个部分组成:运算器、逻辑控制装置、存储器、输入和输出设备,并描述了这5个部分的职能和相互关系。EDVAC机还有两个非常重大的改进,即:①采用了二进制,不但数据采用二进制,指令也采用二进制;②建立了存储程序,指令和数据一起存放在存储器里,并做同样处理。从而简化了计算机的结构,大大提高了计算机的运行速度。1946年7、8月间,冯·诺依曼和戈德斯坦、勃克斯在EDVAC方案的基础上,为普林斯顿高等研究院设计存储程序计算机时,又提出了一个更加完善的设计报告《电子计算机逻辑设计初探》。以上两份既有理论又有具体设计的文件,首次在全世界掀起了一股"计算机热",它们的综合设计思想便是著名的"冯·诺依曼思想",采用此结构的计算机统称为"冯·诺依曼机"。这个概念被誉为"计算机发展史上的一个里程碑",标志着电子计算机时代的真正开始,指导着以后的计算机设计,现在大部分的计算机仍然没有突破此结构。

1.3.2 计算机的发展

1. 计算机的发展历程

计算机是目前最先进的计算工具。计算机的诞生是几千年人类文明发展的产物,是长期的客观需求和技术准备的必然结果。

从第一台通用计算机ENIAC问世到现在,按照所用的逻辑元件的不同来划分,电子计算机的发展主要经历了4个阶段,如表1-1所示。

表1-1 电子计算机发展的4个阶段

发展阶段	逻辑元件	软件	应用	典型计算机及描述
第Ⅰ代 (1946—1957年)	电子管	机器语言、 汇编语言	军事研究、 科学计算	ENIAC:第一台通用计算机 EDVAC:实现了"冯·诺依曼"的基本思想:二进制和存储程序
第Ⅱ代 (1958—1964年)	晶体管	监控程序、 高级语言	数据处理、 事务处理	TRADIC:第一台晶体管计算机,IBM制造 IBM 1401:第Ⅱ代计算机中的代表

续表

发展阶段	逻辑元件	软件	应用	典型计算机及描述
第Ⅲ代 (1965—1970年)	中小规模集成电路	操作系统、编辑系统、应用程序	有较大发展，开始广泛应用	IBM 360系列计算机：首次提出“计算机家族”概念，即兼容性 DEC PDP-8：第一代小型计算机
第Ⅳ代 (1971年—)	大规模、超大规模集成电路	操作系统完善、数据库系统、高级语言发展、应用程序发展	广泛应用到各个领域	Altair 8800：世界上第一台微型计算机 Apple Ⅱ：第一台带彩色图形的个人计算机 IBM PC：带MS-DOS操作系统的个人计算机 Apple Lisa：第一台使用鼠标和图形用户界面的计算机

第Ⅰ代称为电子管计算机时代。第Ⅰ代计算机的逻辑元件采用电子管，其主存储器采用磁鼓、磁芯，外存储器采用磁带、纸带、卡片等。存储容量只有几千字节、运算速度为每秒几千次，主要使用机器语言编写程序。由于一台计算机需要几千个电子管，每个电子管都会散发大量的热量，而如何散热是一个令人头痛的问题。电子管的寿命短，一般只有3 000多小时，因此计算机运行时常常发生由于电子管被烧坏而死机的现象。第Ⅰ代计算机主要用于军事研究和科学计算。

第Ⅱ代称为晶体管计算机时代。第Ⅱ代计算机的逻辑元件采用了比电子管更先进的晶体管，其主存储器采用磁芯，外存储器采用磁带、磁盘。晶体管比电子管小得多，能量消耗较少，处理更迅速、更可靠。第Ⅱ代计算机开始使用高级语言FORTRAN、COBOL和ALGOL等开发程序。随着第Ⅱ代计算机的体积和价格的下降，使用计算机的人也多起来了，计算机工业得到了迅速发展。第Ⅱ代计算机不但用于军事研究和科学研究，还用于数据处理、事务处理和工业控制等方面。

第Ⅲ代称为中小规模集成电路计算机时代。第Ⅲ代计算机的逻辑元件采用中小规模集成电路，其主存储器开始逐步采用半导体元件，存储容量可达几兆字节，运算速度可达每秒几十万至几百万次。集成电路(Integrated Circuit)是做在芯片上的一个完整的电子电路，这个芯片比手指甲还小，却包含了几千个晶体管元件。第Ⅲ代计算机的特点是体积更小、价格更低、可靠性更高、计算速度更快。从第Ⅲ代计算机起，操作系统开始使用，使计算机的功能越来越强，从而使计算机进入普及阶段，广泛应用于数据处理、过程控制、教育等各个方面。

第Ⅳ代称为大规模、超大规模集成电路计算机时代。第Ⅳ代计算机采用的逻辑元件依然是集成电路，但这种集成电路已经大为改善，包含了几十万到上百万个晶体管，称为大规模集成电路(Large Scale Integrated Circuit，LSI)和超大规模集成电路(Very Large Scale Integrated Circuit，VLSI)。1981年，美国IBM公司推出了第一台在微软磁盘操作系统(Microsoft Operating System，MS-DOS)上运行的个人计算机(Personal Computer，PC)，由此开创了计算机历史的新篇章，计算机开始深入到人类生活的各个方面。

2. 微型计算机的发展

微型计算机简称微机，以大规模集成电路为基础的微型计算机的出现是20世纪70年代科学技术发展的重大成果之一。它的出现不仅使计算技术进入崭新的阶段，而且使科学技术各个领域引起重大变革。从它诞生以来的短短五六年间，已使计算技术迅速普及并深入到国民经济各个领域,许多应用的成果已显示出微型计算机具有强大的生命力。

1971 年 1 月,Intel 公司的霍夫研制成功世界上第一块 4 位微处理器芯片 Intel 4004,标志着第一代微处理器问世,微处理器和微机时代从此开始。

1975 年 4 月,MITS 发布第一个通用型 Altair 8800,带有 1 kB 存储器。

1977 年,美国苹果公司推出了著名的 AppleⅡ计算机,它采用 8 位的微处理器,是一种被广泛应用的微型计算机,开创了微型计算机的新时代。

20 世纪 80 年代初,当时世界上最大的计算机制造公司——美国 IBM 公司推出了命名为 IBM-PC 的微型计算机。基于 Intel 8088 芯片的 IBM-PC 计算机以其优良的性能、低廉的价格以及技术上的优势迅速占领市场,使微型计算机进入到了一个迅速发展的实用时期。

世界上生产微处理器的公司主要有英特尔(Intel)、超微半导体公司(AMD)、赛瑞克斯公司(Cyrix)、国际商业机器公司(IBM)等几家,美国的 Intel 公司是推动微型计算机发展最为著名的微处理器公司。在短短的十几年,微型计算机经历了从 8 位到 16 位、32 位再到 64 位的发展过程。微处理器芯片从最初的 4004 及 4040 发展到目前每秒达数万亿次的多核微处理器。

在微型计算机操作系统方面,美国微软公司的 Windows 操作系统从 1985 年推出的 Windows 1.0 到 2015 年 7 月 29 日正式发布的 Windows 10,其间经历了几十个版本的更新和升级,在性能和易操作性方面不断得到增强和提高,对微型计算机的发展、应用和普及起了巨大的推动作用。

3. 我国计算机的发展

华罗庚教授是我国计算技术的奠基人和最主要的开拓者之一。当冯·诺依曼开创性地提出并着手设计存储程序通用电子计算机 EDVAC 时,正在美国普林斯顿大学工作的华罗庚教授参观过他的实验室,并经常与他讨论有关学术问题。

1956 年,我国制定了《1956—1967 年科学技术发展远景规划》,将"计算技术的建立"列为四大紧急措施之一,并筹建中国科学院计算技术研究所,华罗庚教授担任筹备委员会主任。该所于 1958 年研制成功我国第一台小型电子管通用计算机 103 机(八一型),标志着我国第一台电子计算机的诞生。1965 年,中科院计算所研制成功第一台大型晶体管计算机 109 乙机,之后又推出 109 丙机,该机在两弹试验中发挥了重要作用。

我国集成电路计算机的研究始于 1965 年,国防科技大学于 1983 年研制成功运算速度每秒上亿次的银河-Ⅰ巨型机,这是我国高速计算机研制的一个重要里程碑。

1985 年,电子工业部计算机管理局研制成功与 IBM PC 机兼容的长城 0520CH 微机。

1992 年,国防科技大学研究出银河-Ⅱ通用并行巨型机,峰值速度达每秒 4 亿次浮点运算(相当于每秒 10 亿次基本运算操作),其向量中央处理机是自行设计的,采用了中小规模集成电路,总体上达到 80 年代中后期国际先进水平。

1993 年,国家智能计算机研究开发中心(后成立北京市曙光计算机公司)研制成功曙光一号全对称共享存储多处理机,这是国内首次以基于超大规模集成电路的通用微处理器芯片和标准 UNIX 操作系统为基础设计开发的并行计算机。

1995 年,曙光公司又推出了国内第一台具有大规模并行处理机(Massively Paralle

Processor,MPP)结构的并行机曙光 1000(含 36 个处理机),峰值速度达每秒 25 亿次浮点运算,实际运算速度上了每秒 10 亿次浮点运算这一高性能台阶。曙光 1000 与美国 Intel 公司 1990 年推出的大规模并行机体系结构的实现技术相近,与国外的差距缩小到 5 年左右。

1997 年,国防科技大学研制成功银河-Ⅲ百亿次并行巨型计算机系统,该系统采用可扩展分布共享存储并行处理体系结构,由 130 多个处理结点组成,峰值速度达每秒 130 亿次浮点运算,系统综合技术达到 20 世纪 90 年代中期国际先进水平。

1997—1999 年,曙光公司先后在市场上推出具有机群结构(Cluster)的曙光 1000A,曙光 2000 - Ⅰ,曙光 2000 - Ⅱ超级服务器,峰值计算速度已突破每秒 1 000 亿次浮点运算,机器规模已超过 160 个处理机。

1999 年,国家并行计算机工程技术研究中心研制的神威Ⅰ计算机通过了国家级验收,并在国家气象中心投入运行。系统有 384 个运算处理单元,峰值运算速度达每秒 3 840 亿次。

2000 年,曙光公司推出每秒 3 000 亿次浮点运算的曙光 3000 超级服务器。

2001 年,中科院计算所研制成功我国第一款通用 CPU——"龙芯"芯片。

2002 年,曙光公司推出完全自主知识产权的"龙腾"服务器。龙腾服务器采用了"龙芯-1"CPU、曙光公司和中科院计算所联合研发的服务器专用主板、曙光 LINUX 操作系统,该服务器是国内第一台完全实现自主知识产权的产品,在国防、安全等部门发挥重大作用。

2003 年,百万亿次数据处理超级服务器曙光 4000L 通过国家级验收,再一次刷新国产超级服务器的历史纪录,使得国产高性能产业再上新台阶。

2009 年 10 月,国防科技大学成功研制出峰值性能为每秒 1 206 万亿次的"天河一号"超级计算机,使我国成为继美国之后世界上第二个能够研制千万亿次超级计算机的国家。超级计算机又称高性能计算机、巨型计算机,是世界公认的高新技术制高点和 21 世纪最重要的科学领域之一。

2013 年 6 月 17 日,国际 TOP500 组织(http://www.top500.org/)公布了最新全球超级计算机 500 强排行榜榜单,我国国防科技大学研制的"天河二号"以每秒 33.86 千万亿次的浮点运算速度,成为全球最快的超级计算机。这是继"天河一号"之后(2010 年 11 月排名),中国超级计算机再次夺冠,并且保持了连续 6 次蝉联冠军。"天河二号"超级计算机如图 1 - 24 所示。

图 1 - 24 "天河二号"超级计算机

图 1 - 25 "神威·太湖之光"超级计算机

2016 年 6 月 20 日,新一期全球超级计算机 500 强榜单公布,由国家并行计算机工程技术研究中心研制、使用中国自主知识产权芯片制造的"神威·太湖之光"取代"天河二号"登上榜首,如图 1 - 25 所示,不仅速度比第二名的"天河二号"快出近两倍,其效率也提高三倍。"神威·太湖之光"实现了包括处理器在内的所有核心部件全部国产化。

2016年11月18日，我国科研人员依托“神威·太湖之光”超级计算机的应用成果首次荣获“戈登·贝尔奖”，实现了我国高性能计算应用成果在该奖项上零的突破。

2017年6月19日，最新全球超级计算机500强榜单正式出炉，中国“神威·太湖之光”再次夺得冠军。2017年8月，中国科学家打破纪录，在“神威·太湖之光”计算机上创造出最大的虚拟宇宙，用了10万亿个数字粒子来模拟宇宙的形成和早期扩张。

1.4 神奇的计算机

1.4.1 计算机的特点

计算机具有其他任何计算工具无法比拟的特点，正是由于这些特点，使得计算机的应用范围不断扩大，已经进入人类社会的各个领域，也发挥着越来越大的作用，逐渐成为信息社会的科技核心。

(1)运算速度快，计算精度高。

运算速度快是计算机最显著的特点。国防科技大学研制的“天河二号”超级计算机的运算速度达到每秒33.86千万亿次，“天河二号”运算1小时，相当于13亿人同时用计算器计算1 000年。我国南北朝时期的数学家祖冲之计算圆周率得到精确到小数点后7位的结果，这一纪录保持了近千年，而现在借助于计算机，圆周率已经精确到了10万亿位。

(2)存储容量大。

“天河二号”超级计算机的存储总容量相当于存储每册10万字的图书600亿册。

(3)具有逻辑判断能力。

计算机能够根据各种条件来进行判断和分析，从而决定后续处理的执行方法和步骤。还能够对文字，符号，数字的大小、异同等进行判断和比较，从而决定如何处理这些信息。计算机被称为“电脑”，便是源于这一特点。

(4)高度的自动化和灵活性。

计算机内部的操作运算是根据人们预先编制的程序自动控制执行的。只要把包含一连串指令的处理程序输入计算机，计算机便会完成各种规定的操作，直到得出结果为止。

一台计算机的基本功能是有限的，这是在设计和制造时就决定了的。然而，人们可以根据不同任务精心设计和编排不同的执行流程，形成相应的处理程序。计算机执行这些程序就可以完成形形色色的任务，实现了计算机的通用性和灵活性。

1.4.2 计算机的分类

传统上，计算机的分类可以按照它的用途、规模或处理对象等来划分。计算机传统分类方法如图1-26所示。

(1)按照用途来分，计算机可分为通用计算机和专用计算机。通用计算机是指适用解决一般问题的计算机。通用计算机应用领域广泛，通用性较强，在科学计算、数据处理和过程控制等多种应用中都能使用。专用计算机是指用于解决某个特定方面问题的计算机，配有为解决

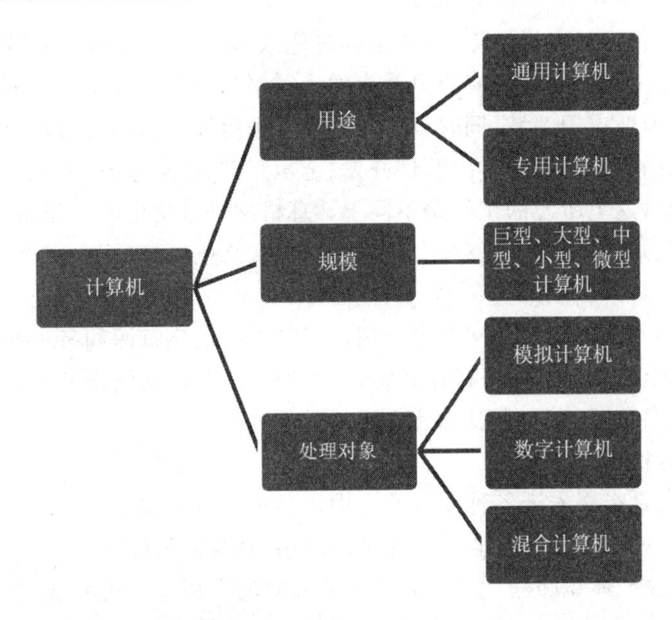

图1-26　计算机传统分类方法

该方面问题而设置的专门软件和硬件，如在生产过程中的自动化控制、工业智能仪表等。

(2)按照规模来分，计算机可分为巨型机、大型机、中型机、小型机、微型机等。

(3)按照处理对象来分，计算机可分为模拟计算机、数字计算机和混合计算机。数字计算机处理的数据类型是数字量；模拟计算机处理的数据类型是模拟量，如电压、温度、速度等；而混合计算机处理的数据类型既可以是数字量也可以是模拟量。

随着计算机技术的发展，计算机的功能越来越强大，严格对计算机进行划分已经没有多大实际意义，一般的分类方法是按照计算机运算的速度、字长、存储容量、软件配置等多方面的综合性能指标进行划分。

1.高性能计算机

高性能计算机也就是俗称的超级计算机，或者以前说的巨型机。目前国际上对高性能计算机的最为权威的评测是全球超级计算机500强(即TOP500)，通过测评的计算机是当前世界上运算速度和处理能力均称为一流的计算机。我国研制的天河一号、天河二号、神威·太湖之光等都曾登上榜首，这标志着我国高性能计算机的研究和发展取得了可喜的成绩。

超级计算机是世界高新技术领域的战略制高点，是体现科技竞争力和综合国力的重要标志。各个大国均将其视为国家科技创新的重要基础设施，投入巨资进行研制开发。

高性能计算机广泛应用于航空航天、天气预报、石油勘探、科学计算等领域。

2.微型计算机

微型计算机也称个人计算机。它具有小巧灵活、通用性强、价格低廉等优点，是发展速度最快的一类计算机。微型计算机的出现，形成了计算技术发展史上的又一次革命。它使计算机进入了几乎所有的行业，极大地推动了计算机应用的普及。

大规模集成电路及超大规模集成电路的发展是微型计算机得以产生的前提。目前，微型计算机已广泛应用于办公、学习、娱乐等社会生活的方方面面，是发展最快、应用最为普及的计算机。我们日常使用的台式计算机、笔记本电脑、掌上电脑等都是微型计算机。

3.工作站

工作站是一种高档的微型计算机，具有大、中、小型机的多任务、多用户能力，又兼有微型机的操作便利和良好的人机界面，可连接多种输入/输出设备，具有很强的图形交互处理能力及网络功能。工作站通常配有高分辨率的大屏幕显示器及容量很大的内存储器和外部存储器，主要面向专业应用领域，同时具备强大的数据运算与图形、图像处理能力，主要是为满足工程设计、动画制作、科学研究、软件开发、金融管理、信息服务、模拟仿真等专业领域。

需要指出的是，这里所说的工作站不同于计算机网络系统中的工作站概念，计算机网络系统中的工作站仅是网络中的任何一台普通微型机或终端，只是网络中的任一用户节点。

4. 服务器

服务器是指在网络环境下为网上多个用户提供共享信息资源和各种服务的一种高性能计算机，在服务器上需要安装网络操作系统、网络协议和各种网络服务软件。服务器主要为网络用户提供文件、数据库、应用及通信方面的服务。

5. 嵌入式计算机

嵌入式计算机是指嵌入于各种设备及应用产品内部的计算机系统，是一种有计算机功能但又不称之为计算机的设备或器材。它是以应用为中心，软硬件可裁减的，适应应用系统对功能、可靠性、成本、体积和功耗等综合性严格要求的专用计算机系统。它具有体积小、结构紧凑、软件代码小、高度自动化、响应速度快等特点，可作为一个部件埋藏于所控制的装置中，提供用户接口，管理有关信息的输入输出，监控设备工作，使设备及应用系统具有较高的智能和性价比。

嵌入式计算机广泛地用在生活电器设备中，如掌上 PDA、移动计算设备、电视机顶盒、手机、数字电视、多媒体系统、汽车、微波炉、数字相机、家庭自动化系统、电梯、空调、安全系统、自动售货机、蜂窝式电话、消费电子设备、工业自动化仪表与医疗仪器等。

1.4.3 计算机的应用

计算机的应用范围非常广泛，可以说，现代工作生活中的方方面面均离不开计算机的应用。根据计算机应用的特点可以将其概括为科学计算、信息处理、过程控制、计算机辅助技术、多媒体技术、网络应用、人工智能等方面。

1. 科学计算

科学计算是计算机最早的应用功能。科学计算是指计算机应用于完成科学研究和工程技术中所提出的数学问题(数值计算)。在现代科学技术工作中，科学计算问题是大量的和复杂的。利用计算机的高速计算、大存储容量和连续运算的能力，可以实现人工无法解决的各种科学计算问题。

计算机科学与技术的各门学科相结合，改进了研究工具和研究方法，促进了各门学科的发展。过去，人们主要通过实验和理论两种途径进行科学技术研究。现在，计算和模拟已成为研究工作的第三条途径。

计算和模拟作为一种新的研究手段，常使一些学科衍生出新的分支学科。例如，空气动力学、气象学、弹性结构力学和应用分析等所面临的“计算障碍”，在有了高速计算机和有关的计算方法之后开始有所突破，并衍生出计算空气动力学、气象数值预报等边缘分支学科。又如，建筑设计中为了确定构件尺寸，通过弹性力学可导出一系列复杂方程，但长期以来由于计算方法跟不上而一直无法求解。而计算机不但能求解这类方程，并且引起弹性理论上的一次突破，出现了有限单元法。

此外，科学计算还广泛应用于人造卫星、导弹、反导弹发射及天气预报等计算问题。

2. 信息处理

信息处理主要是指非数值形式的数据处理，包括对数据资料的收集、存储、加工、分类、排序、检索和发布等一系列工作。信息处理包括办公自动化、企业管理、情报检索、报刊编排处理等。其特点是要处理的原始数据量大，而算术运算较简单，有大量的逻辑运算与判断，结果要求以表格或文件形式存储、输出。如在我国人口普查中，要对120个大中城市人口的年龄、性别、职业等十多个项目的几百亿个数据进行统计分析，单靠人力是无法精确完成的，而用计算机则只需很短的时间即可得到全部结果。

计算机的应用从数值计算到非数值计算是计算机发展史上的一个飞跃。信息处理是计算机应用最广泛的领域，它不但可以提高工作效率、节省人力和物力，还可以使工作更趋于科学化、系统化、制度化、自动化和现代化。在当今的信息社会，从国家经济信息系统、科技情报系统、银行储蓄系统到办公自动化及生产自动化等，均需要信息处理技术的支持。

3. 过程控制

过程控制是利用计算机及时采集检测数据，按最优值迅速地对控制对象进行自动调节或自动控制。采用计算机进行过程控制，不仅可以大大提高控制的自动化水平，而且可以提高控制的及时性和准确性，从而改善劳动条件、提高产品质量及合格率。因此，计算机过程控制已在机械、冶金、石油、化工、纺织、水电、航天等部门得到广泛的应用。

例如，在汽车工业方面，利用计算机控制机床、控制整个装配流水线，不仅可以实现精度要求高、形状复杂的零件加工自动化，而且可以使整个车间或工厂实现自动化。

在计算机控制系统中，需有专门的数字-模拟转换设备和模拟-数字转换设备（称为D/A和A/D转换）。由于过程控制一般都是实时控制，因此要求可靠性高，响应及时。

4. 计算机辅助技术

计算机辅助技术包括计算机辅助设计、计算机辅助制造和计算机辅助教学等。

(1)计算机辅助设计(Computer Aided Design，CAD)。

计算机辅助设计是利用计算机系统辅助设计人员进行工程或产品设计，以实现最佳设计效果的一种技术。它已广泛地应用于飞机、汽车、机械、电子、建筑和轻工业等领域。例如，在电子计算机的设计过程中，可以利用CAD技术进行体系结构模拟、逻辑模拟、插件划分、自动布线等，从而大大提高了设计工作的自动化程度。又如，在建筑设计过程中，可以利用CAD技术进行力学计算、结构计算、绘制建筑图纸等，这样不但提高了设计速度，而且可以大大提高设计质量。

(2)计算机辅助制造(Computer Aided Manufacturing，CAM)。

计算机辅助制造是利用计算机系统进行生产设备的管理、控制和操作的过程。例如，在产品的制造过程中，用计算机控制机器的运行，处理生产过程中所需的数据，控制和处理材料的流动以及对产品进行检测等。使用CAM技术可以提高产品质量、降低成本、缩短生产周期、提高生产效率和改善劳动条件。

将CAD和CAM技术集成，实现设计生产自动化，这种技术被称为计算机集成制造系统(Computer Integrated Manufacturing System，CIMS)。它的实现将真正做到无人化工厂（或车间）。

(3)计算机辅助教学(Computer Aided Instruction，CAI)。

计算机辅助教学是利用计算机系统使用课件来进行教学。课件可以用著作工具或高级语言来开发制作，它能引导学生循序渐进地学习，使学生轻松自如地从课件中学到所需要的知识。CAI的主要特色是交互教育、个别指导和因人施教。

5. 多媒体技术

多媒体技术就是把数字、文字、声音、图形、图像和动画等多种媒体有机结合起来，利用计算机、通信和广播电视技术，使它们建立起逻辑联系，并对它们进行加工处理(包括对这些媒体的录入、压缩和解压缩、存储、显示和传输等)。目前多媒体技术的应用领域正在不断拓展，除了知识学习、电子图书、商业及家庭应用外，它在远程医疗、视频会议中都得到了广泛的推广。

6. 网络应用

计算机技术与现代通信技术的结合构成了计算机网络。计算机网络的建立，不仅解决了一个单位、一个地区、一个国家计算机与计算机之间的通信，各种软、硬件资源的共享，也大大促进了国际的文字、图像、视频和声音等各类数据的传输与处理。可以断言，全球网络化对当今社会政治、经济、科技、教育和文化产生了深远的影响，也改变着人们的生活方式、工作方式和思维方法。

20世纪90年代，互联网的快速发展和普及呈现出广阔的应用前景。目前，基于互联网平台的应用数不胜数。例如，信息检索、电子商务、电子政务、网络教育、办公自动化、金融服务、远程会议、远程医疗、网络游戏、视频点播、网络寻呼等等。

7. 人工智能

人工智能(Artificial Intelligence，AI)是指用计算机来模拟人的智能，使其像人一样具备识别语言、文字、图形和推理、学习及自适应环境的能力。人工智能主要包括专家系统、机器人系统、语音识别和模式识别系统等。

1996年2月10日，美国IBM公司研制的“深蓝”超级计算机首次挑战国际象棋世界冠军卡斯帕罗夫，如图1－27所示，但最终以2∶4落败。

深蓝历经6年时间研制成功，带有31个处理器，并行运算，有着高速计算的优势，3分钟内可以检索500亿步棋，其弱点在于不能总结经验。

图1－27 1996年“深蓝”超级计算机首次挑战国际象棋世界冠军卡斯帕罗夫

后来研究小组对深蓝进行改良，于1997年5月再度挑战卡斯帕罗夫。比赛在5月11日结束，进行了6局“人机大战”，最终深蓝以3.5∶2.5的总比分击败卡斯帕罗夫，成为首个在标准比赛时限内击败国际象棋世界冠军的计算机系统。

2016年3月，由谷歌公司(Google Inc.)基于“深度学习”研发的一款人工智能程序——

阿尔法狗(AlphaGo),与围棋世界冠军、职业九段选手李世石进行人机大战,如图1-28所示,并以4∶1的总比分获胜;2016年末2017年初,该程序在中国棋类网站上以“大师”(Master)为注册账号与中日韩数十位围棋高手进行快棋对决,连续进行60局无一败绩。

2017年10月,谷歌旗下人工智能研究部门DeepMind发布了新版AlphaGo软件,这款名为AlphaGo Zero的系统可以通过自我对弈进行学习。

这是人机智能较量的典型实例。

图1-28　2016年AlphaGo与围棋世界冠军李世石对弈

1.5　计算机不是万能的

1.5.1　计算机是万能的吗

在没有接触计算机之前或对计算机只有初步了解的时候,很多人都对计算机充满了好奇和惊异,感觉计算机什么事情都能做,而且想当然地认为计算机什么事情都会做。特别是有些人刚学编程时,很是不理解,例如,对于一元二次方程$x^2+2x+1=0$,我们人一眼就看出了它的根为-1,但是将式子$x^2+2x+1=0$输入计算机,计算机却算不出来。

事实上,虽然计算机非常“聪明”,计算能力非常强,但计算机并不是万能的,不是什么事情都会做的,也不是什么问题都能解决的。

首先,计算机是机器,不是“人脑”,不具备人的思维能力,虽然现在有些计算机具有一定的人工智能,但大部分计算机必须由我们编好程序来“告诉”它怎么去解决问题,否则它是不能解决问题的,即使是最简单的1+1。对于一个问题,如果我们不知道怎么解决,或者我们知道解决办法,但不知道怎么“告诉”计算机,那么计算机就不能解决这个问题。至于如何去分析一个问题,找到适合计算机解决的方法并“告诉”计算机,我们留到第3章再来介绍。

其次,即使我们知道某个问题的解决办法,也能正确无误地“告诉”计算机应该如何去解决(编写出正确的程序),但由于计算机的计算能力仍然是有限的,它也未必一定能够解决。

也就是说，有的问题计算机能解决，有的问题计算机却不能解决，还有些问题虽然计算机能解决，但计算起来非常“困难”，或计算时间很长，没法完成。

例如：

(1)汉诺塔问题。

印度的一个古老传说：大梵天创造世界的时候做了三根金刚石柱子，在一根柱子上从下往上按照大小顺序摞着64片黄金圆盘，大梵天命令婆罗门把圆盘从下往上按大小顺序重新摆放在另一根柱子上，并且规定，任何时候，在小圆盘上都不能放大圆盘，且在三根柱子之间一次只能移动一个圆盘，当黄金圆盘全部搬运完毕之时，此塔将会毁灭，也就是世界末日来临之时。

这个问题采用递归的方法来解决比较简单。假定黄金圆盘开始在A柱子上，现在要搬到C柱子上，如图1-29所示。

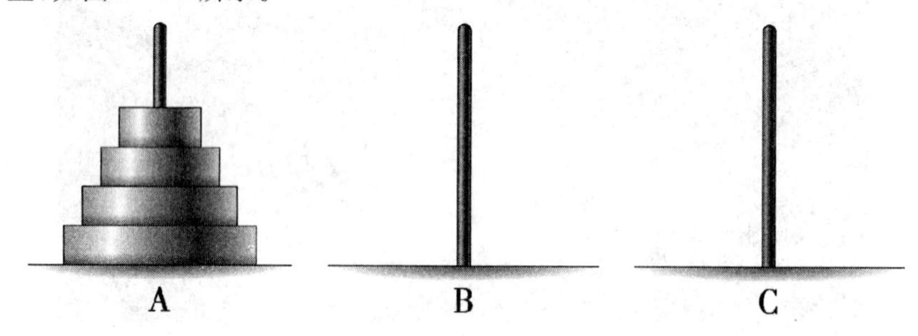

图1-29 汉诺塔问题初始状态

①若只有1片黄金圆盘，则直接将其从A柱搬到C柱即可，记为A→C，共需搬动$S_1=1$次。

②若有2片，则先把小的搬到B柱，即A→B，然后把大的A→C，再把小的B→C，共需搬动$S_2=1+1+1=3$次，如图1-30所示。

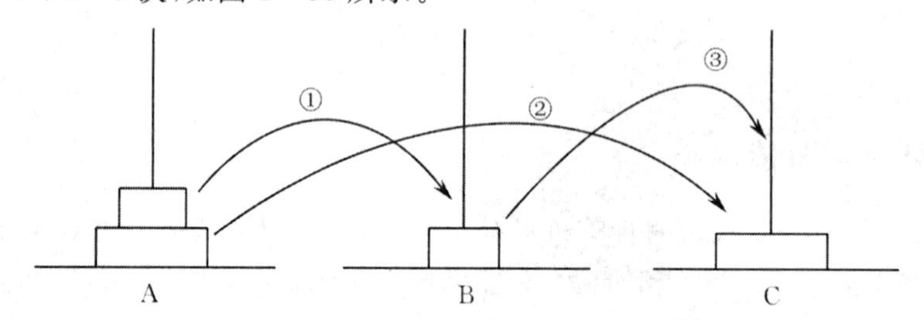

图1-30 汉诺塔问题搬动2片的方法示意图

③若有3片，则可先把上面的2片看作1片，把C柱作为辅助，实现A→B(按照②中的方法是可以完成的)，然后把最大的A→C，再把A柱作为辅助，把看作1片的较小的2片实现B→C(按照②中的方法)，共需搬动$S_3=3+1+3=7$次，如图1-31所示。

④若有4片，则可先把上面的3片看作1片，把C柱作为辅助，实现A→B(按照③中的方法是可以完成的)，然后把最大的A→C，再把A柱作为辅助，把看作1片的较小的3片实现B→C(按照③中的方法)，共需搬动$S_4=7+1+7=15$次。

⑤依此类推，若一共有n片(n>1)，且n−1片时搬动的总次数为S_{n-1}，则搬动n片的总次数为$S_n=S_{n-1}+1+S_{n-1}=2S_{n-1}+1$。

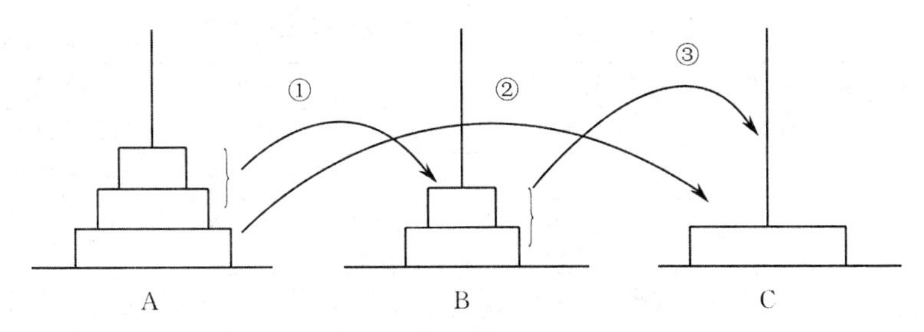

图 1-31　汉诺塔问题搬动 3 片的方法示意图

这是一个递推公式，给出 n 的几个取值情况：

$S_6=63$

$S_{20}=1\ 048\ 575$

$S_{25}=33\ 554\ 431$

$S_{64}=18\ 446\ 744\ 073\ 709\ 551\ 615$

随着 n 的增大，总移动次数的递增很快，如果你好奇，想计算一下 100 片时需要搬动多少次，你一定会很失望的！

当 n=64 时，总移动次数就是一个天文数字，即使借助于计算机，假设计算机每秒能够移动 100 亿次，那么约需要 18.4 亿秒，即 5.8 年才能够完成，而现在的微型计算机是没有这么高的运算速度的。

这是一个典型的容易解决却很难解决、甚至没法解决的问题。实际上，原先数学上的一些无法通过手工计算予以验证的疑难问题，得益于计算机的高性能计算能力，得到了验证，但还有一些问题仍无法解决，例如求圆周率的精确值。

(2)旅行商问题。

旅行商问题又称为旅行推销员问题、货郎担问题。旅行商要到若干个城市旅行，各城市之间的费用是已知的，为了节省费用，旅行商决定从所在城市出发，到每个城市旅行一次后返回初始城市，问他应选择什么样的路径(经由城市的先后次序)才能使所走的总费用最少？

如图 1-32 所示，假设从 A 城市出发，旅行所有城市后再回到 A 城市，求总费用为最少的旅行方案。

对于城市较少的情况，比较容易找出一条费用最少的路径。例如，假设有 A、B、C、D、E 共 5 个城市(n=5)，则可抽象为如图 1-33 所示的数学模型，将所有的组合路径进行比较，可得到总费用最少的路径为 A—B—E—D—C—A 或 A—C—D—E—B—A。这两条路径是互逆的，假定不限定方向及城市旅行的先后次序，则这两条路径是相同的，查找过程如表 1-2 所示(因为要求总费用最少，所以任意一个城市只能到达 1 次)。

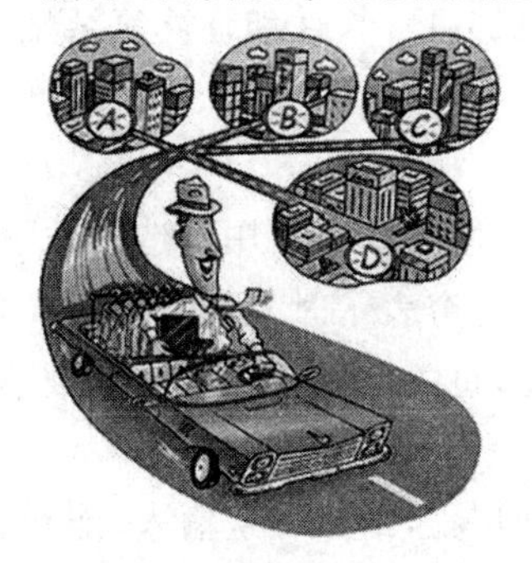

图 1-32　旅行商问题

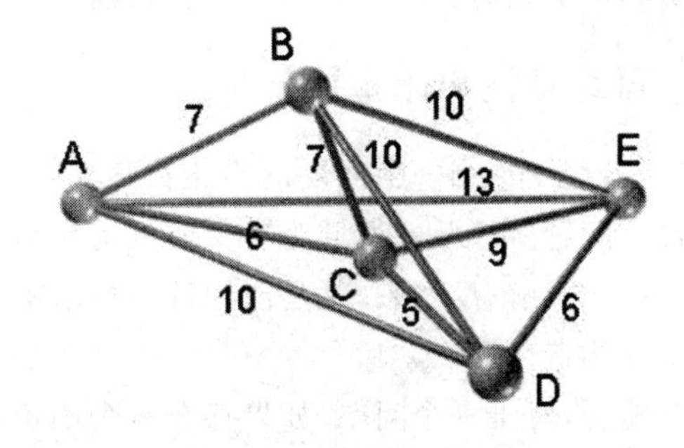

图 1-33　旅行商问题抽象得到的数学模型(n=5)

表 1－2 旅行商问题路径查找分析表(n=5)

起点	第1站	第2站	第3站	第4站	终点	路径	总费用
A	B	C	D	E	A	A-B-C-D-E-A	38
			E	D	A	A-B-C-E-D-A	39
		D	C	E	A	A-B-D-C-E-A	44
			E	C	A	A-B-D-E-C-A	38
		E	C	D	A	A-B-E-C-D-A	41
			D	C	A	A-B-E-D-C-A	34
	C	B	D	E	A	A-C-B-D-E-A	42
			E	D	A	A-C-B-E-D-A	39
		D	B	E	A	A-C-D-B-E-A	44
			E	B	A	A-C-D-E-B-A	34
		E	B	D	A	A-C-E-B-D-A	45
			D	B	A	A-C-E-D-B-A	38
	D	B	C	E	A	A-D-B-C-E-A	49
			E	C	A	A-D-B-E-C-A	45
		C	B	E	A	A-D-C-B-E-A	45
			E	B	A	A-D-C-E-B-A	41
		E	B	C	A	A-D-E-B-C-A	39
			C	B	A	A-D-E-C-B-A	39
	E	B	C	D	A	A-E-B-C-D-A	45
			D	C	A	A-E-B-D-C-A	44
		C	B	D	A	A-E-C-B-D-A	49
			D	B	A	A-E-C-D-B-A	44
		D	B	C	A	A-E-D-B-C-A	42
			C	B	A	A-E-D-C-B-A	38

从以上分析可以得出：

当城市数为 n 时，组合路径数为(n－1)!，假定不限定方向及城市旅行的先后次序，并且可以优化算法，则也要比较((n－1)!)/2 条路径(n＞2)，才能找出总费用最少的那一条，当然也有可能存在多条路径，其总费用并列最少。

根据数学知识，我们知道，当城市数增多时，组合路径数呈指数增长，这也是很难实现的。

类似的情况还有很多，例如背包问题，这就是计算机的可计算性和计算复杂性问题。

1.5.2 可计算性和计算复杂性

在计算科学中，当一个问题的描述及其求解方法或求解过程可以用构造性数学描述(算法)，而且该问题所涉及的论域为有穷或虽为无穷但存在有穷表示时，那么，这个问题就一定能用计算机来求解；反过来，凡是能用计算机求解的问题，也一定能对求解过程数学化，而且这种数学是构造性的。

通俗地说，对于一个问题，如果存在一个确定的处理过程，给定一个输入，能在有限的步骤内给出答案，那么这个问题就是可计算的，或者更具体地说，对于具体的问题，如果能用某种计算机程序设计语言正确描述，并能在确定的时间内得到运行答案的问题都是可计算问题。

1. 问题的规模

客观世界的问题，有大有小，有难有易，问题的大小通常称为问题的规模，那么问题的规模是什么呢？

假设有10个不同的数，要求对这10个数进行排序，也许你很快就可以给出答案，甚至都不用借助于纸和笔，“心算”就可以了。现在数增多了，100个，你还能从容应对吗？估计“心算”是不行了，借助纸和笔应该还是没问题的，但不会那么快。更进一步，现在给你1 000个数，10 000个数，100 000 000个数，甚至更多！你能完成吗？你肯定会说，这不是人干的活了。显然，在这里，数的个数（假定为n）就是问题的规模，n越大，问题的规模就越大，排序的难度就越大，问题就越难解决，甚至不能解决。

2. 问题的复杂性

由于不同的计算机其性能不同，速度有快有慢，即使同一台计算机，在不同的状态下，如内存占用情况、正在运行的程序及问题规模情况等，运行同一个程序解决一个相同规模的问题，其花费的时间也不一定相同。因此，我们在考察问题的复杂性时，不考虑这些客观因素的影响。

在此前提下，从上一节的汉诺塔和旅行商问题可以看出，对于一个问题，如果能够解决并确定解决方案后，则问题的复杂性就仅和问题的规模有关了。

一般从两个方面来考察问题的复杂性：时间和空间。这里，我们仅讨论时间方面的复杂性，称为时间复杂度。

前面提到了，不同的计算机其性能不同，指令执行的速度也不同，因而无法用程序的实际执行时间来衡量一个程序解决问题的效率的高低。因此，我们抛开具体的机型、具体的指令，将所有指令的执行时间都看成一个基本时间单位，将解决问题的求解方法（严格来说叫算法，在第4章介绍）的时间复杂度定义为一个与问题规模n有关的函数f(n)，f(n)为解决该问题所需执行的基本指令的条数。

例如，对于前面介绍的汉诺塔问题。

假定从一个柱子上搬动一片圆盘到另一个柱子上为一条基本指令，则移动n片圆盘所需执行的基本指令数（总搬动次数）为：

$$
\begin{aligned}
S_n &= 2S_{n-1}+1 = 2(2S_{n-2}+1)+1 = 2*2S_{n-2}+2+1 = 2^2S_{n-2}+2^1+2^0 \\
&= 2^2(2S_{n-3}+1)+2^1+2^0 = 2^3S_{n-3}+2^2+2^1+2^0 \\
&\cdots\cdots \\
&= 2^{n-2}(2S_1+1)+2^{n-3}+\cdots+2^2+2^1+2^0 \\
&= 2^{n-1}+2^{n-2}+2^{n-3}+\cdots+2^2+2^1+2^0 \\
&= 2^n-1
\end{aligned}
$$

因此，汉诺塔问题按照这种求解方法来解决，其时间复杂度函数为$f(n)=2^n-1$，记为$O(f(n))=O(2^n)$，即问题复杂度函数f(n)和问题规模n之间的关系为$f(n)\sim 2^n$。

时间复杂度O(n)体现了问题求解方法所需耗费时间随问题规模n的增长关系。如果一个问题的求解与问题的规模之间呈常数关系，则记为O(1)，例如，求$1+2+3+\cdots+n$的和，如果我们一个接一个地累加，则时间复杂度为O(n)，但如果用求和公式直接计算，$S_n=n(n+1)/2$，则时间复杂度为O(1)。

3. P问题和NP问题

时间复杂度并不是表示一个求解方法解决问题需要花多少时间，而是当问题规模扩大后，求解方法需要的时间长度增长得有多快。显然，增长得越慢越好，理想情况是，不管问题规模变得多大，求解方法需要的时间仍然是那么多，我们就说这个求解方法很好，效率高，此时，时间复杂度为O(1)。即时间复杂度越小，效率越高；时间复杂度越大，效率越低。

对一个问题，可能有多种求解方法，也可能没有求解方法。一般可以将问题分为可求解问题和不可求解问题。不可求解问题也可进一步分为两类：一类如停机问题，的确不可能求解；另一类虽然可求解，但时间复杂度很高。例如，一个算法需要数月甚至数年才能解决，那肯定不能被认为是有效的算法。

可求解问题，也叫可计算问题，又分为多项式(Polynomial,P)问题和非确定性多项式(Non-deterministic Polynomial,NP)问题。

如果一个问题能够找到一种求解方法且其时间复杂度是关于问题规模n的一个多项式，那么这个问题就属于P问题，这类问题的时间复杂度一般为$O(1)$、$O(n)$、$O(n^2)$、$O(n^3)$等，例如求一个数是否为素数、计算最大公约数、排序等。

所谓NP问题，是指求解方法的时间复杂度不能用关于问题规模n的一个多项式来表示，通常它们的时间复杂度都是指数形式，形如$O(2^n)$、$O(10^n)$、$O(n!)$等，如前面给出的汉诺塔问题、旅行商问题，就是NP问题。

4.局部最优解和全局最优解

对于一些NP问题，有时存在局部最优解和全局最优解的问题。那么什么是局部最优解和全局最优解呢？

柏拉图有一天问老师苏格拉底：什么是爱情？苏格拉底叫他到麦田走一趟，摘一束最好的麦穗回来，不许回头，只可摘一次。柏拉图空着手回来了，他的理由是，看见不错的，却不知道是不是最好的，一次次侥幸，走到尽头时，才发现还不如前面的，于是放弃。苏格拉底告诉他："这就是爱情。"这故事让我们明白了一个道理，因为生命的一些不确定性，所以全局最优解是很难寻找到的，或者说根本就不存在，我们应该设置一些限定条件，然后在这个范围内寻找最优解，也就是局部最优解——有所斩获总比空手而归强，哪怕这种斩获只是一次有趣的经历。

柏拉图有一天又问：什么是婚姻？苏格拉底叫他到杉树林走一趟，选一棵最好的树做圣诞树，也是不许回头，只许选一次。这次他一身疲惫地拖了一棵看起来直挺、翠绿，却有点稀疏的杉树回来了，他的理由是，有了上回的教训，好不容易看见一棵看似不错的，又发现时间、体力已经快不够用了，也不管是不是最好的，就拿回来了。苏格拉底告诉他："这就是婚姻。"

在实际应用中，很多情况下精确解(全局最优解)得不到或很难得到，这时，可根据实际情况，通过算法优化技术，设计一种合理的求解方法，在可接受的时间、空间花销内获得一个可接受的局部最优解就可以了。例如人脸识别技术，要想100%予以识别现在还是做不到的，将来也未必能够做到，而且在某些应用场合如入场的身份验证，需要做到在很短的时间内完成验证(在线验证)。因此，首先要做到的是：①能够保证不会让不应该通过验证的人通过验证，安全问题最重要；②识别速度要快，不能几分钟才完成一个人的识别。如果这两点做不到，那么这个算法就是失败的。在此基础上，才能考虑尽可能提高识别率，尽量少让应该通过验证的人被拒绝入场。

1.6　未来的计算机

一方面，未来计算机发展的趋势是巨型化（追求高速度、高容量、高性能）、微型化、网络化和智能化，许多计算新技术、新方法、新模式以及制造新材料（如超导、纳米）不断涌现。

另一方面，迄今为止，现代计算机的结构基本上仍然是冯·诺依曼体系结构，随着制造工艺极限甚至物理极限的到达，科学家们认为，非冯·诺依曼体系结构计算机是未来计算机发展的一个突破口。

1. 巨型化

巨型机指超级计算机，体现在高性能计算，无所不能的计算。它具有极高的运算速度、大容量的存储空间、更加强大和完善的功能，主要用于航空航天、军事、气象、人工智能、生物工程等学科领域。

国防科技大学研制的"天河二号"超级计算机运算速度达到每秒33.86千万亿次。而国家并行计算机工程技术研究中心研制的"神威·太湖之光"，不仅速度比"天河二号"快出近2倍，其效率也提高了3倍。

"神威·太湖之光"超级计算机由40个运算机柜和8个网络机柜组成。每个运算机柜比家用的双门冰箱略大，打开柜门，4个由32块运算插件组成的超节点分布其中。每个插件由4个运算节点板组成，一个运算节点板又含2块"申威26010"高性能处理器。一个运算机柜就有1 024块处理器，整台"神威·太湖之光"共有40 960块处理器。

2. 微型化

随着大规模及超大规模集成电路的发展，计算机芯片集成度越来越高，所完成的功能越来越强，计算机微型化的进程和普及率越来越快。可嵌入、可携带，如图1-34所示的智能手环具有来电提醒，记录行走、跑步，监测睡眠、心率等功能，应用非常方便。

图1-34　智能手环

3. 网络化

随着互联网的飞速发展，计算机网络已广泛应用于政府、学校、企业、科研、家庭等领域，越来越多的人接触并了解到计算机网络的概念。计算机网络将不同地理位置上具有独立功能的计算机通过通信设备和传输介质互连起来，在通信软件的支持下，实现网络中的计算机之间共享资源、交换信息、协同工作。

微型化和网络化的结合使计算机的发展朝着普适计算(无所不在的计算)、服务计算与云计算(万事皆服务的计算)的方向发展。

普适计算又称普存计算、普及计算。这一概念强调和环境融为一体的计算,而计算机本身则从人们的视线里消失。在普适计算的模式下,人们能够在任何时间、任何地点,以任何方式进行信息的获取与处理。普适计算的核心思想是小型、便宜、网络化的处理设备广泛分布在日常生活的各个场所,计算设备将不只依赖命令行、图形界面进行人机交互,而更依赖“自然”的交互方式,计算设备的尺寸将缩小到毫米甚至纳米级。

服务属于商业范畴,计算属于技术范畴,服务计算是商业与技术的融合,通俗地讲,就是把计算当成一种服务提供给用户。传统的计算模式通常需要购置必要的计算设备和软件,计算往往不会持续太长的时间,或者偶尔为之,不计算的时候,这些设备和软件就处于闲置状态,这样,全世界该有多少这样的设备与软件?如果能够把所有这些设备和软件集中起来,供需要的用户使用,那只需要支付少许的租金就可以了,一方面既节省了成本,另一方面,设备和软件的利用率也达到了最大化,这就是服务计算的理念。

将计算资源,如计算节点、存储节点等以服务的方式,即以可扩展组合的方式提供给用户,用户可按需定制、按需使用计算资源,类似于这种计算能力,被称作“云计算”。进一步,将计算资源推广到现实世界的各种各样的资源,如车辆资源、仓储资源等,能否以服务的方式提供呢?现实世界的资源外包服务已经普遍化了,即不求所有但求所用。将现实世界的这种资源外包服务,以互联网的形式进行资源的聚集、租赁、使用监控等是资源外包服务的新模式,被称作“云服务”。

4.智能化

智能计算,即让计算机能够模拟人类的智力活动,如学习、感知、理解、判断、推理等能力。它具备理解自然语言、声音、文字和图像的能力,具有说话的能力,使人机能够用自然语言直接对话。它可以利用已有的和不断学习到的知识,进行思维、联想、推理,并得出结论,能解决复杂问题,并具有汇集记忆、检索有关知识的能力。

5.非冯·诺依曼化

现代计算机的结构基本上仍然是冯·诺依曼体系结构。一切事物总是在向前发展着的,随着科学技术的进步,人们早已认识到了“冯·诺依曼机”的不足,它妨碍着计算机速度的进一步提高,而开展了“非冯·诺依曼机”的研制。此外,目前计算机技术的发展基本上都是以电子技术的发展为基础的,随着大规模集成电路工艺的发展,早期的摩尔定律(每过18个月,微处理器硅芯片上晶体管的数量就会翻一番)已经失效,芯片的集成度越来越高,也越来越接近工艺甚至物理的极限。因此,在传统计算机的基础上大幅度提高计算机的性能必将遇到难以逾越的障碍,从基本原理上寻找计算机发展的突破口才是正确的道路。我们欣慰地看到,计算机制造技术已经在体系结构、工艺材料上取得了可喜的成果,如分子计算机、量子计算机、光子计算机、生物计算机、纳米计算机等。

第2章 计算机系统

计算机俗称“电脑”，寓意为“带电的大脑”或“利用电来工作的大脑”，那么，和“人脑”相比，“电脑”有什么与“人脑”相同与不相同的地方呢？

通过本章的学习，我们可以在抽象层面上将人的“结构”和计算机的“结构”，人的“计算”方式和计算机的“计算”方式进行类比，理解计算机系统的物理结构（计算机组成原理，硬件）和“计算”方式（计算机工作原理，软件），逐步建立计算思维的概念，培养分析问题、解决问题的能力。

2.1 计算机的组成

2.1.1 人的组成

从医学角度讲，我们的身体从外表看，可分为头、颈、躯干、四肢四个部分，而思维存在于我们的大脑中，包括学到的以及自身理解和总结的各种知识、经验和技能等等，它们看不见，也摸不着。

人是如何进行学习和工作的呢？简单来说，可以分为3个环节：

首先，人必须通过眼睛、耳朵等来感知外界的情况，接收指示，即接收各种外界信息。

其次，人对所感知到的外界情况、接收到的指示进行分析处理，即对信息进行处理。一方面，人进行学习，通过大脑对接收的外界信息进行分析、理解、总结、记忆，增长知识，提高技能；另一方面，人进行响应，通过大脑对接收的外界信息进行分析、理解，做出反应。

最后，将这些反应通过肢体语言表达出来，形成结果。

在这里，可以将第一个环节概括为（外界）信息输入，即人接收各种外界信息，或将信息输入到人的大脑中；第二个环节概括为信息处理，即通过大脑对接收的外界信息并综合大脑中已储存的信息进行加工处理，形成响应方案，同时将相应的信息进行保存；第三个环节概括为（内部）信息输出，即将响应方案进行输出，通过相应的方式展现出来。

因此，为了完成工作，人体必须具有5个功能：输入、处理（计算）、记忆（存储）、输出、控制。眼睛、耳朵、鼻子等感官及遍布全身的各种感觉神经都属于输入功能部件；大脑对信息进行记忆和处理，并控制全身各种功能部件的工作（通过神经、肌肉等）；手、脚、嘴、眼睛等为输出功能部件，来展现各种表情或动作。其中，有很多器官和身体部位既有输入功能，也有输出功能。

2.1.2 计算机系统的组成

和人一样，计算机系统也是由“躯干”和“思维”组成的，其“躯干”即为硬件，“思维”即为软件。因此，计算机系统是由硬件和软件组成的，其中，硬件是计算机系统中看得见、摸得着的物理设备，由输入、计算、存储、输出和控制5个功能部分组成，而软件是在计算机中执行的程序以及有关文档的集合，是计算机的灵魂。

计算机硬件、软件、用户三者间的关系如图2-1所示。

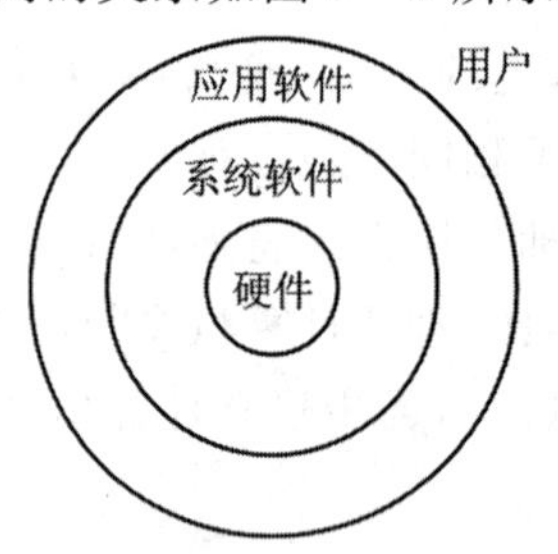

图2-1 计算机硬件、软件、用户的关系

(1)硬件与软件是相辅相成的，硬件是计算机工作的物质基础，没有硬件就无所谓计算机。

(2)软件是计算机的灵魂，没有软件，计算机的存在就毫无价值。只有硬件构成、没有软件的计算机称为“裸机”。

(3)硬件技术的发展给软件技术的实现与发展提供了良好的环境；而软件技术的发展又给硬件技术提出了新的要求，促进硬件技术的发展。

实际上，计算机种类繁多，在数据处理能力、价格、复杂程度以及设计技术等方面都有很大差别，但各种类型的计算机，其基本原理都是一样的，都遵从冯·诺依曼体系结构。

冯·诺依曼于1946年提出了计算机设计的一些基本思想，称为冯·诺依曼思想，概括起来有以下两点：

(1)采用二进制形式表示数据和指令。

数在计算机中是以电子元件(如晶体管)物理状态的“通”和“断”来表示的，这种具有两种状态的电子元件只能由二进制数表示。因此，计算机中要处理的所有数据，都要用二进制数字来表示，所有的文字、符号也都用二进制编码来表示。

指令是计算机中的另一种重要信息，计算机的所有动作都是按照一条条指令的规定来进行的。指令也是用二进制编码来表示的。

(2)存储程序的概念。

程序控制原理是计算机的基本工作原理。

程序是为解决一个信息处理任务而预先编制的工作执行方案，是由一串计算机能够执行的基本指令组成的序列，每一条指令规定了计算机应进行什么操作(如加、减、乘、判断等)及操作需要的有关数据。例如，从存储器读一个数到运算器就是一条指令，从存储器读出一个数并和运算器中原有的数相加也是一条指令。

当要求计算机执行某项任务时，就设法把这项任务的求解方法分解成一个一个的步骤，用计算机能够执行的指令编写出程序送入计算机，以二进制代码的形式存放在存储器中(习惯上把这一过程叫作程序设计)。一旦程序被“启动”，计算机就会严格地一条条分析执行程序中的指令，便可以逐步地自动完成这项任务。

程序存储的最主要优点是使计算机变成了一种自动执行的机器，一旦程序被存入计算机并被启动，计算机就可以独立地工作，以电子的速度一条条地执行指令。虽然每一条指令能够完成的工作很简单，但通过成千上万条指令的执行，计算机就能够完成非常复杂、意义重大的工作。

2.1.3 图灵机

在介绍计算机的工作原理之前，图灵及其提出的图灵机概念非常值得一提。

艾伦·图灵（Alan Turing，1912—1954 年，如图 2-2 所示），英国数学家、逻辑学家，出生于英国伦敦，19 岁进入剑桥大学国王学院，39 岁成为英国皇家学会会员，被称为计算机科学之父、人工智能之父。第二次世界大战期间，他曾协助军方破解德国的著名密码系统 Enigma，帮助盟军取得了第二次世界大战的胜利。

图 2-2 艾伦·图灵

1937 年，图灵发表了论文 *On Computable Numbers, with an Application to the Entscheidungsproblem*，提出了可以辅助数学研究的机器，后来被称为“图灵机”。图灵 1950 年发表了划时代的文章《机器能思考吗？》，为人工智能的开山之作。

计算机界于 1966 年设立了最高荣誉奖——图灵奖，相当于计算机领域的诺贝尔奖。诺贝尔奖成立于 1901 年，那时还没有计算机，因此，诺贝尔奖中没有计算机奖项。

图灵机，又称图灵计算、图灵计算机，是一种抽象的计算模型，即将人们使用纸笔进行数学运算的过程进行抽象，由一个虚拟的机器替代人们进行数学运算。

如图 2-3 所示，图灵机可以看作是一种抽象的机器，这种机器有一条无限长的纸带（Tape），纸带分成了一个一个的小方格，而每个方格有不同的颜色。这种机器还有一个机器头在纸带上不断移来移去，它有一组内部状态（State），还有一些固定的程序（Program）。在每个时刻，机器头都要从当前纸带上读入一个方格信息，然后结合自己的内部状态查找程序表，根据程序输出信息到纸带方格上，并转换自己的内部状态，然后进行移动。

这个在概念上如此简单的机器，理论上却可以计算任何直观可计算的函数。

图灵提出图灵机模型的意义在于：

（1）证明了通用计算理论，肯定了计算机实现的可能性，同时它给出了计算机应有的主要架构：存储器（纸带）、运算器、控制器、输入/输出设备；

（2）引入了读写、算法与程序语言的概念，极大地突破了过去的计算机器的设计理念；

（3）图灵机模型理论是计算学科最核心的理论，因为计算机的极限计算能力就是通用图灵机的计算能力，很多问题可以转化到图灵机这个简单的模型来考虑。

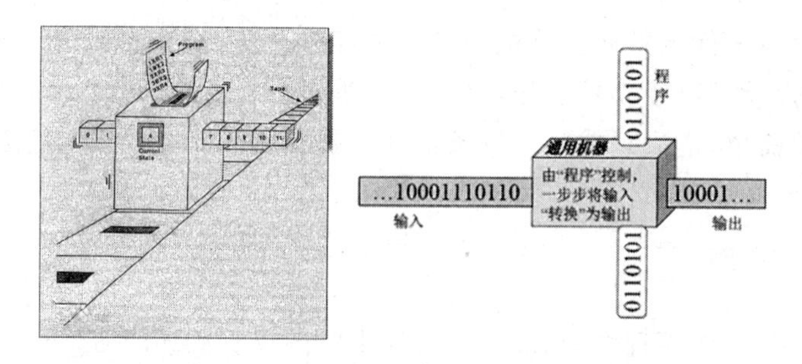

图 2-3 图灵机模型

2.2 计算机硬件系统

2.2.1 计算机的工作原理

根据冯·诺依曼思想，计算机硬件由运算器、控制器、存储器、输入和输出设备5大部件组成。计算机的工作原理如图2-4所示。

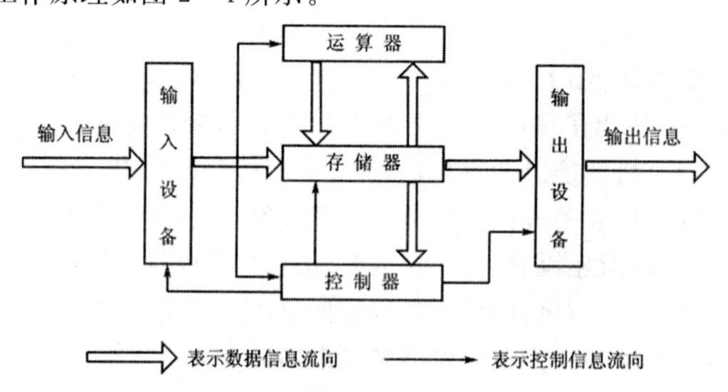

图 2-4 计算机的工作原理

2.2.2 计算机的硬件组成

1. 运算器

运算器也称为算术逻辑单元(Arithmetical and Logical Unit，ALU)。

运算器的主要功能是对数据进行各种运算，这些运算除了常规的加、减、乘、除等算术运算外，还包括能进行逻辑判断的与、或、非等逻辑运算以及数据比较、移位等操作。

运算器能执行多少种操作及其操作速度，标志着运算器能力的强弱，甚至标志着计算机本身的能力。运算器最基本的操作是加法，其他运算都是通过加法和移位的组合及重复操作来实现的。例如，一个数与零相加，等于简单地传送这个数；将一个数的代码求补，与另一个数相加，相当于从后一个数中减去前一个数；将两个数相减可以比较它们的大小。

运算器中一次运算能够处理的二进制位数称为字长，这也是运算器的一个重要指标，位数越多说明运算量越大，运算能力也越强。

为了提高运算速度，在运算器中设计了一些寄存器，这是一些容量小、速度快的特殊存储器，它们有的具有特殊用途，如指令寄存器（存储当前执行的指令）和程序计数器（存放下一条指令所在单元的地址，并且能够随着当前指令的完成，自动递增，指向下一条指令的存放地址），有的用来暂存运算过程中产生的中间结果，或暂存从内存中读取的数据，准备用于后续的运算。大多数计算机系统要求参与运算的两个操作数，最多只能有一个直接来自于内存，另外一个必须来自于寄存器，或是一个立即数（即常数值）。

2. 存储器

存储器（Memory Unit）的主要功能是存储程序和各种数据，并能在计算机运行过程中高速、自动地完成程序和数据的存取。存储器是具有“记忆”功能的设备，它采用具有两种稳定状态的物理器件来存储信息。这些器件也称为记忆元件。由于记忆元件只有两种稳定状态且分别表示为“0”和“1”，因此在计算机中采用“0”和“1”的二进制来表示数据。日常使用的十进制数必须转换成等值的二进制数才能存入存储器中。计算机中处理的各种字符，例如英文字母、运算符号等，也要转换成二进制代码才能存储和操作。

存储器是由成千上万、上亿个存储单元构成的，每个存储单元存放一定位数（一般为 8 位）的二进制数，并具有唯一的编号，称为存储单元的地址。存储单元是基本的存储单位，不同的存储单元是用不同的地址来区分的，就好像居民区的居民楼里的住户是用不同的门牌号码来区分一样。

计算机采用按地址访问的方式到存储器中存取数据，即在计算机程序中，每当需要访问数据时，要向存储器送去一个地址指出数据的位置，同时发出一个“存放”命令（伴以待存放的数据），或者发出一个“取出”命令。这种按地址存储方式的优点是，只要知道了数据的地址就能直接存取。但也有缺点，即一个数据往往要占用多个存储单元，必须连续存取有关的存储单元才是一个完整的数据。

存储器中按地址访问存储单元的示意图如图 2 - 5 所示。

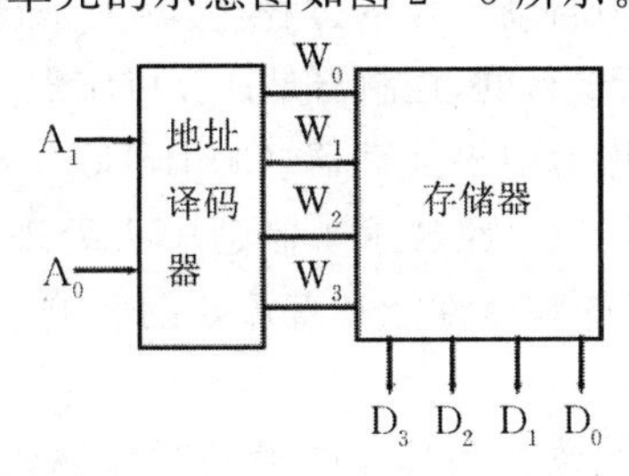

图 2 - 5　按地址访问存储单元示意图

其中，A_1A_0 为地址线，$D_3D_2D_1D_0$ 为数据线，因为计算机中采用二进制，所以，地址线和数据线上的数据只有“0”和“1”两种变化，因而两根地址线 A_1A_0 共有 4 种变化（$2^2=4$），变化情况如表 2 - 1 所示。

表 2 - 1　地址线变化情况表

A_1	A_0	组合值	序号	存储单元控制线
0	0	00	0	W_0
0	1	01	1	W_1
1	0	10	2	W_2
1	1	11	3	W_3

当 A_1A_0 为 01 时，W_1 为 1，W_3，W_2，W_0 均为 0，此时，与 W_1 连接的存储单元的“门”就被打开了，既可以读取其中的数据，也可以将新的数据存放进去，而其他存储单元的“门”都是关闭的，因此，不会产生冲突。

在计算机中，某个存储单元中的数据被读取后，该数据还存放在这个存储单元中，不会丢失，也没有发生改变。向某个存储单元存放数据时，该存储单元中原来的数据会自动丢弃，保存的是新的数据。如果你不想丢弃原来的数据，就必须先用相应的读取指令读出来，存放到别的地方。

在如图 2-5 所示的存储器中，最多只能设计 4 个存储单元，每个单元能存储 4 个二进制位(4 根数据线)。就像我们为房间编号，如果用 3 位数，最高位为楼层号，则最多能为 10 层楼、每层楼 100 个房间进行编号。在我们日常生活中，由于习惯不使用 0 编号，则还只能为 9 层楼、每层楼 99 个房间进行编号。如果你的房子超过 10 层楼，或者某一层楼不止 100 个房间，那么，这种编号方法就有问题，无法对所有的房间进行编号。

因此，存储器中地址线的根数决定了存储单元的多少，即存储器容量的大小；数据线的根数决定了计算机一次存取能够访问的数据的位数，即字长。

计算机在计算之前，程序和数据通过输入设备送入存储器；计算机开始工作之后，存储器还要为其他设备提供信息，也要保存中间结果和最终结果。因此，存储器存数和取数的速度是计算机系统的一个非常重要的性能指标。

3. 控制器

控制器(Control Unit)是整个计算机系统的控制中心，它指挥计算机各部分协调工作，保证计算机按照预先规定的方法和步骤有条不紊地进行操作及处理。

控制器首先从存储器中逐条取出指令，分析每条指令规定的是什么操作以及所需数据的存放位置等，然后根据分析的结果向计算机其他部件发出控制信号，统一指挥整个计算机完成指令所规定的操作。因此，计算机自动工作的过程，实际上是自动执行程序的过程，而程序中的每条指令都是由控制器来分析执行的，控制器是计算机实现“程序控制”的主要设备。

通常把控制器与运算器合称为中央处理器(Central Processing Unit，CPU)。工业生产中总是采用最先进的超大规模集成电路技术来制造中央处理器，即 CPU 芯片，它是计算机的核心设备，它的性能对计算机的整体性能有着重要的影响。

4. 输入设备

用来向计算机输入各种原始数据和程序的设备叫作输入设备(Input Device)。输入设备把各种形式的数据，如数字、文字、图像等转换为数字形式的“编码”，即计算机能够识别的用 0 和 1 表示的二进制代码(实际上是电信号)，并把它们“输入”(Input)到计算机内存储起来。键盘是必备的输入设备，常用的输入设备还有鼠标、数字化仪、视频摄像机等。

5. 输出设备

从计算机输出各类数据的设备叫作输出设备(Output Device)。输出设备把计算机加工处理的结果(仍然是数字形式的编码)变换为人或其他设备所能接收和识别的数据形式，如文字、数字、图形、声音、电压等。常用的输出设备有显示器、打印机、绘图仪等。

通常把输入设备和输出设备合称为 I/O 设备(输入/输出设备)。需要注意的是，磁盘等外存储器既可作为输入设备，又可作为输出设备。

2.3　计算机软件系统

计算机软件是计算机程序以及与程序有关的各种文档的总称。所谓文档，是计算机程序的功能、结构、设计思想以及使用方法等整套文字资料。

按软件的功能划分，计算机软件分为系统软件和应用软件两大类。计算机软件系统的组成如图2-6所示。

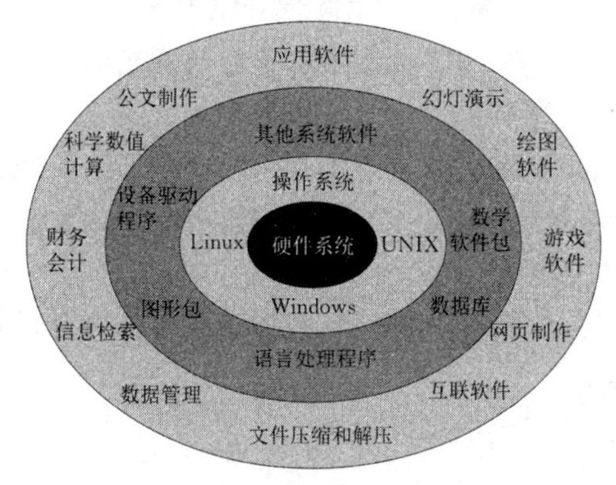

图2-6　计算机软件系统的组成

2.3.1　系统软件

系统软件是在硬件基础上对硬件功能的扩充与完善，其功能主要是控制和管理计算机的硬件资源、软件资源和数据资源，从而提高计算机的使用效率，发挥和扩大计算机的功能，为用户使用计算机系统提供方便。系统软件有两个主要特点：一是通用性，无论是哪个应用领域的用户都要用到它；二是基础性，它是应用软件运行的基础，应用软件的开发和运行要有系统软件的支持。

系统软件一般可分为操作系统、语言处理程序、数据库管理系统和支撑软件等。

1. 操作系统

操作系统(Operating System，OS)位于底层硬件与用户之间，是两者沟通的桥梁，是管理计算机硬件资源、控制其他程序运行并为用户提供交互操作界面的系统软件的集合，是其他软件运行的基础。

(1)操作系统的功能。

用户通过操作系统提供的用户界面输入命令。操作系统则对命令进行解释，驱动硬件设备，实现用户要求。操作系统是计算机系统的关键组成部分，负责管理与配置内存、决定系统资源供需的优先次序、控制输入与输出设备、操作网络与管理文件系统等。从资源角度来说，操作系统包括4大功能：处理器管理、存储管理、文件管理、设备管理。

① 处理器管理。处理器即CPU，它是计算机中最重要的硬件资源，是执行程序的唯一部件，当多个用户或多个程序都要申请使用处理器资源时，操作系统就要对处理器进行有效

的管理和分配。

早期的操作系统是单道程序设计的，各个程序是顺序执行的，在某个程序运行时独占全部系统资源，只有该程序执行完了，才能让另一个程序执行，各程序间的执行关系为串行，如图 2－7 所示，资源的利用率和计算机的处理效率都很低。其中，P_1 和 P_2 为程序，I_1 和 I_2 为输入，C_1 和 C_2 为执行，O_1 和 O_2 为输出，为简化问题的描述，假定一个程序的执行分为输入、执行（占用 CPU）和输出 3 个基本阶段。

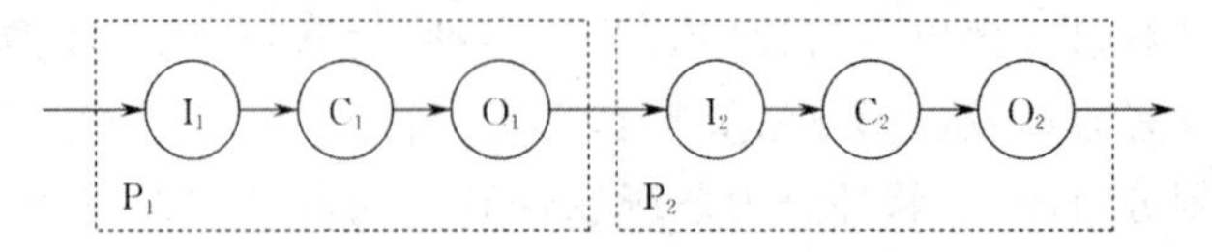

图 2－7 单道程序顺序执行

随着计算机硬件技术的发展，为了提高系统资源的利用率，出现了多道程序设计的操作系统，允许多道程序同时装入计算机内存“并发执行”。

在计算机中，一个资源在某个时刻只能供一个程序使用。所谓并发执行，就是指当一个正在运行的程序不使用某个资源时，另一个程序可以去使用该资源，从而提高了资源的利用率。为了实现这一目标，需要存在多个可以同时执行的程序，当一个资源空闲时，另一个程序就可以去使用该空闲资源，这种多个程序间的执行关系为并行，如图 2－8所示。

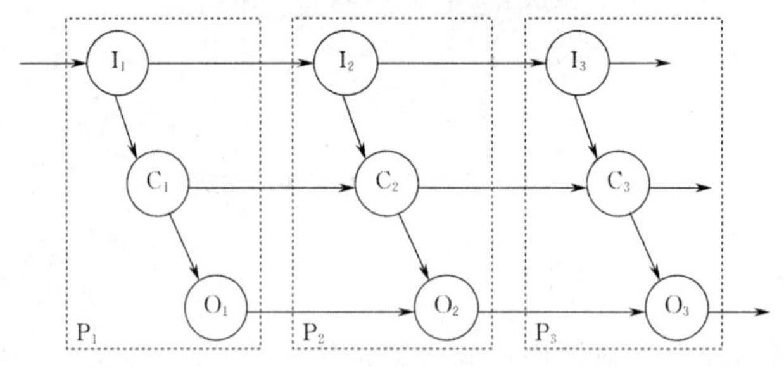

图 2－8 多道程序并发执行

由于“程序”这个静止的概念并不能描述程序在并发执行过程中对资源的使用，于是人们提出了“进程”的概念。

进程是一个具有独立功能的程序对某个数据集合的一次运行活动，是系统进行资源调度和分配的实体。进程和程序有着密切的关系，但又是两个不同的概念。程序是静态的，表现为保存在硬盘上的一个文件；而进程是动态的，是系统将程序文件代码读入内存运行的一个活动，包括相应的程序代码、数据集、所分配的内存空间等，具有生命周期。当进程所对应的程序执行完毕，进程也就不存在了。每一个进程都对应一个或多个它所依赖的程序，而一个程序的运行也会创建一个或多个进程。例如，我们可以用 Microsoft Office Word 应用程序同时打开多个 Word 文档进行编辑，每个 Word 文档就对应一个 Word 进程，而所有的 Word 进程都是通过同一个 Word 应用程序创建的。

在 Windows 操作系统的任务管理器中，可以查看系统当前运行的进程情况。

处理器是一种资源，同其他资源一样，在某个时刻也只能供一个进程使用，即某个时刻只能运行一个进程中的代码。实际上，处理器在某个时刻处在某条指令代码的执行过程中，而不可能处在两条或多条指令代码的执行过程中。为了实现并发执行，操作系统首先将时间进行切片，分成一个个时间间隔相同、长度很短的一系列时间片，例如 1 微秒，然后采用时间片轮转算法对处理机的使用进行调度。

例如，共有 5 个进程(A,B,C,D,E)正在运行，时间片为 1 微秒，则它们按顺序排成一个队列，第 1 个 1 微秒给进程 A 运行；第 1 个 1 微秒结束后，暂停进程 A 的运行，把处理器的使用权交给进程 B，进程 B 运行；第 2 个 1 微秒结束后，暂停进程 B，运行进程 C；……第 5 个 1 微秒结束后，又重新从进程 A 开始，依此类推。如果有进程执行完了就从队列中删除，如果有新进程运行，则加入队列。

当然，这是简单的思想，实际的调度算法要更复杂，既要考虑进程的优先级，又要考虑进程的运行是否满足条件，运行所需要的资源是否能用。优先级别高的进程(紧急事件)可以抢夺优先级别低的进程的处理机和其他资源的使用权，优先运行；只有运行所需要的资源都能够使用，这个进程才能运行。

②存储管理。计算机系统中往往是多个进程同时运行，每个进程运行时都需要有一定的存储空间来存放数据或代码等，操作系统可以根据应用程序的要求为相应的进程分配一定的存储空间，保证各用户进程及其数据彼此互不干扰。当计算机系统不能提供足够的内存给某个用户进程时，操作系统负责把内存与外存结合起来使用，给用户提供一个比实际内存大得多的虚拟内存，从而使用户进程能够顺利地执行，这就是内存的扩充。因此，存储管理包括内存分配、地址映射、内存保护和扩充等。

在 Windows 操作系统中，不能直接关闭电源来关机，而应使用“开始”菜单中的关机功能来关机，就是因为 Windows 操作系统使用了内存扩充功能，将外存(硬盘)的一部分作为内存来使用，存放了运行数据，如果直接关闭电源来关机，就有可能会丢失重要数据。

③文件管理。计算机中的信息是以文件的形式保存的，操作系统为用户提供了一套统一的访问文件的方法，即用户可以按照文件名访问文件，而不必考虑各种外存的差异，不必了解文件在外存的具体位置及存放方式。

现在流行的 Windows 操作系统，一般采用树型目录结构来组织和管理文件，如图 2-9 所示。

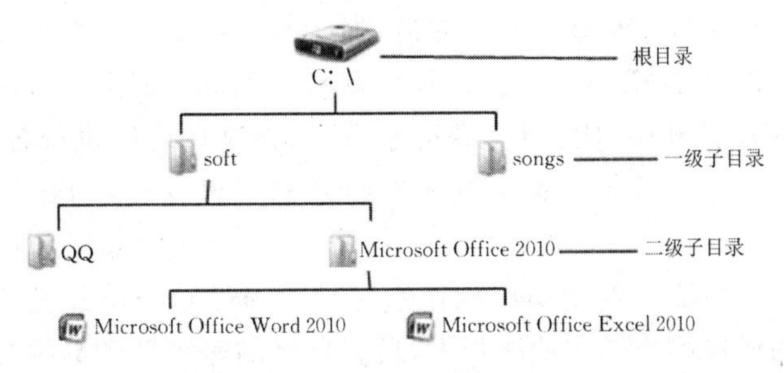

图 2-9　Windows 的树型目录结构

④设备管理。每台计算机都配置了很多外部设备，它们的性能和操作方式都不一样，操作系统的设备管理就是负责对设备进行有效管理，方便用户使用外部设备，提高 CPU 和其他设备的利用率。

很多操作系统采用虚拟文件的形式来管理设备，例如，微型计算机上的 DOS 和 Windows 操作系统利用文件系统的方便性，将一些常用设备映射成一个个特殊的文件，存取它们就像存取文件一样方便，例如，PRN 为打印机，CON 为控制台。

(2)操作系统的分类。

操作系统的诞生已有几十年的历史，随着计算机软硬件系统的蓬勃发展，相应地出现了各种各样的操作系统。可以从不同的角度对操作系统进行分类：

① 按照用户界面的不同可以分为字符界面操作系统和图形界面操作系统。

② 按照任务处理方式的不同可以分为单任务操作系统、多任务操作系统、单用户操作系统和多用户操作系统。

③ 按照系统服务功能的不同可以分为批处理操作系统、分时操作系统、实时操作系统、网络操作系统、分布式操作系统和嵌入式操作系统等。

(3)常用操作系统。

在操作系统的发展历史中，一些比较有影响力的操作系统有：DOS，Windows，UNIX 和 Linux 等，如图 2－10 所示为它们的徽标。

图 2－10 操作系统的徽标（从左至右依次为 DOS、Windows、UNIX **和** Linux）

① DOS 操作系统。DOS 是 Disk Operation System（磁盘操作系统）的简称。它是字符界面、命令方式的单用户单任务操作系统，靠输入命令来进行人机对话，通过命令的形式把指令传给计算机，让计算机实现操作。有很多公司推出了 DOS 操作系统，其中以微软开发的 MS－DOS 操作系统最为著名。

从 1981—1995 年的 15 年间，DOS 操作系统在 IBM PC 兼容机市场中占有举足轻重的地位。而且，若是把部分以 DOS 为基础的微软 Windows 版本，如 Windows 95、Windows 98和 Windows ME 等都算进去的话，那么其商业寿命至少可以算到 2000 年。微软的所有后续版本中，磁盘操作系统仍然被保留着。例如，如图 2－11 所示为 Windows 7 提供的 DOS 命令窗口（“开始|附件|命令提示符”），在这里可以执行各种 DOS 命令，其中的 dir 为列目录命令，列出当前目录下的所有目录和文件，dir *.txt 仅列出扩展名为 txt 的文件。

② Windows 操作系统。Windows 操作系统是美国微软公司开发的一款单用户、多任务、具有图形界面的操作系统。它功能强大，具有良好的兼容性和易操作性，是目前微机领域最为成熟和流行的操作系统之一。

微软于 1985 年推出 Windows 1.0。1995 年 8 月，微软推出 Windows 95。从这个版本开始，Windows 才成为一个真正的完全独立的单用户、多任务、具有图形界面的操作系统。Windows 95 的出现是 Windows 操作系统发展史上一个质的飞跃，之后微软又陆续推出了 Windows 98，Windows ME，Windows 2000，Windows 2003，Windows XP，Windows Vista，Windows 7，Windows 8，Windows 8.1，Windows 10 和 Windows 服务器版本。

③ UNIX 和 Linux 操作系统。UNIX 是一种强大的多任务多用户的网络操作系统，主要应用于工作站、小型机、服务器和大型机等场合。

Linux 操作系统是一种类似于 UNIX 的自由软件，它是互联网上的一些爱好者联合开

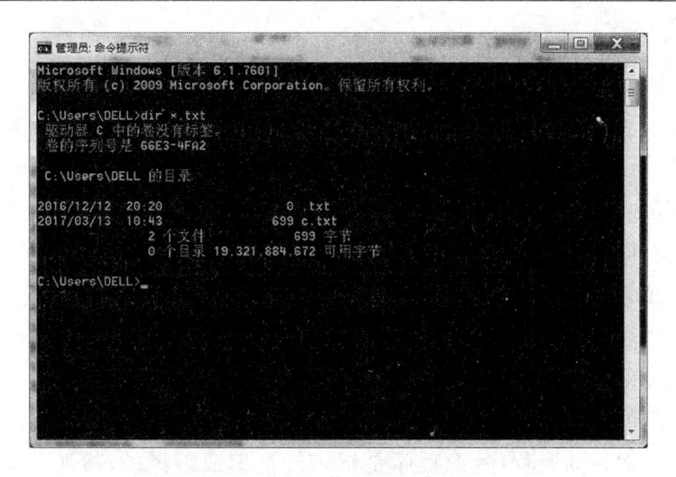

图 2-11　Windows 7 的 DOS 命令窗口

发的一种开放源代码软件。

2. 语言处理程序

语言处理程序是指用于编写计算机程序的计算机程序设计语言。计算机程序设计语言按其发展主要分为机器语言、汇编语言和高级语言 3 个阶段。

(1)机器语言。

机器语言(Machine Language)是用二进制代码指令(由 0 和 1 组成的计算机可识别的代码)来表示各种操作的计算机语言。用机器语言编写的程序称为机器语言程序。机器语言的优点是它不需要翻译,可以为计算机直接理解并执行,且执行速度快,效率高;其缺点是这种语言不直观,难于记忆,编写程序烦琐而且机器语言随机器而异,不同类型的计算机有不同的指令系统,通用性差。

例如,将偏移地址为 100 的字存储单元中的内容加 2,再送回到该存储单元中,如果用 Intel 8086 的机器指令来完成该操作,则相应的机器指令为:

10000011　00000110

01100100　00000000

00000010　00000000

其中,

10000011　00000110:为操作码(指令类型),表示要进行“加”操作,还指明了是采用什么方式取得两个加数,在这里,指明了第一个加数为存放在内存中,第二个加数为实际的数值(称为立即数)。

01100100　00000000:指出第一个加数存放在偏移地址是 100(64H)的存储单元中,相加的结果也保存到该存储单元中。

00000010　00000000:指出第二个加数是 2。

说明:

① 在计算机指令中,规定第一个操作数存放的地址也是计算结果存放的地址,称为目的操作数,因此,第一个操作数不能是立即数。

② Intel 8086 是 16 位 CPU,指令执行时,每次读取 16 位,并且在存放的时候是低字节在前、高字节在后,因此,“01100100　00000000”真正的值为“0000000001100100”,换算成十六进制为 0064H,换算成十进制为 100。同样,“00000010　00000000”的真正值为

“0000000000000010”，换算成十进制为 2。

从这里可以看出，一个简单的加法，就需要书写 6＊8＝48 个 0 或 1，指令很难记住，容易搞混，书写时这么多的 0 和 1，也容易写错，一旦写错了，查找起来非常困难。

（2）汇编语言。

汇编语言（Assembly Language）是一种用符号指令来表示各种操作的计算机语言。汇编语言指令比机器语言指令简短，意义明确，容易读写和记忆，方便了人们的使用。

例如，在汇编语言中，加法用“Add”表示，访问内存用“[偏移地址]”表示，立即数直接书写，则上述采用机器语言实现加法的例子，采用汇编语言可以书写为：

Add [0064H]，0002H

比机器语言简单、明了得多，方便记忆。

不过，汇编语言编写的源程序（源程序是指未经汇编或编译的，按照一定的程序设计语言规范，由程序员编写的，人类可读的文本文件，也即计算机不能直接执行的程序），不能为计算机直接识别执行，必须翻译为机器语言程序（称为目标程序）才能为计算机识别、执行。把汇编语言源程序翻译为机器语言目标程序的过程，称为汇编，汇编是由专门的汇编程序完成的。

和机器语言一样，汇编语言是面向具体的机器的，通用性差，可移植性差。此外，使用汇编语言编写程序必须对某种处理器非常了解，而且只能针对特定的体系结构和处理器进行优化，开发效率很低，周期长且单调。不管是程序员编写程序，还是别人或程序员自己阅读程序，都难于从汇编语言代码上理解程序设计意图，可维护性差，即使是完成简单的工作也需要大量的汇编语言代码，很容易产生错误，难于调试。

（3）高级语言。

为了进一步提高程序员的开发效率，迫切需要一种更通用的、更方便的程序设计语言，在这种环境下，高级语言应运而生。

高级语言（High-level Programming Language）是一种接近于自然语言和数学语言的程序设计语言，它是一种独立于具体计算机的语言，如 C，C＋＋，Java 等程序设计语言。高级语言的优点是有更强的表达能力，可以方便地表示数据的运算和程序的控制结构，能更好地描述算法，并且容易掌握。

例如，上述加法的例子，如果定义 x 代表偏移地址为 100 的存储单元，则实现该加法的 C 语言程序指令为：

x＝x＋2；

高级语言中的判断语句一般为：

if… then …
else…

非常简洁明了，容易理解。

计算机语言的发展，如图 2－12 所示。

10000011 00000110 01100100 00000000 00000010 00000000	Add [0064H]，0002H	x=x+2;
(a)机器语言	(b)汇编语言	(c)高级语言(C 语言)

图 2－12 计算机语言的发展

用高级语言编写的源程序也不能直接在计算机上运行，必须将其翻译成机器语言程序才能为计算机所理解并执行,其翻译过程有编译和解释两种方式。编译是将高级语言源程序通过编译程序翻译成用机器指令表示的目标程序;解释是运行事先编好的解释程序,对高级语言源程序逐句进行解释、执行。解释过程由计算机执行解释程序自动完成,但不产生目标程序。

目前流行的高级语言有C,C++,C#,Java,Java Script,Python等。一般来说,不同的语言各有其特点,各有不同的应用场合,例如:

C程序设计语言常被用作系统软件以及应用程序的编程语言,如嵌入式系统的应用程序。

C++程序设计语言为C的增强版,其在出现后迅速成为最流行的语言之一,常用于开发系统软件、应用软件、设备驱动程序、嵌入式软件、高性能服务器和客户端应用及娱乐软件等。

C#是微软公司发布的一种面向对象的、运行于.NET Framework之上的高级程序设计语言。C#是微软公司用来替代Java而开发的一种语言,并借鉴了Java,C,C++和Delphi的一些特点,如今,C#已经成为开发人员非常欢迎的语言。

Java不仅吸收了C++语言的各种优点,还摒弃了C++里难以理解的多继承、指针等概念,因此Java语言具有功能强大和简单易用两个特征。Java语言作为静态面向对象编程语言的代表,极好地实现了面向对象理论,允许程序员以优雅的思维方式进行复杂的编程。Java还具有分布式、健壮性、安全性、平台独立与可移植性、多线程、动态性等特点,因而适合于编写桌面应用程序、Web应用程序、分布式系统和嵌入式系统应用程序等。最近几年来,Java一直占据了世界编程语言排行榜的首位。

JavaScript最初是受Java启发而开始设计的,目的之一就是"看上去像Java",因此语法上有类似之处,一些名称和命名规范也借自Java。JavaScript是一种直译式脚本语言,是一种动态类型、弱类型、基于原型的语言,内置支持类型。它的解释器被称为JavaScript引擎,为浏览器的一部分,广泛用于客户端的脚本语言,最早是在HTML网页上使用,用来给HTML网页增加动态功能。由于JavaScript是一种脚本语言,其源代码在发往客户端运行之前不需经过编译,而是将文本格式的字符代码发送给浏览器由浏览器解释运行,所以安全性较差,此外,在JavaScript中,如果一条命令运行不了,那么下面的命令也无法运行。

Python是一种面向对象的解释型计算机程序设计语言,由荷兰人Guido van Rossum于1989年发明,第一个公开发行版发行于1991年,是纯粹的自由软件。Python语法简洁清晰,具有丰富且强大的库,因而常被昵称为胶水语言,能够把用其他语言制作的各种模块(尤其是C/C++)很轻松地联结在一起。常见的一种应用情形是,首先使用Python快速生成程序的原型(有时甚至是程序的最终界面),然后对其中有特别要求的部分,用更合适的语言改写,比如3D游戏中的图形渲染模块,性能要求特别高,就可以用C/C++重写,而后封装为Python可以调用的扩展类库。由于Python有很多优点,最近几年受欢迎的热度急剧上升,特别是在人工智能的深度学习方面。

3. 数据库管理系统

数据库(Database)是指保存在计算机的存储设备上、并按照某种模型组织起来的、可以被各种用户或应用共享的数据的集合。

数据库管理系统(Database Management System,DBMS)是指提供各种数据管理服务的计算机软件系统,这种服务包括数据对象定义、数据存储与备份、数据访问与更新、数据统计与分析、数据安全保护、数据库运行管理以及数据库建立和维护等。

随着计算机应用普及的不断扩大以及信息化社会的到来，数据库管理系统的重要性越来越突出。例如，财务管理系统、学籍管理系统、工资管理系统等都需要数据库管理系统的支撑。

目前流行的数据库管理系统有：Oracle，MS SQL Server，MySQL，DB2，SYBASE 等。

4. 支撑软件

支撑软件是指其他用于支持软件开发、调试和维护的软件，可帮助程序员快速、准确、有效地进行软件开发、管理和评测，如编辑程序、连接程序和调试程序等。

编辑程序为程序员提供了一个书写环境，用来建立、编辑、修改源程序文件。

连接程序用来将若干个目标程序模块和相应高级语言的库文件连接在一起，产生可执行程序文件。

调试程序可以跟踪程序的执行，帮助用户发现程序中的错误，以便于修改。

现在的高级语言程序，一般都是集编辑、连接、调试等程序功能于一体，并且具有可视化的图形用户界面的开发环境，称为集成开发环境（Integrated Development Environment，IDE）。如微软公司的 Visual Studio 系列开发环境。

2.3.2 应用软件

应用软件是为满足用户的不同需求而开发的软件。应用软件可以拓宽计算机系统的应用领域，扩大硬件的功能，又可以根据应用的不同领域和不同功能划分为若干子类。例如，办公软件、压缩软件和其他应用软件等。

1. 办公软件

办公软件是指可以进行文字处理、表格制作、幻灯片制作、图形图像处理和简单的数据库处理等方面的软件。目前办公软件朝着操作简单化、功能细化等方向发展。

办公软件的应用范围很广，大到社会统计，小到会议记录、数字化的办公，都离不开办公软件的鼎力协助。另外，政府用的电子政务，税务用的税务系统，企业用的协同办公软件，这些都属于办公软件。

目前我们常用的办公软件有微软的 Microsoft Office 套件和国产的金山公司的 WPS Office 套件。

如图 2-13 所示为 Microsoft Office 2016 套件，包含 Word，Excel，PowerPoint，OneNote，Outlook 等功能模块，分别用于文字、表格、幻灯片、简单数据库和邮件收发等编辑、制作与处理等，为现代办公与团队协作而打造。

如图 2-14 所示为 WPS Office 2016 套件，包含文字、表格、演示三大功能模块，分别与 Microsoft Office 的 Word，Excel，PowerPoint 一一对应。

2. 压缩软件

现在是信息时代，也是大数据时代，各种信息资源越来越多，如文档、程序、媒体等的数据量也越来越大，其中，大部分数据是以文件的形式保存、交换或传输的，而在单个文件中，实际上有很多数据是冗余的，有些是重复出现的，有些是没有意义的。我们采取压缩的方法，就能够将原来的数据变换成一种“体积”更小的数据表示方法，而通过反变换，又能恢复成原样。

目前比较流行的压缩软件有 WinRAR、2345 好压、360 压缩、快压等，生成的压缩包文件扩展名一般为.rar 或.zip。

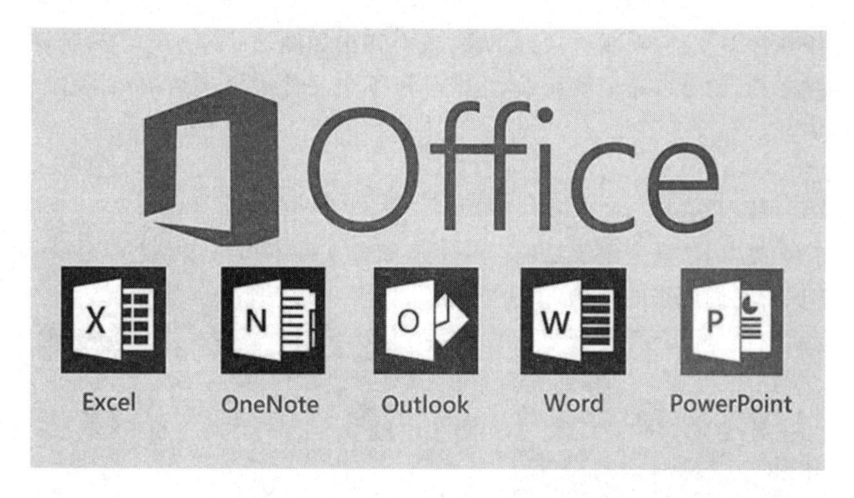

图 2－13　Microsoft Office 2016 套件

图 2－14　WPS Office 2016 套件

WinRAR 是一款比较经典的、功能强大的压缩软件，压缩和解压缩都很方便，WinRAR 安装成功后，会自动在资源管理器的快捷菜单中增加相应的压缩和解压缩菜单，方便使用。

例如，选定需要压缩的单个或多个文件、文件夹，在其上右键单击，就会弹出如图 2－15 所示的快捷菜单，选择相应的压缩菜单项，就可以完成压缩，生成一个压缩包文件。

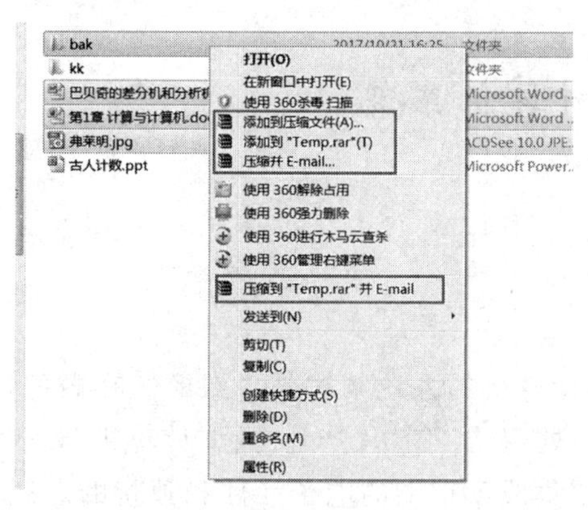

图 2－15　WinRAR 压缩快捷菜单

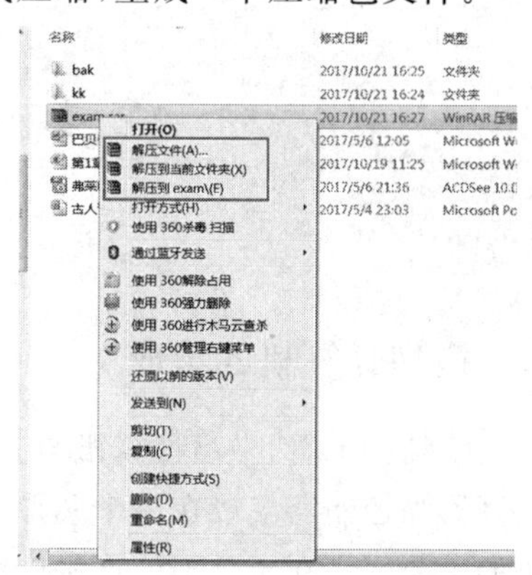

图 2－16　WinRAR 解压缩快捷菜单

选定一个压缩包文件，在其上右键单击，就会弹出如图 2-16 所示的快捷菜单，选择相应的解压缩菜单项，就可以完成解压缩，生成与压缩包文件中目录结构相同、文件相同的文件夹和文件。

压缩软件的优点：

(1)将文件“体积”变小。

(2)保持“包裹”内信息的组织结构。一个压缩包文件不但可以“装下”多个文件或文件夹，并且能够保持它们原来的结构，不会“弄混”，如图 2-17 所示。

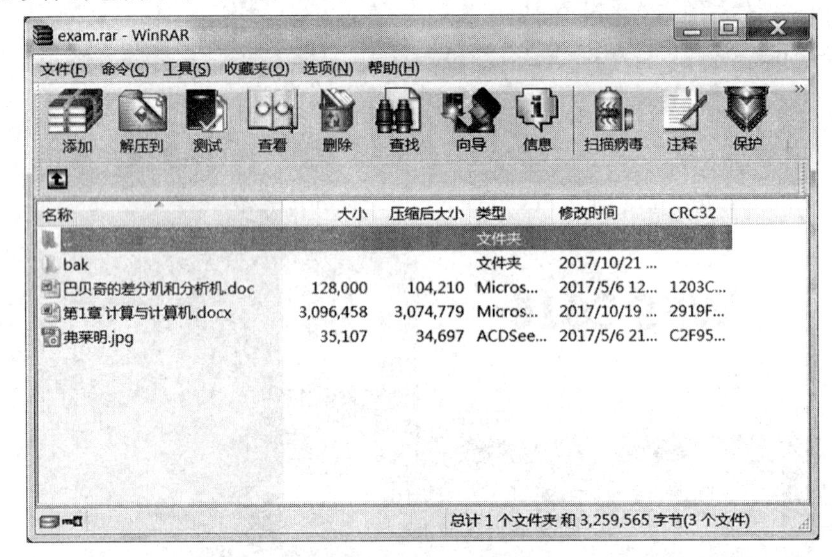

图 2-17 压缩包可以保持文件夹原来的结构

3. 其他应用软件

随着计算机在各个行业的普及，不同的应用领域都开发了相应的计算机软件来辅助我们的日常工作，提高我们的工作效率。例如，计算机辅助设计软件(AutoCAD)、矢量图形设计软件(CorelDRAW)、图像处理与设计软件(Adobe Photoshop)、财务软件(金蝶)以及社交软件(QQ、微信)等。

2.4 微型计算机系统

2.4.1 微型计算机的组成

从系统结构上看，微型计算机与其他类型计算机的系统结构是一致的。在微型计算机中将运算器和控制器集成在一个芯片上组成微处理器，称为 CPU。微型计算机与其他类型计算机的主要区别在于微型计算机广泛采用了集成度很高的电子元件和独特的总线(Bus)结构。

微型计算机的总线结构是一个独特的结构。微型计算机有了这种总线结构之后，系统中各功能设备之间的相互关系就变为各个设备面向总线的单一关系，一个设备只要符合总线标准，就可以连接到采用这种总线标准的系统中，使系统的功能得到扩展。尽管各种微型计算机的总线类型和标准有所不同，但大体上都包含3种不同功能的总线，简称三总线，即数据总线(Data Bus，DB)、地址总线(Address Bus，AB)和控制总线(Control Bus，CB)。

如图2-18所示，微型计算机由微处理器CPU、内存储器、输入/输出(I/O)接口等部件组成。各部件之间通过总线相互连接与通信。CPU就像是微机的心脏，其性能决定了整个微机系统的主要性能。输入/输出(I/O)接口是主机与外部设备连接的逻辑控制设备。总线为CPU和其他设备之间提供数据、地址和控制信息的传输通道。

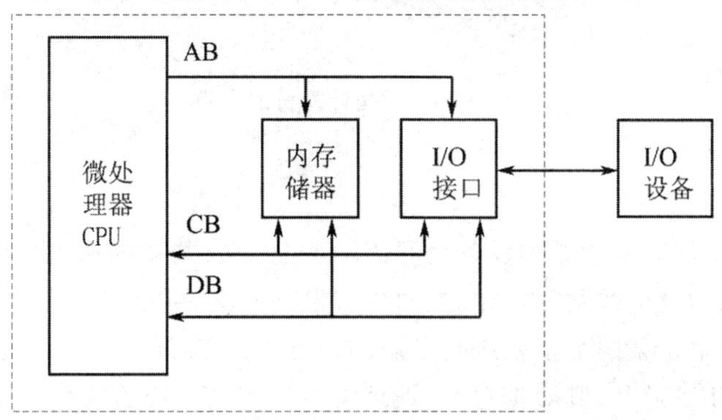

图2-18　微型计算机的基本结构

如图2-19所示，从外观上看，一台微机由主机箱、显示器、键盘和鼠标组成，有时还配有打印机、扫描仪等其他外部设备，而且一些新型外部设备还在不断涌现。

在主机箱内，有主板、总线扩展槽和输入/输出接口、CPU、内存储器和外存储器(硬盘驱动器、光盘驱动器)等设备。

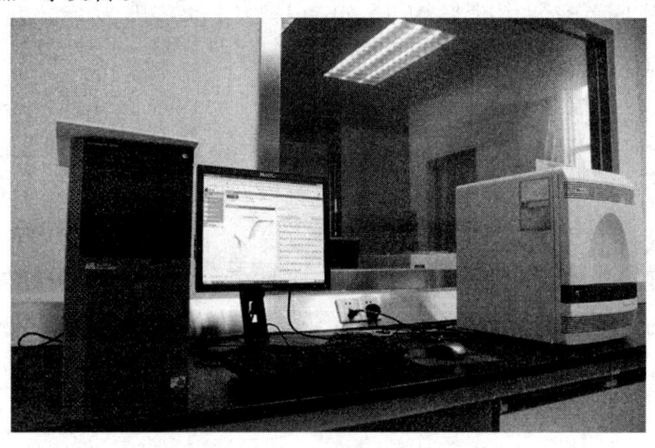

图2-19　微型计算机的外观组成

1.主板

主板又称系统板。从功能上来说，主板是一个插槽的集合体，也是整个硬件系统的平台。主板是微型计算机系统的主体和控制中心，它几乎集合了全部系统的功能，控制着各部件之间的指令流和数据流。不同CPU型号的微型计算机的主板结构是不一样的，但无论哪一种CPU，其所用主板在工作原理、主要器件的设置上都差不多。如图2-20所示，为微型计算机主板结构图。

图 2-20 微型计算机的主板

2. 总线和接口

(1)总线。

所谓总线，是指计算机设备和设备之间传输信息的公共数据通道。因此总线是连接计算机各种设备之间的通信线路，由总线上的所有设备共享，可以将计算机系统内的各种设备连接到总线上。如果是某两个设备之间专用的信号连线，则不能称之为总线。

不同型号的 CPU 芯片，其数据总线、地址总线和控制总线的条数可能不同。

数据总线用来传送数据信息，是双向的。CPU 既可通过数据总线从内存或输入设备读入数据，又可通过数据总线将内部数据送至内存或输出设备。数据总线的宽度决定了 CPU 和计算机其他设备之间每次交换数据的位数，即字长。

地址总线用于传送 CPU 发出的地址信息，是单向的。传送地址信息的目的是指明与 CPU 交换信息的内存单元或 I/O 设备。存储器是按地址访问的，所以每个存储单元都有一个唯一的地址，当地址总线的位数为 N 时，可直接寻址的范围为 2^N。因此，地址总线的宽度决定了 CPU 的最大寻址能力。

控制总线用来传送控制信息。其中有的是 CPU 向内存或外部设备发出的信息，有的是内存或外部设备向 CPU 发出的信息。显然，控制总线中的每一条线的信息传送方向是一定的、单向的，但作为一个整体则是双向的。所以，在各种结构框图中，凡涉及控制总线，均是以双向线表示。

总线的性能直接影响到整机系统的性能，而且任何系统的研制和外围模块的开发都必须依从所采用的总线规范。总线技术随着微机结构的改进而不断发展与完善，目前微机系统中使用的总线标准主要有：ISA(Industry Standard Architecture)总线、EISA(Extended Industry Standard Architecture)总线、PCI(Peripheral Component Interconnect)总线等。

(2)总线扩展槽。

总线扩展槽主要用于扩展微型计算机的功能，也称为 I/O 插槽。用户可以根据自己的需要在扩展槽上插入各种用途的插卡，如显示卡、声卡、网卡等，以扩展微型计算机的各种功能。这些插槽所传送的信号实际上是系统总线信号的延伸，任何插卡插入扩展槽后，就可以通过系统总线与 CPU 连接，在操作系统的支持下实现即插即用，这种开放的体系结构为用户组合各种功能设备提供了方便。目前主板上的扩展槽有 ISA 插槽、PCI 插槽、AGP 插槽。

(3)输入/输出接口电路。

输入/输出接口电路是CPU与外部设备之间交换信息的连接电路,它们通过总线与CPU相连,简称I/O接口。I/O接口分为总线接口和通信接口两类。当需要外部设备或用户电路与CPU之间进行数据、信息交换以及控制操作时,应使用总线把外部设备或用户电路连接起来,这时就需要使用总线接口;当微型计算机系统与其他系统直接进行数字通信时就需要使用通信接口。

所谓总线接口是将微型计算机总线通过电路插座提供给用户的一种总线插座,供插入各种功能卡。插座的各个管脚与微型计算机总线的相应信号线相连,用户只要按照总线排列的顺序制作外部设备或用户电路的插线板,即可实现外部设备或用户电路与系统总线的连接,使外部设备或用户电路与微型计算机系统成为一体。常用的总线接口有:ISA总线接口、PCI总线接口、IDE总线接口等。

通信接口是指微型计算机系统与其他系统直接进行数字通信的接口电路,通常分串行通信接口和并行通信接口两种,即串口和并口。串口用于把像网卡这类低速外部设备与微型计算机连接,传送信息的方式是一位一位地依次进行。串口的标准是电子工业协会(Electronics Industry Association,EIA)RS232C标准。串口的连接器有D型9针插座和D型25针插座两种,位于计算机主机箱的后面板上,串口鼠标就是连接在这种串口上。并行接口多用于连接打印机等高速外部设备,传送信息的方式是按字节进行,即8个二进制位同时进行。打印机一般采用并口与计算机通信,并口也位于计算机主机箱的后面板上。串口和并口在微型计算机中基本上已经被淘汰,取而代之的是通用串行总线(Universal Serial Bus,USB)接口,即目前流行的USB接口。

3.微处理器

微处理器是微型计算机中最关键的设备,是由超大规模集成电路(Very Large Scale Integration,VLSI)工艺制成的芯片。它起到控制整个微型计算机工作的作用,产生控制信号对相应的设备进行控制,并执行相应的操作。不同型号的微型计算机,其性能的差别首先在于微处理器性能的不同,而微处理器的性能又与它的内部结构、硬件配置有关。每种微处理器具有专门的指令系统。通常所说的486、奔腾(Pentium)、酷睿(Core)等计算机就是指主板上CPU的型号。

1971年,Intel公司推出世界上第一款微处理器4004,1979年,Intel推出8088微处理器,到1981年,IBM公司将8088芯片用于其研制的PC机中,从而开创了全新的微机时代。

进入21世纪,Intel处理器也进入全新的Pentium 4时代。与Intel Pentium系列产品的诞生相同,AMD公司和Cyrix公司的CPU产品也是一代接一代地问世,但Intel一直占据着领头羊的地位。从2005年至今,是酷睿系列微处理器时代,通常称为第6代,图2-21给出了Intel公司不同时期出品的几种类型的CPU。

图2-21　Intel公司出品的几种CPU

微处理器的主要技术参数有如下几种:

(1) 字长。

CPU一次能同时处理的二进制数的位数叫字长。字长越长，一次可处理的二进制位越多，运算能力就越强，计算精度就越高。微型计算机字长有8位、16位、32位和64位等。

(2) 主频、外频。

主频是CPU的时钟频率，也就是CPU的工作频率。一般来说，主频越高，CPU的运算速度也就越快。但由于不同CPU的内部结构不尽相同，所以并不能完全用主频来概括CPU的性能。

外频就是系统总线的工作频率，是主板为CPU提供的基准时钟频率，体现了总线的速度。

(3) 前端系统总线频率。

前端系统总线(Front Side Bus，FSB)负责将CPU连接到内存，因此，前端系统总线频率直接影响CPU与内存的数据交换速度。数据传输最大带宽取决于同时传输的数据的宽度和传输频率，即数据带宽=(总线频率×数据位宽)/8。前端系统总线频率越高，代表着CPU与内存之间的数据传输量越大，越能充分发挥CPU的性能。

外频与前端系统总线频率的区别与联系在于：前端系统总线的速度是数据传输的实际速度，外频是CPU与主板之间同步运行的速度。通常前端系统总线速度都大于CPU外频，且成倍数关系。

(4) 高速缓冲存储器。

高速缓冲存储器(Cache)的级数及容量大小与指令的执行速度有很大关系。

4. 内存储器

内存储器简称为内存，CPU只能和内存直接进行数据交换。

(1) 内存的分类。

微机的内存分为随机存储器、只读存储器和高速缓冲存储器。

① 随机存储器(Random Access Memory，RAM)。RAM是计算机工作的存储区，它是一种可高速、随机地写入和读出数据(写入速度和读出速度可以不同)的一种半导体存储器；RAM的优点是存取速度快、读写方便，缺点是数据不能长久保持，断电后自行消失。因此，RAM是计算机处理数据的临时存储区，要想使数据长期保存起来，必须将数据保存在外存中。

根据制造原理不同，随机存储器可分为静态随机存储器(Static Random Access Memory，SRAM)和动态随机存储器(Dynamic Random Access Memory，DRAM)。SRAM集成度低，价格高，但速度快，常用作高速缓冲存储器。DRAM集成度高，价格低，但需要周期性动态刷新，故速度慢。目前微机普遍采用先进的同步动态随机存取存储器(Synchronous Dynamic Random Access Memory, SDRAM)。SDRAM从发展到现在已经经历了5代，分别是SDR，DDR，DDR2，DDR3和DDR4(显卡上的DDR已经发展到了DDR5)。

由于微机中的内存主要是RAM，因此，通常所说的内存就是指RAM。目前，微机中的内存是以内存条的形式插在主板上的，如图2-22所示为几种不同类型的内存条。

②只读存储器(Read Only Memory，ROM)。只读存储器ROM一旦有了信息，就不能

笔记本内存条

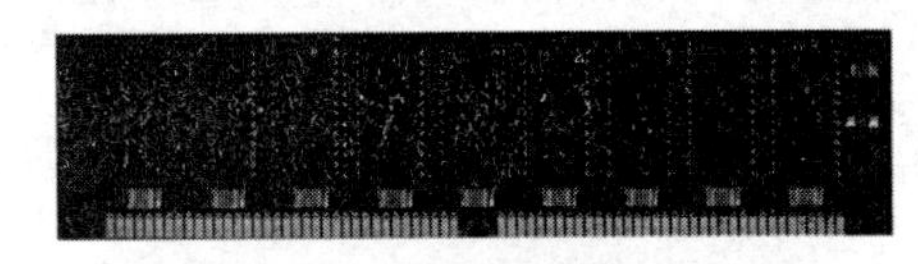
72线内存条

30线内存条

168线内存条

图 2-22　几种不同类型的内存条

轻易改变，也不会在掉电时丢失，它们在计算机系统中是只供读出的存储器。ROM 器件有两个显著的优点：一是结构简单，所以位密度比可读/写存储器高；二是具有非易失性，所以可靠性高。但是，ROM 器件只能用在不需要经常对信息进行修改的地方。

在计算机系统中，ROM 模块常常用来存放系统启动程序和参数表，也用来存放常驻内存的监控程序或者操作系统的常驻内存部分，甚至还可以用来存放字库或者某些语言的编译程序和解释程序。

根据其中信息的设置方法，ROM 可以分为 4 种：掩膜 ROM、可编程的只读存储器(Programmable Read Only Memory, PROM)、可擦除可编程只读存储器(Erasable Programmable Read Only Memory, EPROM)、可用电擦除的可编程只读存储器(Electrically Erasable Programmable Read Only Memory, EEPROM)。

闪速存储器(Flash Memory)简称内存，是具有电擦除和重新编程能力的新型只读存储器。它是一种高密度、非易失性的读写半导体存储器，既可在断电情况下长期保存信息，又能在不需要特殊高电压的情况下进行快速擦除和重写。闪存突破了传统的存储器体系，改善了现有存储器的特性，其独特的性能使其广泛地运用于各个领域，包括嵌入式系统、电信交换机、蜂窝电话、网络互联设备、仪器仪表和家用电器等，同时还包括新兴的语音、图像、数据存储类产品，如数码相机、数码录音机和个人数字助理(Personal Digital Assistant, PDA)等。

③高速缓冲存储器(Cache)。内存由于容量大、寻址系统复杂等原因，造成了内存的工作速度远远低于 CPU 的工作速度，直接影响了计算机的性能。为了解决内存与 CPU 工作速度上的不匹配，在 CPU 和内存之间增设了一级容量不大、但速度很高的高速缓冲存储器。Cache 通常由静态存储器构成。

Cache 中始终存放常用的程序和数据。当 CPU 访问所需的程序和数据时，首先从 Cache 中查找，如果存在，则称为“命中”，直接读取；如果所需程序和数据不在 Cache 中，则称为“不命中”，CPU 只好到内存中去读取，同时将程序和数据写到 Cache 中，以便下次方便使用。如果内存中也没有，则启动相应的设备从外存读取，存入内存，CPU 再从内存中读取。如果 Cache 已经装满，则将暂时不用的程序和数据调出 Cache，存放到内存或虚拟内存中(如 Windows 系统)。因此，采用 Cache 可以提高系统的运行速度。

Cache 集成在 CPU 中，Cache 的容量大小是 CPU 的一个重要性能指标，有的 CPU 还集成了二级或多级 Cache。

借鉴此思想，有些输入/输出设备或接口中，也设计有相应的 Cache，如显卡、打印机等。

(2)内存的性能指标。

①存储容量。存储器可以容纳的二进制信息量称为存储容量。存储器的容量以字节(Byte)为基本单位,常用的单位有 kB,MB,GB,TB 等。我们通常所说的计算机内存容量,一般是指 RAM 的容量。例如,某计算机的内存是 4 GB,就是指该计算机的 RAM 容量是 4×2^{30}个字节。

②存取时间。存储器的存取时间是指 CPU 从启动一次存储器操作,到完成该操作所需要的时间。例如,从发出读信号开始,到 CPU 得到"读出数据已经可用"的信号为止,两者之间的时间间隔,称为读取数时间。两次独立的存取操作之间所需的最短时间称为存取周期,目前,大多数 SDRAM 芯片的存取周期为 5,6,7,8,10 纳秒。

5.外存储器

外存储器又称辅助存储器,简称外存。外存不能被 CPU 直接访问,必须将外存中的信息调入内存之后才能为微处理器所用。与内存相比,外存价格低、容量大、速度慢。外存一般用来存放需要永久保存的或相对来说暂时不用的各种程序和数据。外存包括硬盘存储器、光盘存储器和移动存储器等。

(1)硬盘存储器。

硬盘存储器,简称为硬盘,由硬盘片、硬盘控制器、硬盘驱动器及连接电缆组成。目前最常用的是温彻斯特(Winchester)硬盘,简称温盘。它是一种可移动磁头(磁头可在磁盘径向移动)、固定盘片的磁盘存储器。温盘的主要特点是将盘片、磁头、电机驱动设备乃至读/写电路等做成一个不可随意拆卸的整体,并密封起来,所以防尘性能好、可靠性高,对环境要求不高。硬盘一般固定在机箱内部,也可使用外置移动盒方式以便携带。

硬盘的存储介质由一组盘片组成。每一张盘片是一种两面涂有磁性物质的聚酯薄膜圆形盘片,其结构如图 2-23 所示。数据是按一系列同心圆记录在其表面上的,每一个同心圆称为一个磁道(Track)。磁道由外向内依次编号,最外一条磁道为 0 磁道。每个磁道划分为若干个弧段,便得到一个个扇区(Sector)。扇区是磁盘的基本存储单位,每个扇区的存储量为 512 字节,扇区按 1,2,3,…的顺序编号。计算机对磁盘进行读写时无论数据多少,总是读写一个或几个完整的扇区。

每个盘片有两个面,依次编号为 0 面和 1 面。盘片组装在一个同心主轴上,每个记录面各有一个磁头,除最上面、最下面两张盘片的外侧面为保护面外,其余的盘面均可作为记录面。

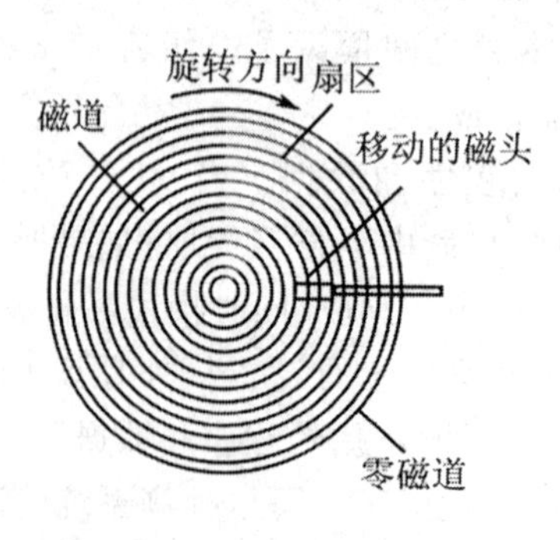

图 2-23 硬盘盘片结构

硬盘工作方式如图 2-24 所示。磁盘存储器在存取数据时,磁头在盘面上做来回的径向运动,而盘片则绕着同心主轴高速旋转。

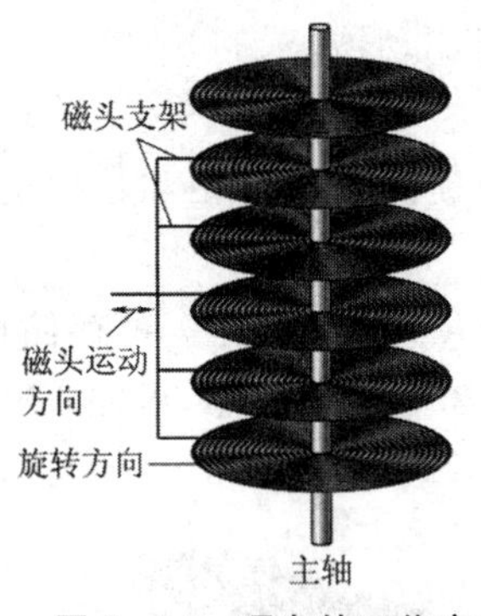

图 2-24　硬盘的工作方式

图 2-25　光盘及光盘驱动器

一个具有 k 个盘片的磁盘组，可将其 k 个面上同一半径的磁道看成一个圆柱面，这些磁道存储的信息叫作柱面信息。在移动磁头组合盘中，磁头定位机构一次定位的磁道集合正好是一个柱面。信息的交换通常在柱面上进行，柱面个数正好等于磁道数，柱面号就是磁道号，而磁头号则是盘面号。

没有使用过的空白盘，有的在生产时已经格式化好了，有的需要进行格式化后才能使用。所谓格式化就是对一个空白盘片进行磁道和扇区划分，并登记各扇区的地址标记。经格式化后的硬盘被分为引导扇区(Boot)、文件分配表(File Allocation Table，FAT)、文件目录表(File Directory Table，FDT)和数据区。存储容量通常是硬盘格式化后的容量，格式化后硬盘容量可用下式计算：

硬盘的存储容量＝柱面数×磁头数×每道扇区数×每个扇区字节数。

例如，一个硬盘有 64 个磁头，4 096 个柱面，每个磁道有 64 个扇区，则其容量为：

$4\,096\times64\times64\times512\approx8.64$ GB

硬盘可用来作为各种计算机的外部存储器，它有很大的容量，常以千兆字节(GB)为单位。硬盘旋转速度快，存取速度高，使用寿命长。

(2)光盘存储器。

光盘存储器是一种利用激光技术存储信息的装置。光盘存储器是由光盘片、光盘驱动器和光盘控制适配器组成。常见的光盘存储器类型有 CD-ROM，CD-R，CD-RW，DVD-ROM 和 DVD-RW 等，如图 2-25 所示为 DVD-ROM 光盘及光盘驱动器。

CD-ROM 是一种只读光盘存储器，存储信息的方法是用冲压设备把信息压制在光盘表面上。信息是以一系列 0 和 1 存入光盘的，在盘片上用平坦表面表示 0，而用凹坑端部(即凹坑的前沿和后沿)表示 1。光盘表面由一个保护涂层覆盖，使用者无法触摸到数据的凹坑，这有助于盘片不被划伤、印上指纹或黏附其他杂物。CD-ROM 的特点是存储容量大(可达 700 MB)、复制方便、成本低廉，通常用于电子出版物、素材库和大型软件的载体，只能读取而不能写入。

可记录光盘(Compact Disk-Recordable，CD-R)可以一次性地在盘面上写入数据，写入后，CD-R 盘就同 CD-ROM 盘一样可以反复读取，但不能再改写数据。

可读写光盘(Compact Disk-Rewritable，CD-RW)可以像磁盘一样进行反复读写操作。

数字多功能光盘(Digital Versatile Disc，DVD)是超高容量的光盘，与 CD-ROM 盘具有相同的直径和厚度，但能提供 4.7～17.7 GB 的存储容量，常用作高清晰视频的载体。

光盘存储器在过去十几年间是多媒体计算机的必选设备，随着 U 盘、网盘的出现，正慢慢淡出人们的视线，有很多计算机上已经不再配置光盘驱动器了。

(3)移动存储器。

随着计算机技术的发展，网络时代的到来，一些便捷的存储设备和数据交换方式出现了，如U盘、闪存卡、网盘。

① U盘。U盘即采用USB接口、闪存(Flash Memory)技术的一种存储设备，俗称优盘。它具有轻巧精致、使用方便、便于携带、容量大、安全可靠等优点，可在不同计算机间方便地交换大量数据，如图2-26所示。

图2-26　U盘

近年来，U盘技术发展迅速，从容量上看，目前容量一般达10 GB以上；从读写速度上看，U盘采用USB接口，读写速度比软盘高许多；从稳定性上看，U盘没有机械读写装置，避免了移动硬盘容易碰伤、跌落等原因造成的损坏。此外，部分款式U盘具有加密等功能，令用户使用更具个性化。

②闪存卡。闪存卡(Flash Card)也是利用闪存技术进行信息存储的存储器，它样子小巧，犹如一张卡片，具有多种规格和型号，如图2-27所示，一般应用在手机、数码相机、掌上电脑、MP3等小型数码产品中。

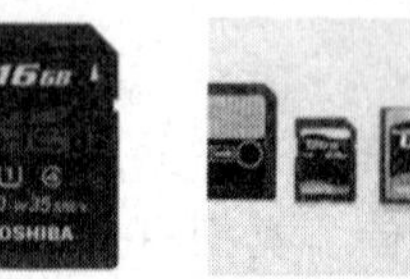

图2-27　各种类型的闪存卡

③网盘。网盘是一些网络公司采用先进的海量存储技术在网络上推出的一种在线存储服务。用户可以把网盘看成一个放在网络上的硬盘或U盘，因此，也称为网络U盘，无论何时何地，只要你连接到因特网，登录到你的网络站点或邮箱，你就可以管理、编辑网盘里的文件。不需要随身携带，更不怕丢失。目前，各种网盘很多，例如百度网盘、360云盘、OneDrive等。

6. 输入设备

输入设备是向计算机输入程序、数据和命令的设备。常见的输入设备有键盘、鼠标、触摸板、扫描仪、数据手套等。

(1)键盘。

键盘是最常用也是最主要的输入设备，通过键盘，可以将英文字母、数字、标点符号等输入到计算机中，从而向计算机发出命令、输入数据等。

PC XT/AT 时代的键盘主要以 83 键为主，并且延续了相当长的一段时间，但随着 Windows 系统的流行已经被淘汰。取而代之的是 101 键和 104 键键盘，并占据市场的主流地位，当然其间也曾出现过 102 键和 103 键的键盘。

104 键键盘是新型的多媒体键盘，它在传统键盘的基础上又增加了不少常用快捷键或音量调节装置，使 PC 操作进一步简化，对于收发电子邮件、打开浏览器软件、启动多媒体播放器等都只需要按一个特殊按键即可，同时在外形上也做了重大改善，着重体现了键盘的个性化。起初这类键盘多用于品牌机，如 HP、联想等品牌机都率先采用了这类键盘，受到广泛的好评，并曾一度被视为品牌机的特色。随着时间的推移，市场上也出现独立的具有各种快捷功能的键盘单独出售，并带有专用的驱动和设置软件，在兼容机上也能实现个性化的操作。

(2)鼠标。

鼠标也是一种输入设备，鼠标的使用是为了使计算机的操作更加简便，来代替键盘那烦琐的操作。尤其随着 Windows 的流行，鼠标已和键盘一样成为一种标准的输入设备，主要用于图形用户界面操作。

鼠标根据其工作原理可以分为机械鼠标和光电鼠标。按键数可以分为两键鼠标、三键鼠标和多键鼠标。目前广泛采用带滚动轮的光电鼠标，前后滚动该轮可使页面上下滚动，而不需通过拖动页面窗口的垂直滚动条来滚动页面，非常方便。

(3) 触摸板。

触摸板(TouchPad)是一种在平滑的触控板上，利用手指的滑动操作来移动游标的输入装置，是一种广泛应用于笔记本电脑上的输入设备，如图 2－28 所示。

图 2－28　触摸板

触摸板是借由电容感应来获知手指移动情况，对手指热量并不敏感，当使用者的手指接近触摸板时会使电容量改变，触摸板自身会检测出电容改变量，转换成坐标。其优点在于使用范围较广，全内置、超轻薄笔记本均适用，而且耗电量少，可以提供手写输入功能。

触摸板可以作为鼠标的一种替代物。

(4)扫描仪。

扫描仪是一种能够捕获图像并将之转换成计算机可以显示、编辑、储存和输出的数字信号的输入设备。照片、文本页面、图纸、美术图画，甚至纺织品、标牌面板、印制板样品等都可作为扫描对象。

扫描仪由扫描头、主板、机械结构和附件 4 个部分组成。扫描仪按照其处理的颜色可以分为黑白扫描仪和彩色扫描仪两种；按照扫描方式可以分为手持式、台式、平板式和滚筒式4种，如图2-29所示给出了两种不同扫描方式的扫描仪。

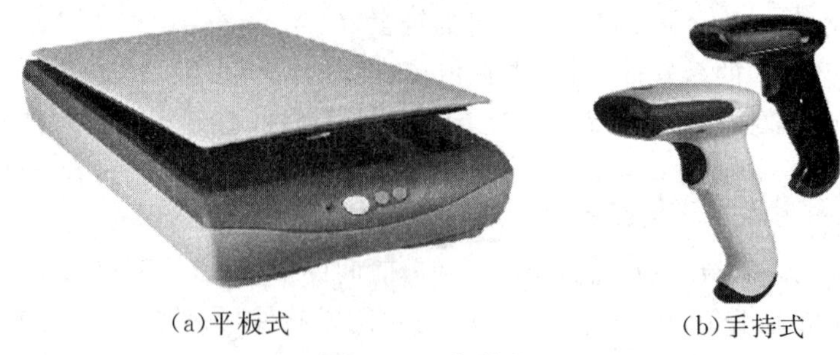

(a)平板式 (b)手持式

图2-29 扫描仪

扫描仪的性能指标主要有分辨率、扫描区域、灰度级、图像处理能力、精确度、扫描速度等。

随着数码成像设备(如手机)的盛行、打印技术的发展(打印机可复印、扫描等)以及文字识别技术的提高，普通的扫描仪正逐渐被淘汰，而专业级的扫描仪正在不断发展，如三维扫描仪，如图2-30所示。

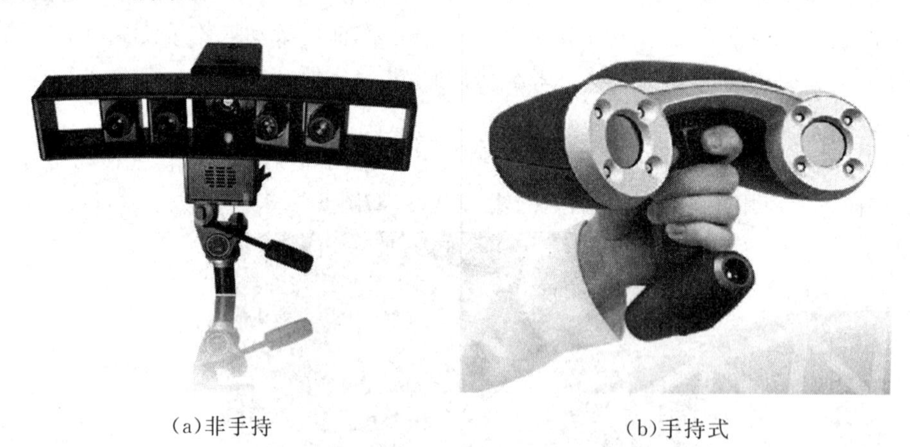

(a)非手持 (b)手持式

图2-30 三维扫描仪

三维扫描仪(3D Scanner)是一种科学仪器，用来侦测并分析现实世界中物体或环境的形状(几何构造)与外观数据(如颜色、表面反照率等性质)。搜集到的数据常被用来进行三维重建计算，在虚拟世界中创建实际物体的数字模型。这些模型具有相当广泛的用途，例如工业设计、瑕疵检测、逆向工程、机器人导引、地貌测量、医疗、生物工程、刑事鉴定、数字文物典藏、电影制片、游戏创作素材等等，都可见到其应用。

(5) 数据手套。

数据手套是虚拟仿真中最常用的交互工具，如图2-31所示。

数据手套是一种多模式的虚拟现实硬件，它通过软件编程，可进行虚拟场景中物体的抓取、移动、旋转等动作，也可以利用它的多模式性，用作一种控制场景漫游的工具。数据手套的出现，为虚拟现实系统提供了一种全新的交互手段，目前的产品已经能够检测手指的弯曲程度，并利用磁定位传感器来精确地定位出手在三维空间中的位置。这种结合手指弯曲度测试和空间定位测试的数据手套被称为“真实手套”，可以为用户提供一种非常真实自然的三维交互手段。

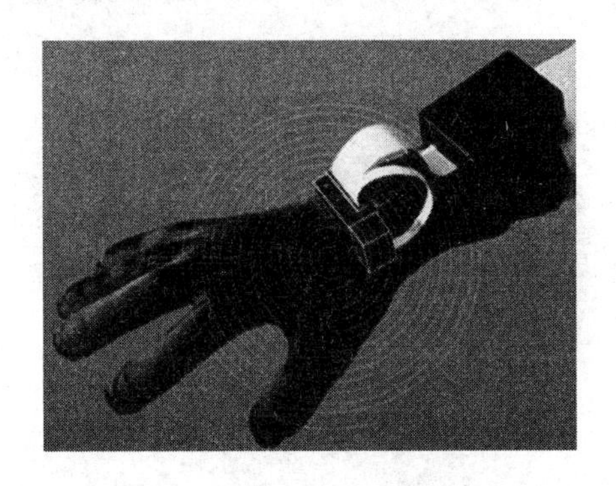

图 2-31　数据手套

7.输出设备

输出设备是将计算机运算或处理后所得的结果,以字符、数据、图形等人们能够识别的形式进行输出的设备。常见输出设备有显示器、打印机、声音输出设备、投影仪、VR 眼镜等。

(1)显示器。

显示器是计算机的标准输出设备,用户通过显示器能及时了解到计算机工作的状态,看到信息处理的过程和结果,及时纠正错误,指挥计算机正常工作。

显示器的主要技术指标有屏幕尺寸、点距、显示分辨率、颜色深度及刷新频率。

显示分辨率是指显示器所能显示的像素的数目。例如,显示器的分辨率是 1024×768,则共有 1024×768=786 432 个像素。分辨率越高,则像素越多,显示的图形就越清晰。显示分辨率受点距和屏幕尺寸的限制,也和显卡有关。

颜色深度是指表示像素点色彩的二进制位数,一般有 2 位、4 位、8 位、16 位、24 位和 32 位。24 位可以表示的色彩数为 1 600 多万种,称为真彩色,32 位是指 24 位色彩数再加上 8 位的 Alpha 通道。

刷新频率是指每秒钟内屏幕画面刷新的次数。刷新频率越高,画面闪烁越小,通常为 60～100 Hz。

(2)打印机。

打印机可以将计算机的处理结果直接在纸上输出,方便人们阅读,同时也便于携带。

打印机按打印原理分为击打式和非击打式打印机;按工作方式分为针式、喷墨、激光等打印机。

击打式打印机利用机械钢针击打色带和纸而打印出字符和图形。

非击打式打印机是利用物理或化学方法来显示字符,包括喷墨、激光等打印机。

喷墨打印机是利用墨水通过精细的喷头喷到纸面上而产生字符和图像,字符光滑美观。它的特点是体积小、重量轻、价格相对便宜。

激光打印机是激光扫描技术与电子照相技术相结合的产物,由激光扫描系统、电子照相系统和控制系统三大部分组成。激光扫描系统利用激光束的扫描形成静电潜像,电子照相系统将静电潜像转变成可见图像输出。其特点是高速度、高精度、低噪声。

现在的激光打印机一般都是集多种功能于一体的一体机,例如图 2-32 所示的激光打印机就具有打印、复印、扫描、传真的功能。

(3)声音输出设备。

声音输出设备包括声卡和扬声器两部分。声卡插在主板的插槽上,通过外接的扬声器输出声音。

图 2-32 激光打印机

目前声卡的总线接口有 ISA 和 PCI 两种，其中 PCI 已经成为主流。

扬声器主要有音箱和耳机两类。

(4)投影仪。

投影仪主要用于电化教学、培训、会议等公众场合，如图 2-33 所示，它通过与计算机的连接，可以把计算机屏幕显示的内容全部投影到影屏上。随着技术的进步，高清晰、高亮度的液晶投影仪的价格迅速下降，正在不断进入办公场所和学校等。

投影仪的主要性能指标有：分辨率、光输出、水平扫描频率、垂直扫描频率、视频带宽、会聚等。

图 2-33 投影仪

(5)VR 眼镜。

VR 眼镜即 VR 头显，是虚拟现实(Virtual Reality，VR)的头戴式显示设备。由于早期没有头显这个概念，所以根据外观产生了 VR 眼镜、VR 眼罩、VR 头盔等不专业叫法。

VR 头显是利用头戴式显示设备将人对外界的视觉、听觉封闭，引导用户产生一种身在虚拟环境中的感觉。其显示原理是左右眼屏幕分别显示左右眼的图像，人眼获取这种带有差异的信息后在脑海中产生立体感，如图 2-34 所示。

2.4.2 微型计算机的引导过程

从计算机启动到计算机准备接收用户发出的指令，这中间的过程称为引导(Boot)过程。我们知道，在关机状态，RAM 中是没有数据的，当计算机启动后，RAM 中才有指令和数据。那么，计算机是如何一步一步将操作系统等加载到 RAM 中的呢？总的来说，微机的引导过

图 2-34　VR 眼镜

程有以下几个步骤：

（1）加电。

引导过程的第一步就是加电。打开电源开关，给主板和内部风扇供电。此时，电扇开始转动，电源指示灯变亮。

（2）启动引导程序。

CPU 从内存地址 0FFFF:0H 处开始执行指令。内存地址 0FFFF:0H 实际上是在系统 ROM 中的 BIOS 地址范围内，无论是哪一家公司的 BIOS，放在这里的只是一条跳转指令，跳转到系统 BIOS 中真正的启动代码处。

计算机的启动分为冷启动、热启动和复位启动。冷启动是在计算机处于关机状态时，通过按主机上的电源开关加电启动。热启动是在计算机已加电的情况下按[Ctrl]+[Alt]+[Del]组合键启动，或在 Windows 操作系统中首先通过选择"开始→关机"菜单，然后在弹出的对话框中单击【重新启动】按钮来启动。复位启动则是在已经加电的情况下，按主机上的【Reset】按钮来启动，一般是在计算机异常死机无法热启动的情况下采用，但现在的计算机一般没有【Reset】按钮。

不论哪一种启动方式，其引导过程都是一样的，CPU 都是从内存地址 0FFFF:0H 处开始执行指令，只是热启动时，计算机在步骤(3)的开机自检中一般不对设备再进行检测。另外应注意，关机后至少要过 5 秒钟才能再开机。

（3）开机自检。

基本输入输出系统(Basic Input Output System，BIOS)的启动代码首先要做的就是进行加电后自检(Power-On Self Test, POST)。POST 的主要任务是检测系统中一些关键设备是否存在和能否正常工作，例如内存和显卡等设备。如果系统 BIOS 在进行 POST 的过程中发现了一些致命错误，如内存错误，系统 BIOS 就会直接控制扬声器发出喇叭声来报告错误，一般不同的喇叭声代表不同的错误，例如，"嘟…嘟…嘟…"的连续有间隔的长声代表内存错，"嘀…嘀嘀"一长两短的连续鸣叫声代表显卡错。

在 POST 过程中，系统 BIOS 首先会显示自己的启动画面，其中包括系统 BIOS 的类型、序列号和版本等内容。然后随着检测的进程，屏幕上会依次显示各主要设备如 CPU、RAM、硬盘等的检测情况。在检测过程中，用户可以按[Del]键(多数 BIOS 为[Del]键，在屏幕上有提示)进入 CMOS 设置。CMOS 是主板上的一块可读写 RAM 芯片，用来保存当前系统的硬件配置和用户对某些参数的设定。CMOS 可由主板的电池供电，即使系统掉电，信息也不会丢失。

（4）加载主引导记录。

在 POST 成功之后，系统 BIOS 将其核心代码读入内存。基本输入/输出系统的主要功能是为计算机提供最底层的、最直接的硬件设置和控制，如磁盘的读写、中断的设置等，计算机对各种设备的高级控制都是通过基本输入/输出系统来完成的。

最后，BIOS 根据用户设定或指定的启动顺序从硬盘或光盘启动，利用已经读入内存的基本输入/输出系统读入保存于该盘的主引导记录(Main Boot Record，MBR)，并将指令执行权交给它。

能够用于启动计算机的盘一般称为系统盘或启动盘。在该盘的第一个物理扇区(对硬盘来说为 0 号柱面、0 号磁头、1 号扇区)存放有一段 512 字节的程序，称为主引导记录。当然，不同的操作系统所设计的 MBR 有所不同，此后的引导过程也就有所不同，但基本过程是一样的。

(5)加载操作系统。

以硬盘为例，主引导记录分为三部分，第一部分为主引导程序，第二部分为硬盘分区表，第三部分为结束标志。主引导程序执行时一方面继续完成一些系统设置和初始化工作，另一方面将判断系统盘所安装的操作系统类型并定位操作系统文件。

对于 Windows 操作系统，主引导程序首先查找系统盘上是否有 IO. SYS 和 MSDOS. SYS 两个系统文件，如果没有则系统启动失败并提示出错及更换系统盘信息；如果存在则加载它们。然后，主引导程序继续查找并加载系统文件 COMMAND. COM，如果没有则启动失败并提示出错信息，如果加载成功则将指令执行权交给它并进入下一步骤。

(6)检查配置文件并定制操作系统的运行环境。

在引导过程的初期，计算机通过检查 CMOS 中的信息对硬盘进行初始化工作。但具体到不同的操作系统，计算机在启动操作系统前还需更多的配置信息来正确使用所有的设备并创建个性化的运行环境。例如在 Windows 操作系统中，在 Windows 完全启动前，还需完成诸如读入注册表信息、读入 system. ini 和 win. ini 的配置信息等工作，构建运行环境。

(7)启动完成，准备接收命令和数据。

至此，计算机启动完成，准备接收用户的命令和数据。如果是 Windows 操作系统，则显示 Windows 桌面，等待用户的操作指示。

2.4.3 微型计算机的选购和组装

随着微型计算机的应用日益普及，计算机产品的性价比不断提高，购买一台属于自己的微型计算机既是必要的也是很普通的事情。但市场上的计算机产品极其丰富，如何选购和组装一台自己心仪的计算机，是很多非计算机专业用户希望了解的。因此，本小节简单介绍组装机的选购和组装知识。

1. 微型计算机配件的选购

(1)选购的原则。

微型计算机配件的选购一般有以下几个原则：

①明确用途。在选购前，首先要确定购机的用途，这样才能确定购机的性能。

②考虑资金。在保证机器性能的前提下，在资金允许范围内选购配件。

③实用性。计算机产品更新很快，选择适合自己的最重要。

④稳定性。所购配件优先选择成熟产品，其性能稳定，质保可靠。

(2)配件的选购。

选购组装机,一般需选购如下配件:主板、CPU、内存条、硬盘、显示器、光驱、电源、机箱、键盘、鼠标、音箱。其中影响微机主要性能的配件有主板、CPU、内存条、硬盘,因此在选购时应优先确保其性能。

①主板。一台微机的运行是否正常首先决定于主板,选购主板时要考虑其对CPU和内存条的支持,目前比较好的主板品牌有华硕、技嘉、微星等。现在大部分主板都集成有显卡、声卡和网卡,如果用户对显示、声音或网络有特殊要求可考虑选购独立的显卡、声卡或网卡。

②CPU。CPU有盒装和散装两种,一般应考虑盒装。目前CPU主要有Intel和AMD两大生产商,选购时主要查看其主频、Cache等指标,当然还要考虑和主板的搭配。

③内存条。选购内存条要考虑和主板的搭配和容量的大小。

④硬盘。选购硬盘一般考虑其容量和转速。目前比较好的品牌有希捷、西部数据等。

⑤显示器。显示器的主要参数有分辨率、点距、扫描频率等,其性能的高低不仅影响到图像的显示效果,也会影响到用户的视力,选购时要考虑产品是否已通过相关认证。

⑥其他配件。选购电源要考虑机器的功耗。选购机箱要考虑美观。键盘和鼠标一般是套装,价格也便宜。

2.微型计算机硬件系统的组装

一般来说,购买组装机时,商家都会免费帮用户组装,用户可在现场学习组装。

实际上,微机组装并不怎么难。很多配件都是插接件,有些需要固定,如主板、硬盘、光驱、电源等。插接件一般都有相应形状的插槽或插卡,不会接反,但须插牢,特别是CPU和内存条。CPU上有个大风扇,必须和CPU芯片接触紧密,以便CPU工作时能充分散热。需要固定的配件则要固定牢靠,不能松动。

组装的顺序是没有固定的,一般可按照如下顺序组装:安装CPU、内存条、主板、电源、硬盘、光驱,连线,封机箱,连鼠标、键盘、音箱和显示器,连电源线,加电启动试机。

3.微型计算机软件系统的安装

尽管在装机时,商家已经为机器安装了操作系统和必要的应用软件,以使机器能够正常运行。但微型计算机的软件系统就像我们的办公室,是我们的工作场所,因此,管理一台计算机的软件系统就像管理我们的办公室一样,首先必须按照我们的工作性质和个人爱好进行布置和装饰,所以我们必须学会如何安装微型计算机的软件系统并进行设置。下面简单介绍微型计算机软件系统的安装,有些知识点的理解可能需要参阅后续章节的内容。

软件系统的安装一般遵循如下步骤进行:

(1)硬盘分区。

硬盘分区是对硬盘进行划分。现在硬盘的容量都很大,有数百GB,一般购买一个即可。就像我们在办公室里并不是把所有的东西都放在一个抽屉里一样,我们也不宜把所有的文档资料都放在一个盘上。硬盘分区就是将一个物理硬盘划分为几个分区,这样,我们就可把文档资料分别归档存放,便于系统的管理。

一般将硬盘划分为三个分区:

第一分区为系统盘,作为系统启动用,安装操作系统及各种常用应用软件,这类软件有个特点就是变化不大，除非软件更新或版本升级。整个软件系统安装设置好后，我们可以将系统盘备份，这样，以后万一系统出现故障，例如病毒感染或系统崩溃等，可以快速恢复而不需要重新进行安装，并且不影响其他分区的资料，不用担心资料的丢失。重新安装一个系统是一项费时费力的繁重工作。系统盘分区不宜太大，太大了则浪费空间，且增加备份文件的数量。

第二分区为工作盘。用以存放平时工作的一些文档资料，例如软件开发的源代码、文秘工作的编辑文档等，一般管理信息系统软件也安装在工作盘，因其工作数据保存在其安装目录下。操作系统安装时，有些存放文档资料的路径设置在系统盘，如我的文档、邮箱等，可以通过设置将其路径改到工作盘。

第三分区为备份盘。用于备份你需要备份的文档资料。定期备份文档资料是个好习惯。

硬盘分区软件可以使用操作系统自带的磁盘管理软件，也可使用专业工具软件，如Partition Magic。分完区后必须对各个分区进行磁盘格式化才能进行软件的安装。

(2)安装操作系统。

Windows 操作系统的安装按照安装向导一步一步进行即可。

(3)安装驱动程序。

计算机的任何一种设备都必须安装有相应的驱动程序才能正常工作。一些标准设备在安装操作系统时已经自动安装了它的驱动程序，但还有一些设备需要安装厂家提供的驱动程序才能工作，例如主板驱动、声卡驱动、显卡驱动、网卡驱动等。

(4)系统设置。

系统的设置包括一些软件的工作参数的设置，如网络的设置，也包括用户使用习惯和爱好的设置，如桌面主题、壁纸等。

(5)安装杀毒软件。

现在是信息时代和网络时代，黑客、计算机病毒泛滥，为了系统的运行安全和信息安全，安装好操作系统之后的第一件事就是安装防毒、杀毒软件，防患于未然。

(6)安装工具软件和应用软件。

根据工作、生活、娱乐的需要安装相应的工具软件和应用软件，如 Microsoft Office 办公软件、QQ、酷狗音乐、暴风影音、搜狗拼音输入法等。

(7)备份系统盘。

现在一般使用 Ghost 硬盘备份恢复软件进行系统盘的备份和恢复，非常方便。

2.5 计算机的性能指标

计算机的基本性能一般从以下几个方面来衡量：字长、内存容量、运算速度、外部设备的配置和系统软件的配置等。

1. 字长

在计算机中各种信息都是用二进制编码进行存储，以二进制数的形式进行处理。一个二进制位称为一个比特(Bit)，8个二进制位称为一个字节(Byte)。每个二进制位只有两个可能值“0”或“1”。

在计算机系统中，处理信息的最小单位是比特位，处理信息的基本单位是字节，一般用若干个字节表示一个数或者一条指令，前者称为数据字，后者称为指令字。

字长是指CPU能够直接处理的二进制数据位数，它决定着寄存器、加法器、数据总线等设备的位数，同时字长标志着计算机的计算精度和表示数据的范围。为了方便运算，许多计算机允许变字长操作，例如半字长、全字长、双字长等。一般计算机的字长在8～64位之间，即一个字由1～8个字节组成。微型计算机的字长有8位、16位、32位、64位等。

2. 内存容量

计算机内存又称为主存。大多数计算机以字节为存储容量的基本单位，常用B代表字节(Byte)，用kB表示千字节、MB表示兆字节、GB表示吉字节、TB表示太字节，它们的换算关系为：

1 B(Byte)＝8 bit

1 kB(Kilobytes)＝2^{10} B＝1 024 B

1 MB(Megabytes)＝2^{10} kB＝1 024 kB＝2^{20} B

1 GB(Gigabytes)＝2^{10} MB＝1 024 MB＝2^{30} B

1 TB(Terabytes)＝2^{10} GB＝1 024 GB＝2^{40} B

3. 运算速度

早期衡量计算机的运算速度的指标是计算机每秒钟执行的百万指令数，一般用MIPS(Million Instructions Per Second)为单位。由于执行不同的运算所需的时间不同，现在通常用等效速度或平均速度来衡量。等效速度由各种指令的平均执行时间及对应的指令使用次数的比例计算。

由于运算快慢与微处理器的时钟频率(主频)紧密相关，所以人们也用主频来间接表示速度。

4. 外部设备的配置

外部设备的配置指的是允许配置外部设备的数量与输入/输出处理的能力。

5. 系统软件的配置

系统软件是系统中的重要资源，其配置如何直接影响计算机系统的功能。例如，是否有功能很强的操作系统和丰富的高级语言，是否有多种应用软件等。

第3章 计算机中数据的表示

计算机具有强大的计算能力，但计算首先需要有计算对象，即数据。数据是用于记录客观事物情况的物理符号。在人类文明的发展史中，人们逐渐发明了各种客观事物情况的表达方法，例如语言、文字（数字和非数字字符）、声音、图像等，并培养了处理这些客观事物情况的能力。

计算机并不具有我们人的能力，自然也不能按我们人的方法来表达和处理数据。计算机世界是一个特殊的世界，它有一套自己的数据表达和处理方法。那么，在计算机中，各种类型的数据是如何表示的呢？这一章我们就来解答这个问题。

通过本章的学习，我们将会理解数制与二进制的概念，了解二进制的运算方法以及各种类型的数据在计算机中是如何表示的，从而更深刻地理解计算机为什么采用二进制来表示数据。

3.1 数制——计算的基础

3.1.1 数的进制及其转换

1. 数的进制

很多人知道“半斤八两”这个成语，用来比喻彼此一样，不相上下。

细究这句成语的本意，意思是半斤和八两是一样的。但为什么是一样的呢？原来，在我国历史上，曾经使用过一种称量方法，规定一斤等于十六两，所以半斤当然是八两了。

在这里面，涉及“数制”的概念。所谓“数制”就是数的进制，也就是数的表示规则。人们在生产、生活中使用了多种数制，例如，常用的十进制（逢十进一），时间表示上的十二、二十四和六十进制（1天24小时，分上、下午各12小时，1小时60分，1分60秒）。不论哪一种进制，它们都有共同点，都由3个要素组成：

（1）数码。它表示数制的基本符号。

（2）基。它表示数制中的数码个数，该数制的计算规则是逢基进一。

（3）权。数制中每一数位所对应的固定值。

对任一r进制，其基本符号有r个，计算规则是逢r进一，相应位i的权为r^i。例如，二进制有2个数码：0和1，逢二进一，相应位i的权为2^i。如表3-1所示给出了计算机中常用的4种进制。

表 3-1　计算机中常用的 4 种进制

进位制	计算规则	基	数码	权	表示形式
十进制	逢十进一	$r=10$	0,1,…,9	10^i	D
二进制	逢二进一	$r=2$	0,1	2^i	B
八进制	逢八进一	$r=8$	0,1,…,7	8^i	O 或 Q
十六进制	逢十六进一	$r=16$	0,1,…,9,A,…,F	16^i	H

十六进制用数码 A,…,F 分别表示 10,…,15。

为区分不同数制的数，一般约定在数的后面加上一个下标或加上一个字母，例如十六进制 15，写成$(15)_{16}$或 15H。各种常用进制的字母表示分别为：D(十进制)、B(二进制)、O 或 Q(八进制)、H(十六制)。一个数，如果不予以标明，则默认为十进制数，如 10 表示十进制 10。

2. 数制之间的转换

(1)非十进制数转换为十进制数。

任何一个数都是由一串数码表示的，其数值的大小既和各个数码有关，也和各个数码所处的位置(权)有关。设有一个 r 进制的数，若该数为 $d_n d_{n-1} \cdots d_1 d_0 . d_{-1} d_{-2} \cdots d_{-m}$，则该数可以写成相应的展开式：

$$d_n \times r^n + d_{n-1} \times r^{n-1} + \cdots + d_1 \times r^1 + d_0 \times r^0 + d_{-1} \times r^{-1} + d_{-2} \times r^{-2} + \cdots + d_{-m} \times r^{-m}$$

该展开式的和即为该数用十进制表示的数。例如：

$$\begin{aligned}(111011.101)_2 &= 1\times 2^5 + 1\times 2^4 + 1\times 2^3 + 0\times 2^2 + 1\times 2^1 + 1\times 2^0 + 1\times 2^{-1} + 0\times 2^{-2} + \\ &\quad 1\times 2^{-3} \\ &= (59.625)_{10}\end{aligned}$$

$$(127)_8 = 1\times 8^2 + 2\times 8^1 + 7\times 8^0 = (87)_{10}$$

$$(1AB.8)_{16} = 1\times 16^2 + 10\times 16^1 + 11\times 16^0 + 8\times 16^{-1} = (427.5)_{10}$$

(2)十进制数转换为非十进制数。

将十进制数转换为非十进制数分两部分进行：整数部分和小数部分。若将十进制数转换为 r 进制，则整数部分采用除 r 取余数，小数部分采用乘 r 取整数的方法来完成。

以十进制数转换为二进制数为例。

对整数部分，用 2 去除，取其余数为转换后的二进制整数数符，直到商为 0，先得到的余数为转换结果的低位。

对小数部分，用 2 去乘，取乘积的整数部分为转换后的二进制小数数符，先得到的整数为二进制小数的高位。

例如，将十进制数 57.48 转换为二进制数(假设要求小数点后取 5 位)。

整数部分采用除 2 取余数的方法来转换，其过程如下：

除法运算		余数	相应位
57÷2=28	…	1	(b_0)
28÷2=14	…	0	(b_1)
14÷2=7	…	0	(b_2)
7÷2=3	…	1	(b_3)

$3\div2=1$	…	1	(b_4)
$1\div2=0$	…	1	(b_5)

则$(57)_{10}=(111001)_2$

小数部分采用乘2取整数的方法来转换，其过程如下：

乘法运算		整数部分	相应位
$0.48\times2=0.96$	…	0	(b_{-1})
$0.96\times2=1.92$	…	1	(b_{-2})
$0.92\times2=1.84$	…	1	(b_{-3})
$0.84\times2=1.68$	…	1	(b_{-4})
$0.68\times2=1.36$	…	1	(b_{-5})

则$(0.48)_{10}=(0.01111)_2$

因此，最终转换结果为57.48D=111001.01111B。

同样道理，当将十进制数转换为八进制或十六进制数时，整数部分用除8或16取余数处理，小数部分则用乘8或16取整数来处理。例如：

$(266)_{10}=(10A)_{16}$

具体转换过程如下：

$266\div16=16$	…	A(10)	(h_0)
$16\div16=1$	…	0	(h_1)
$1\div16=0$	…	1	(h_2)

又如：

$(0.8125)_{10}=(0.64)_8$

具体转换过程如下：

$0.8125\times8=6.5$	…	6	(o_{-1})
$0.5\times8=4.0$	…	4	(o_{-2})

(3)二进制数与八进制数、十六进制数的转换。

由于$2^3=8$，$2^4=16$，即1位八进制数可用3位二进制数表示，1位十六进制数可用4位二进制数表示，它们的关系如表3-2所示，因此二进制与八进制、十六进制之间的转换可以利用这种关系。

表3-2 二进制与八进制、十六进制的对应关系

十进制	二进制	八进制	十六进制	十进制	二进制	八进制	十六进制
0	000	0	0	8	1000	10	8
1	001	1	1	9	1001	11	9
2	010	2	2	10	1010	12	A
3	011	3	3	11	1011	13	B
4	100	4	4	12	1100	14	C
5	101	5	5	13	1101	15	D
6	110	6	6	14	1110	16	E
7	111	7	7	15	1111	17	F

①二进制转换为八进制或十六进制。

在把二进制数转换为八进制数时，首先应从小数点开始分别向左和向右每 3 位划分为一组，若整数部分的剩余位数不足 3 位，则在高位补 0；若小数部分的剩余位数不足 3 位，则在低位补 0，以补足 3 位。然后，每一组的 3 位二进制数转换为 1 位八进制数，这样，就得到了转换结果。同理，将二进制数转换为十六进制数时，采用同样的方法按每 4 位进行分组即可。例如：

$(11100111.1010110101)_2=(011\ 100\ 111.101\ 011\ 010\ 100)_2=(347.5324)_8$

$(1100111.10101101)_2=(0110\ 0111.1010\ 1101)_2=(67.AD)_{16}$

②八进制或十六进制转换为二进制。

与上述相反，将八进制数或十六进制数转换为二进制数时，每位八进制数或十六进制数分别转换为 3 位或 4 位二进制数即可。例如：

$(254.7)_8=(010\ 101\ 100.111)_2=(10101100.111)_2$

$(5AE.BC)_{16}=(0101\ 1010\ 1110.1011\ 1100)_2=(10110101110.101111)_2$

3.1.2　二进制数的运算

1. 二进制数的算术运算

二进制数的算术运算非常简单，其运算规则是：逢二进一，借一作二。表 3-3 给出了二进制数的加、减、乘、除 4 种算术运算的法则。

表 3-3　二进制数的加、减、乘、除运算法则

X	Y	X+Y	X−Y	X×Y	X÷Y
0	0	0	0	0	无意义
0	1	1	1(向高位借 1)	0	0
1	0	1	1	0	无意义
1	1	0(向高位进 1)	0	1	1

例如：

(1) $(1101)_2+(1011)_2=(11000)_2$　向高位(第 5 位)进 1

(2) $(1101)_2-(1011)_2=(0010)_2$

(3) $(1101)_2\times(1011)_2=(10001111)_2$

(4) $(100110)_2\div(110)_2=(110)_2\cdots(10)_2$　商 $(110)_2$ 余 $(10)_2$

实际上，由于二进制的特殊性，二进制的乘法和除法可以通过移位操作来实现。一个二进制数左移 1 位，末位补 0，则相当于该二进制数乘以 2；右移 1 位，则相当于该二进制数除以 2，移出的那 1 位数即为余数。

例如：$(1101)_2\times(10)_2$ 的积为 $(11010)_2$，$(1101)_2\div(10)_2$ 的商为 $(110)_2$ 余数为 1，而 $(10)_2$ 正好为十进制数 2。

若左/右移 2 位，则相当于乘/除以 4，以此类推。

2. 二进制数的逻辑运算

由于表示逻辑关系的值只有真和假两个逻辑值，正好和二进制只有 1 和 0 两个取值相对应，因此，很容易用一个二进制位来表示一个二值逻辑。通常用 1 表示真，0 表示假，称为逻辑数。

逻辑数的每一位表示一个逻辑值，逻辑运算是按位进行的，每位之间相互独立，不存在进位和借位，运算结果仍为逻辑数。

二进制数的逻辑运算包括逻辑与（∧，又称逻辑乘）、或（∨，又称逻辑加）、反（又称逻辑非）、异或（⊕）4 种运算，它们的运算真值表如表 3-4 所示。

表 3-4 二进制数的逻辑运算真值表

X	Y	$X \wedge Y$	$X \vee Y$	$\overline{X}$	$X \oplus Y$
0	0	0	0	1	0
0	1	0	1	1	1
1	0	0	1	0	1
1	1	1	1	0	0

例如：

$(1101)_2 \wedge (1011)_2 = (1001)_2$

$(1101)_2 \vee (1011)_2 = (1111)_2$

$\overline{(1101)_2} = (0010)_2$

$(1101)_2 \oplus (1011)_2 = (0110)_2$

3.2 01 世界——数据的表示

3.2.1 计算机中的 01 世界

所有需要计算机来处理的数据，不论是什么类型，不论是什么形态，首先都要转换为 0 和 1，计算机中所有数据经处理后得到的结果也都是 0 和 1。在计算机内部，是一个 01 世界。

1. 计算机采用二进制数的原因

计算机之所以采用二进制来存储和处理数据，有以下几方面的原因：

(1)技术上容易实现。

计算机是由电子元器件构成的电路组成的，而二进制数在物理电路上最容易实现，例如，可以只用“高”和“低”两个电平来分别表示“1”和“0”，也可以用脉冲的“有”“无”，或者脉冲的“正”“负”极性，或者用电路的“通”和“断”来表示它们。

(2)运算规则简单。

从 3.1.2 节介绍的“二进制数的运算”中，我们知道，二进制数的算术运算非常简单，而且二进制支持逻辑运算，并且同样简单。从本节将要介绍的“数据的表示”中，我们将会知道，在计算机中，实际上，无论加、减、乘、除运算，都是化为若干步的加法运算来实现的，这也为二进制技术的实现进一步提供了便利。

(3)支持逻辑运算。

逻辑代数是逻辑运算的理论依据，二进制只有两个数码，正好与逻辑代数中的“真”和“假”相吻合。

(4)易于进行转换。

二进制与十进制数易于互相转换。

(5)抗干扰强、可靠性高。

用二进制表示的数据具有抗干扰能力强、可靠性高等优点。因为在计算机中，“1”和“0”是根据电平的“高”和“低”来表示的，电平的“高”和“低”是相对的，都有一个范围，并不是精确值，因此，当受到一定程度的干扰时，只要没有超过范围，仍能可靠地分辨出它是“高”还是“低”。动态存储器就是根据这一特性来实现的，动态存储器允许电荷的缓慢“泄漏”，只要在“泄漏”至超过范围之前，重新“充电”，恢复原电平，即可保持原信息，所以，动态存储器需要动态刷新，每隔一定的时间进行“充电”。

2. 计算机中二进制数的实现

(1)01电平。

在计算机中，数字信号“0”和“1”分别用低电平和高电平表示，如图3-1所示。

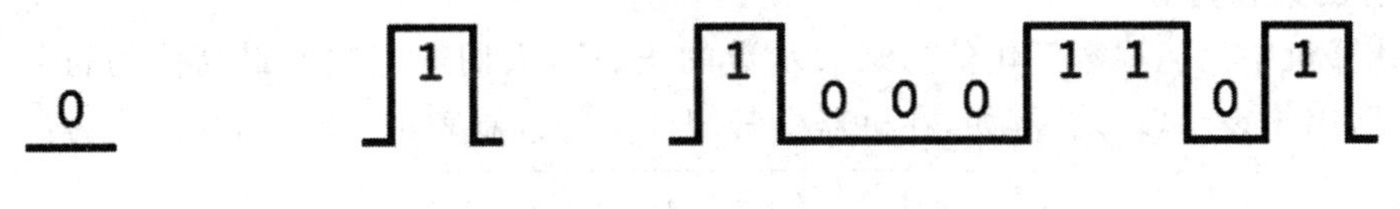

(a) 信号“0”　(b) 信号“1”　(c) 信息串“10001101”

图3-1　数字信号“0”和“1”及信息串“10001101”的表示

(2)电子元器件。

数字信号“0”和“1”通过电子元器件二极管、三极管或电容来实现。

二极管只允许电流从单一方向流过，当在二极管两端施加正向电压的时候，电路导通，电流通过，代表数字信号“1”；当在二极管两端施加反向电压的时候，电路截止，没有电流通过，电流为0，代表数字信号“0”，如图3-2所示。

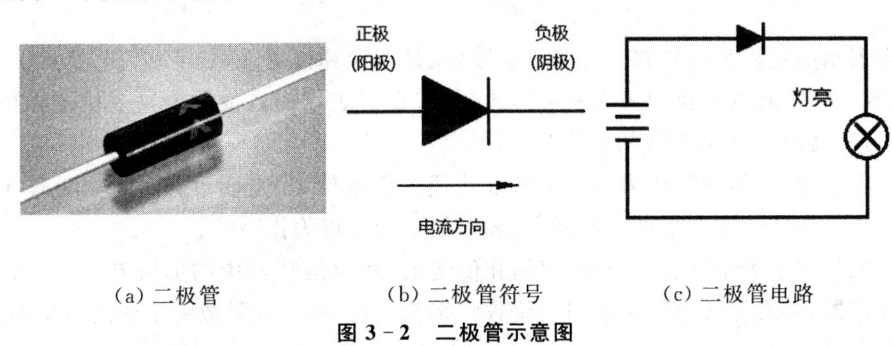

(a) 二极管　(b) 二极管符号　(c) 二极管电路

图3-2　二极管示意图

三极管有三个极，如图3-3(b)所示，c为集电极，b为基集，e为发射极。三极管具有开关和放大作用。当作为开关作用时，连接电路如图3-3(c)所示，e极接地，当b极为高电平时，三极管为“通”状态，即c与e连通，因此c极(c点位置)为低电平，代表数字信号“0”；当b极为低电平时，三极管为“断”状态，即c与e断开，因此c极(c点位置)为高电平，代表数字信号“1”。

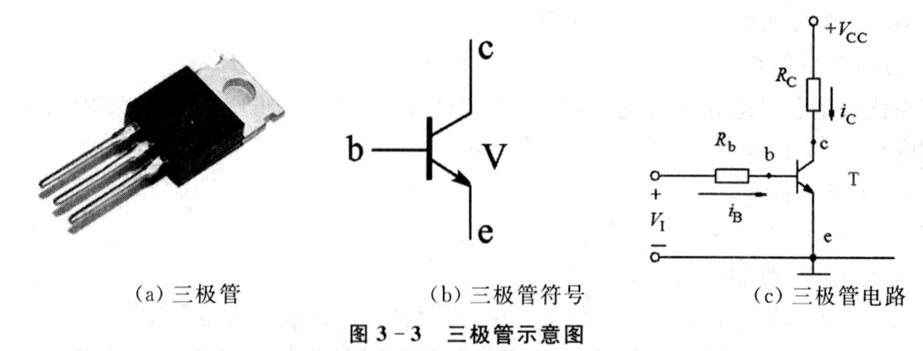

(a) 三极管　　(b) 三极管符号　　(c) 三极管电路

图 3-3　三极管示意图

电容器可以储存电荷，当电容器处于充电状态(储存电荷)时表示数字信号“1”；当处于放电状态(没有电荷)时表示数字信号“0”。

3.2.2　数的表示

计算机处理的数据可分为两大类：数值数据和非数值数据。数值数据用以表示量的大小，如整数、小数等，简称数；非数值数据用以表示文字(字母、数字 0～9、各种专用符号、汉字等)、声音、图形图像和视频等。

1. 机器数和真值

在计算机中只能用数字化信息来表示数的正、负，人们规定数的最高位为符号位，用 0 表示正号，用 1 表示负号。例如，在机器中若用 8 位二进制表示＋91，则其格式为：

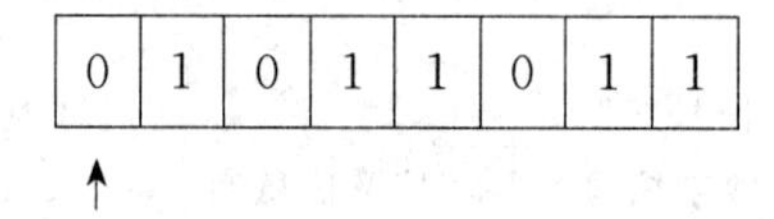

符号位，0 表示正

而若用 8 位二进制表示－78，则其格式为：

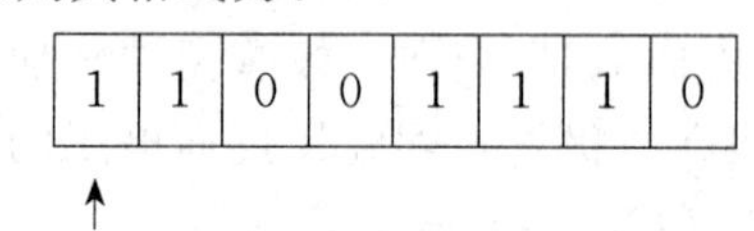

符号位，1 表示负

这样表示的数称为机器数。所谓机器数，就是在计算机内部，数字和符号都用二进制码表示，两者合在一起构成数的机内表示形式，而它真正表示的数值称为这个机器数的真值。如上例中，机器数 11001110B 的真值为－78。

在计算机中，一般用字作为一个整体来处理二进制位串，它们可作为一个整体来处理、存储和传送。表示数据的字称为数据字，表示指令的字称为指令字。

计算机是以字为单位进行处理、存储和传送的，所以运算器中的加法器、累加器以及其他一些寄存器，都设计成与字长相同的位数。字长一定，则计算机数据字所能表示的数的范围也就确定了。

例如，使用 8 位字长计算机，它可表示无符号整数的最大值是$(11111111)_2=(255)_{10}$。运算时，若数值超出机器数表示的范围，就会出现溢出现象，即停止运算和处理。

2. 定点数和浮点数

上述表示方法只能表示整数，但在实际生活中，经常遇到小数，小数怎么表示呢？或者说小数点怎么表示呢？

我们知道，无论正数还是负数，整数的最高位前面不管有多少个 0，也不会影响这个整数的真实大小，所以，符号位与整数的最高位之间可以有任意多个 0，因此，在整数的表示法中，符号位可以固定在最前面。

但对于小数，小数点的位置是可以变化的，怎么定义或表示小数点的位置就不那么容易了。幸好，在数学中有科学计数法，无论一个多大或多小的数，都能表示成一个统一的格式，例如，对于十进制数有：

$$123\,456\,789 = 0.123\,456\,789 \times 10^{9}$$

$$0.000\,001\,23 = 0.123 \times 10^{-5}$$

我们发现，在这个统一的格式中，不论多大或多小的数 N，都可以表示成两部分，即：

$$N = M \times 10^{E}$$

其中，M 为纯小数，即整数部分为 0，第 1 位小数不为 0，称为尾数；而 E 为纯整数，不带小数点，称为指数。

同理，在二进制数中，任何一个二进制小数也可以表示成这样的一个统一格式：

$$N = M \times 2^{E}$$

这样一来，小数的表示方法就迎刃而解了。

在计算机的数的表示中，定义了两种规定小数点位置的方法，一种是固定小数点的位置在最前面，所表示的数为纯小数；一种是固定小数点的位置在最后面，所表示的数为纯整数。这种表示法称为定点数。

然后在此基础上，将一个实际的数分两部分来保存，一部分表示纯小数，对应尾数部分 M，一部分表示纯整数，对应指数部分 E，在计算机的数的表示法中称为阶码部分。这种表示法称为浮点数，意味着小数点的位置可以浮动了。

(1)定点数。

数的定点表示是指数据字中的小数点的位置是固定不变的。如果把小数点位置固定在符号位之后，这时，数据字就表示一个纯小数。假定机器字长为 2 个字节，符号位占 1 位，数值部分占 15 位，则下面机器数的值为十进制数-2^{-15}。

1	000000000000001

↑ ·(小数点) ↑

符号位　　数值部分

如果把小数点位置固定在数据字的最后，这时，数据字就表示一个纯整数。假设机器字长为 2 个字节，符号位占 1 位，数值部分占 15 位，则下面机器数等效的十进制数为+32767。

0	111111111111111

↑　　↑　　.(小数点)

符号位　　数值部分

(2)浮点数。

浮点表示法就是小数点在数中的位置是浮动的。在以数值计算为主要任务的计算机中，由于定点表示法所能表示的数的范围太小，且不方便，不能满足计算问题的需要，所以就采用浮点表示法。在同样字长的情况下，浮点表示法能表示的数的范围扩大了。

计算机中的浮点表示法包括两个部分：一部分是阶码，表示指数，记作 E；另一部分是尾数，表示有效数字，记作 M。采用浮点表示法，二进制数 N 可以表示为：$N=M\times2^{E}$，其中 2 为基数，E 为阶码，M 为尾数。浮点数在机器中的表示方法如下：

阶符	E	数符	M

·（小数点）

阶码部分　　尾数部分

由尾数部分隐含的小数点位置可知，尾数总是小于 1 的数字，它给出该浮点数的有效数字。尾数部分的符号位确定该浮点数的正负。阶码给出的总是整数，它确定小数点浮动的位数，若阶符为正，则向右移动；若阶符为负，则向左移动。

假设机器字长为 4 个字节，阶码占 1 个字节，尾数占 3 个字节，则其表示格式为：

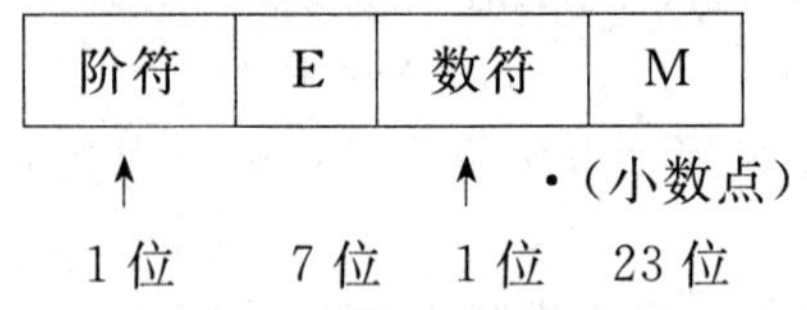

其中左边 1 位表示阶码的符号，符号位后的 7 位表示阶码的大小。后 24 位中，最高位表示尾数的符号，其余 23 位表示尾数的大小。浮点数表示法要求尾数中第 1 位数不为零，这样的浮点数称为规格化数。例如，$1011011B=0.1011011B\times2^{111B}$。

在浮点数表示和运算中，当一个数的阶码大于机器所能表示的最大码时，产生“上溢”。上溢时机器一般不再继续运算而转入“溢出”处理；当一个数的阶码小于机器所能代表的最小阶码时产生“下溢”，下溢时一般当作“机器零”来处理。

3. 原码、反码和补码表示法

上述表示法中，是按照数的本来面目保存的，即除了符号位外，是直接将对应的数转换为二进制数进行保存，称为原码表示法。

在原码表示法中，遇到了机器零问题，因而相继提出了反码与补码表示法。

（1）原码表示法。

原码是用机器数的最高（最左）一位表示符号，其余各位给出数值的绝对值，即正数的最高位为 0，负数最高位为 1，其余各位表示数值的大小。

若 $X_1=+47$，$X_2=-47$，则 $[X_1]_{原}=00101111B$，$[X_2]_{原}=10101111B$。

在此，X_1 与 X_2 为真值数，$[X_1]_{原}$ 与 $[X_2]_{原}$ 为 X_1 与 X_2 的原码机器数。

由上可见，原码表示时，数的真值与它的原码表示之间的对应关系简单，相互转换较容易。但对于真值零，有正零与负零两种表示：

$$[+0]_{原}=00000000B$$

$$[-0]_{原}=10000000B$$

（2）反码表示法。

正数的反码即为其原码形式；负数的反码最高位为 1，数值位为原码逐位求反而得到。

若 $X_1=+47$，$X_2=-47$，则 $[X_1]_{反}=00101111B=[X_1]_{原}$，$[X_2]_{反}=11010000B$。

反码同原码一样，真值零的表示也不是唯一的，有两个编码：

$$[+0]_{反}=00000000B$$

$$[-0]_{反}=11111111B$$

（3）补码。

因原码与反码对于真值零均有两种不同的编码，故引出了补码表示法。

正数的补码仍为其原码；负数的补码最高位符号位为 1，数值位各位取反，然后在最低位加 1，即$[X]_{补}=[X]_{反}+1$。

若 $X_1=+47, X_2=-47$，则

$$[X_1]_{补}=00101111B=[X_1]_{原}, [X_2]_{补}=11010001B=[X_2]_{反}+1。$$

在补码表示中，真值零的表示是唯一的，即：

$$[+0]_{补}=00000000B$$

$$[-0]_{补}=[-0]_{反}+1=11111111B+1=00000000B=[+0]_{补}$$

因此，目前大多数计算机中数据的运算都采用补码形式。此外，引进补码运算还可以将减法运算转化为加法运算，其计算公式为：

$$[X+Y]_{补}=[X]_{补}+[Y]_{补}$$

$$[X-Y]_{补}=[X]_{补}+[-Y]_{补}$$

例如，$45-62=45+(-62)=-17$

其中：

$$[+45]_{补}=00101101B, [-62]_{补}=11000010B$$

$$[+45]_{补}+[-62]_{补}=11101111B, 而[-17]_{补}=11101111B。$$

3.2.3　文字的表示

文字是一种形状符号，简称字符，它们只有形状的不同，没有大小之分。为了使用它们，既要能够称呼它们（唯一性），又要能够展现它们（形状），还要能够从外界输入它们，即告诉计算机我想输入哪一个字符，因此，在计算机中，为它们定义了如下 3 种编码：

(1)内码。

内码是一个字符在计算机中保存时的代码，可以理解为内部编码，是用来称呼字符的编码。例如，一个文字文件，里面包含了一些什么文字，那么，这个文件保存的就是这些文字的内码，以表示这个文件是由哪些字符组成的。

在一种编码方法里面，一个字符和一个内码一一对应，按照这种编码方法所编制的所有字符，构成一个字符集。同一个字符在不同的字符集中可以有不同的内码。

(2)字形码。

将一个字符在显示器或打印机等设备上展现出其形状的编码，称为字形码，是按照其实际形状用二进制数来描述的一种编码。由于文字有字体、字形、字的大小等属性，因此，同一个字符有很多个字形码。

字形码通常保存在文件中，称为字体文件。Windows 操作系统本身包含了一些常用字符的字形码，这些字体文件保存在系统盘“Windows\Fonts”目录下，如图 3-4 所示。如果需要使用操作系统本身没有的字体，则需要自己安装。

目前 Windows 系统中采用的字体均为 TrueType（全真）字体，以便在放大缩小时不会失真。

(3)输入码。

输入码是指通过键盘输入字符时，将敲键序列转换（解释）为某个字符的编码。对于键盘上有键位的那些字符，例如英文字母、阿拉伯数字等，其输入码在计算机设计时已经固定好了，而对于其他的字符，例如汉字，则需要另外规定，通常把它们称为输入法。

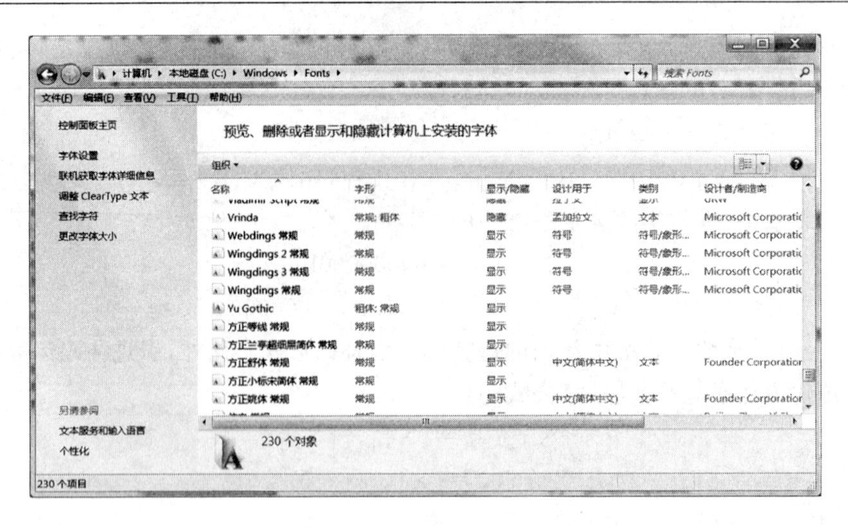

图 3-4 Windows 中的字体文件存放目录

1. 西文字符编码

西文字符的编码采用国际通用的标准——美国信息交换标准代码(American Standard Code for Information Interchange,ASCII)。这种编码采用 7 位二进制编码,每个 ASCII 码以一个字节表示,最高位为 0,从 0 到 127 分别代表不同的字符,例如 65 为大写字母“A”。如表 3-5所示,给出了标准 ASCII 码字符表。

表 3-5 标准 ASCII 码字符表

字符 $b_6 b_5 b_4$ / $b_3 b_2 b_1 b_0$	000	001	010	011	100	101	110	111
0000	NUL	DLE	(space)	0	@	P	`	p
0001	SOH	DC1	!	1	A	Q	a	q
0010	STX	DC2	"	2	B	R	b	r
0011	ETX	DC3	#	3	C	S	c	s
0100	EOT	DC4	$	4	D	T	d	t
0101	ENQ	NAK	%	5	E	U	e	u
0110	ACK	SYN	&	6	F	V	f	v
0111	BEL	ETB	'	7	G	W	g	w
1000	BS	CAN	(	8	H	X	h	x
1001	HT	EM	)	9	I	Y	i	y
1010	LF	SUB	*	:	J	Z	j	z
1011	VT	ESC	+	;	K	[	k	{
1100	FF	FS	,	<	L	\	1	|
1101	CR	GS	-	=	M	]	m	}
1110	SO	RS	.	>	N	^	n	~
1111	SI	US	/	?	O	_	o	DEL

该字符集共有 128 个字符，其中有 94 个可打印字符，包括常用的字母、数字、标点符号等，另外还有 33 个控制字符和 1 个空格。

ASCII 字符集的前 32 个编码和最后一个编码为控制字符，为不可打印字符，当输出该字符时，会产生相应的控制动作，例如，编码为 10 的“LF”换行键，控制后续输出从新的一行开始。

从表中可以发现，字母和数字的编码是连续的，因此，字母和数字的 ASCII 码的记忆比较容易。我们只要记住了一个字母和一个数字的 ASCII 码(例如“A”为 65，“1”为 49)以及大小写字母之间的差为 32，数字“1”与“A”之间的差为 16，就可以推算出其余字母、数字的 ASCII 码。

2. 汉字编码

(1)国标码。

由于汉字数量多，用一个字节的 256 种状态不能全部表示出来，因此在 1980 年我国颁布的《信息交换用汉字编码字符集基本集》(国家标准 GB 2312－80，称为国标码)中规定用两个字节的 16 位二进制表示一个汉字，每个字节都只使用低 7 位(与 ASCII 码一致)，即有 128×128＝16 384 种状态。由于 ASCII 码的 33 个控制符及空格在汉字系统中也要使用，为了不致发生冲突，不能作为汉字编码，128－34＝94，所以编码表的大小是 94×94＝8 836，用以表示国标码规定的 7 445 个汉字和图形符号。

每个汉字或图形符号分别用两位的十进制区码(行码)和两位的十进制位码(列码)表示，不足的地方补 0，组合起来就是区位码。把区位码按一定的规则转换成的二进制代码叫作信息交换码，即国标码。国标码共有汉字 6 763 个，其中一级汉字 3 755 个，为最常用的汉字，按汉语拼音字母顺序排列；二级汉字 3 008 个，为次常用汉字，按偏旁部首的笔画顺序排列。国标码还有数字、字母、符号等 682 个。共有字符 7 445 个，如图 3－5 所示。

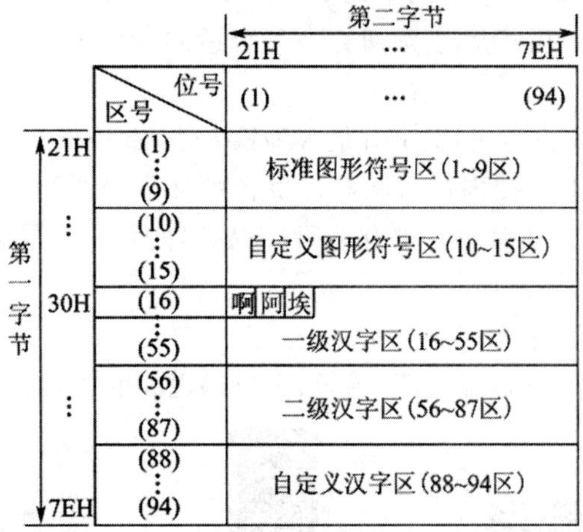

第一字节	区号＼位号	第二字节 21H(1) … 7EH(94)
21H	(1) … (9)	标准图形符号区(1~9区)
…	(10) … (15)	自定义图形符号区(10~15区)
30H	(16)	啊 阿 埃
	… (55)	一级汉字区(16~55区)
…	(56) … (87)	二级汉字区(56~87区)
7EH	(88) … (94)	自定义汉字区(88~94区)

图 3－5　GB 2312—80 编码表

(2)汉字内码。

由于国标码不能直接存储在计算机内，为方便计算机内部处理和存储汉字，又区别于 ASCII 码，将国标码中的每个字节的最高位设为 1，这样就形成了在计算机内部用来进行存储、运算的汉字编码，叫机内码或汉字内码，简称内码。内码既与国标码有简单的对应关系，易于转换，又与 ASCII 码有明显的区别，且有统一的标准，内码是唯一的。

(3)汉字字形码。

为了将汉字在显示器或打印机上输出，把汉字按图形符号设计成点阵图，就得到了相应的点阵代码，称为汉字字形码，也称为汉字输出码。例如，如果采用 8×8 点阵来描述汉字“年”的形状，则其编码如图 3－6 所示，得到的字形码为：207F883E28FF0808H。

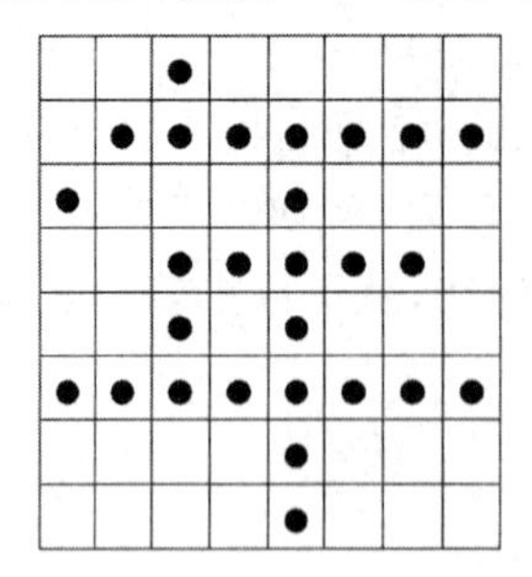

0	0	1	0	0	0	0	0
0	1	1	1	1	1	1	1
1	0	0	0	1	0	0	0
0	0	1	1	1	1	1	0
0	0	1	0	1	0	0	0
1	1	1	1	1	1	1	1
0	0	0	0	1	0	0	0
0	0	0	0	1	0	0	0

20H
7FH
88H
3EH
28H
FFH
08H
08H

图 3－6 “年”字 8×8 字形码

全部汉字的字形码的集合叫汉字字库。汉字字库通常以文件的形式存放在硬盘上，称为字体文件。

显示一个汉字一般采用 16×16 点阵或 24×24 点阵或 48×48 点阵。已知汉字点阵的大小，可以计算出存储一个汉字所需占用的存储空间。例如，用 16×16 点阵表示一个汉字，就是每个汉字用 16 行，每行 16 个点表示，一个点需要一位二进制代码，16 个点需用 16 位二进制代码，即 2 个字节，共 16 行，所以共需要 16 行×2 字节/行＝32 字节，即采用 16×16 点阵表示一个汉字，其字形码需用 32 字节，即：

字节数＝点阵行数×点阵列数/8

(4)汉字输入码。

汉字是方块字，不像英语，所有的单词都是由 26 个英文字母组合而成的，因此，无法将汉字和键盘的键位进行简单对应，必须研究一种合适的对应方法，并控制其转换，因而产生了中文输入法。

根据对应与转换方法的不同，汉字有很多种输入法，有根据字形的，如五笔字型；大多数是根据拼音的，如智能 ABC、搜狗输入法等。拼音中又分为全拼、简拼、双拼等。除了区位码输入法，汉字的其他输入法基本上都有重码，例如用搜狗拼音输入法输入“da”，则有“大、打、达……”一系列同音字。

(5)汉字输入码、内码、字形码的关系。

以汉字“年”为例，“年”字的输入码、内码、字形码之间的关系如图 3－7 所示。

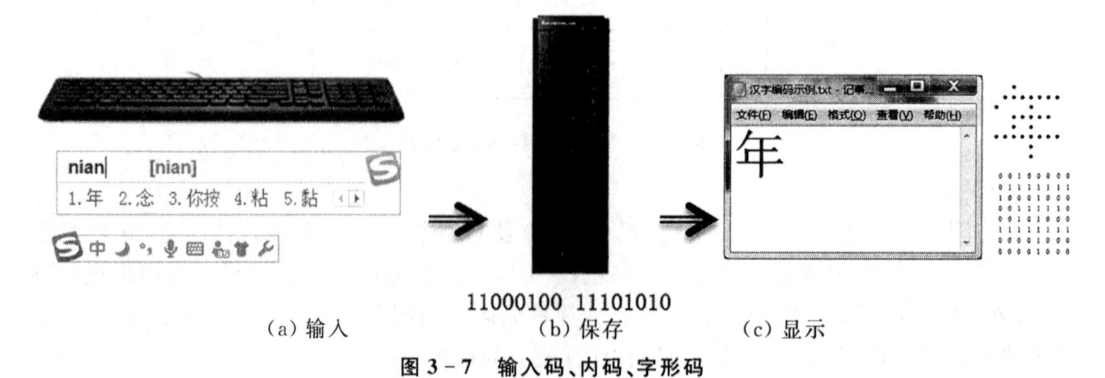

(a) 输入 (b) 保存 (c) 显示

图 3－7 输入码、内码、字形码

①输入。

打开中文输入法，以全拼输入法为例，依次敲击“n”“i”“a”“n”4个键，输入拼音“nian”，表示希望输入“年”字。

②保存。

计算机在当前状态下，首先通过中文输入法程序的解释，知道用户输入的字符为“年”，然后根据字符集找到“年”字的内码：1100010011101010，保存在相应的文件中。

例如，假设当前正在编辑文本文件“汉字编码示例.txt”，则将“年”字的内码(1100010011101010)保存在该文件的相应位置。

③显示。

当需要显示或打印“年”字时，操作系统根据“年”字的内码以及当前文字的显示格式，从相应字体库中查找“年”字的对应字形码，显示在显示器上，或打印输出。

例如，假设当前“记事本”程序的字体设置为“宋体、初号”，则从字体文件“simsun.ttc”(字体名为“宋体 常规”)中，查找“年”字的字形码，以“初号”大小显示。

Windows操作系统的字体均为TrueType(全真)字体，可以无级放大或缩小不失真，如图3-8所示为“宋体”字体的概览。

图3-8　“宋体”字体概览

3. Unicode编码

由于ASCII编码只包含了西文字符，汉字编码当然只包含了汉字，因此，我国少数民族的语言文字，外国的语言文字(法语、俄罗斯文字等)就必须都有自己的编码，这样一来，问题就来了。

(1)除ASCII码外，计算机某个时刻只能使用一种字符集对文字进行解释，这就是为什么有时候我们打开一个文件或打开一个网页，会出现乱码的原因。字符集不正确，就不能正确地解释文件或网页中的字符，所以乱套了。

(2)全世界那么多国家和地区，有各种各样的文字，我们不可能把这些字符集都装在计算机中，并正确地、适时地进行调换，以便能够正确地显示文字。

为了解决这些传统的字符编码方案的局限，一种新的编码——Unicode被提出来了。Unicode称为统一码、万国码或单一码，它为每种语言中的每个字符设定了统一并且唯一的二进制编码，以满足跨语言、跨平台进行文本转换、处理的要求。它于1990年开始研发，1994年正式公布。

Unicode的编码空间非常大，目前的Unicode字符分为17组编排，每组称为平面(Plane)，而每平面拥有65 536个码位，共1 114 112个，足以装下全世界的各种语言符号，实际上，现在只用了少数平面。

4. 文字信息的保存

文字信息通常由文字处理软件或文字编辑软件进行处理，完成文字的录入、编辑、排版、保存、输出等，最后保存在文件中。文字文件分为两类：纯文本文件和其他类型文字文件。

(1)纯文本文件是指仅保存文字内容及基本的段落结构，并不保存其字体、字号、字形、颜色等信息，这些信息由相应的应用程序来设置。例如，Windows操作系统提供了“记事本”应用程序，只能编辑纯文本文件，扩展名为.txt，取自text(文本)的缩写，打开一个文本文件后，所有的文字内容具有“记事本”应用程序当前设置的统一字体、字号、字形、颜色等。各种高级程序设计语言的源程序文件通常都是纯文本文件，扩展名和相应的语言有关，例如，C语言的源程序文件扩展名为.c，C++语言为.cpp，Pascal语言为.pas等。

(2)其他类型文字文件一般不但保存了文字内容及基本的段落结构，还保存了单个文字或文字块的字体、字号、字形、颜色等控制信息。例如，Microsoft Office Word应用程序的.docx文件，由于可以保存各种控制信息，所以能够对任意的文字或文字块设置“个性化”的字体、字号、字形、颜色等，还可以插入各种其他的元素，如图形、图像、艺术字、表格等，编排出丰富多彩的版面效果。

3.2.4 音频的表示

音频(Audio)也叫音频信号或声音，其频率范围在20～20 kHz。声音主要包括波形声音、语音和音乐3种类型。

从声音是振动波的角度来说，波形声音实际上已经包含了所有的声音形式，是声音的最一般形态；人的说话声(语音)不仅是一种波形声音，更重要的是它还包含丰富的语言内涵，是一种特殊的媒体；音乐与语音相比，形式更为规范一些，音乐是符号化的声音，也就是乐曲。乐谱是乐曲的规范表达形式。

3类声音有共性，也有它们各自的特性，使用计算机处理这些声音，既要考虑它们的共性，也要考虑它们各自的特性。

1. 声音信号

声音是人耳所感知的空气振动。声音信号通常用连续的随时间变化的波形来表示，是模拟信号。

(1)声音信号的基本参数频率和带宽。

声音信号的频率为信号每秒钟变化的次数，单位是Hz。频率高，则音调高；频率低，则音调低。人耳可感受的声音信号频率范围为20～20 000 Hz。一般来说，频率范围(带宽)越宽，声音质量越高。

①激光数字唱盘(Compact Disc Digital Audio，CD)音质带宽为10～20 000 Hz。

②频率调制(Frequency Modulation，FM)无线电广播的带宽为20～15 000 Hz。

③调幅(Amplitude Modulation，AM)无线电广播的带宽为50～7 000 Hz。

④数字电话话音带宽为200～3 000 Hz。

(2)周期。

相邻声波波峰间的时间间隔称为周期。

(3)幅度。

幅度表示信号强弱的程度，决定信号的音量。

(4)复合信号。

音频信号由许多不同频率和幅度的信号组成。在声音中，最低频率为基音，其他频率为谐音，基音和谐音组合起来，决定了声音的音色。

2. 声音信号的数字化

音频数字化就是将模拟的声音波形数字化，以便计算机处理，包括采样、量化、编码三个步骤。

(1)采样。

采样就是以固定的时间间隔(采样周期)抽取模拟信号的幅度值。采样后得到的是离散的声音振幅样本序列，仍是模拟量。

采样频率越高，声音的保真度越好，但采样获得的数据量也越大。目前，计算机中声音的采样频率标准定义为 11.025 kHz，22.05 kHz 和 44.1 kHz 三种。

(2)量化。

量化就是把采样得到的信号幅度的样本值从模拟量转换成数字量。数字量的二进制位数是量化精度。位数越高，量化后的声音的区分度就越大，声音就越精细，保真度越高。

目前，计算机中声音的量化精度标准定义为 8 位和 16 位两种。

采样和量化过程统称为模/数(A/D)转换，即将模拟信号转换为数字信号(0 和 1)。

(3)编码。

编码就是把数字化的声音信号按一定数据格式表示。

声音信号的采样和量化过程如图 3 - 9 所示。

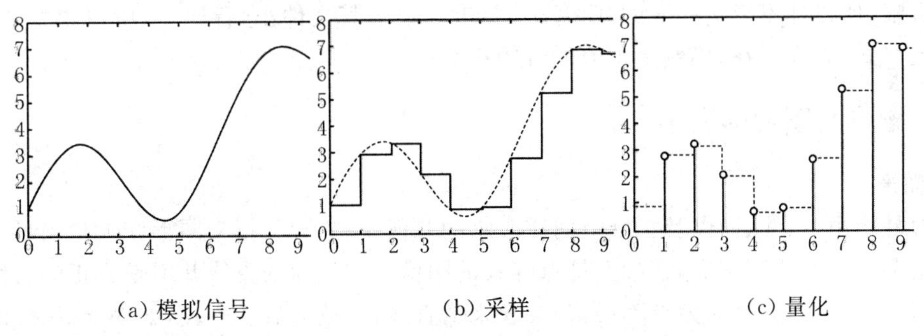

(a) 模拟信号　　(b) 采样　　(c) 量化

图 3 - 9　声音信号的采样和量化过程示意图

3. 影响数字声音质量的主要因素

(1)采样频率。

采样频率是指单位时间内的采样次数。采样频率越大，采样点之间的间隔就越小，数字化后得到的声音就越逼真，但相应的数据量就越大。

(2)量化位数(采样位数)。

量化位数是模拟量转换成数字量之后的数据位数。量化位数表示的是声音的振幅，位数越多，音质越细腻，相应的数据量就越大。

(3)声道数。

声道数是指处理的声音是单声道还是立体声。单声道在声音处理过程中只有单数据流，而立体声则需要左、右声道两个数据流。显然，立体声的效果要好，但相应的数据量要比单声道的数据量加倍。

4. 音频数据量计算示例

如果用44.1 kHz的采样频率对声波进行采样，每个采样点的量化位数选用16位，录制30秒的立体声节目，其波形文件的大小是多少？

$$
\begin{aligned}
M &= 44.1\times 1\,000\times (16/8)\times 2\times 30\\
&= 5\,292\,000\\
&\approx 5(\text{MB})
\end{aligned}
$$

5. 音频数据的保存

根据应用的不同和对音质的要求不同，音频有多种文件格式，常见的有CD、WAVE、MP3等。

(1)CD格式的音质是比较高的音频格式。

在大多数播放软件的“打开文件类型”中，都可以看到 *.cda格式，这就是CD音轨了。标准CD格式是16位量化位数。因为CD音轨可以说是近似无损的，因此它的声音基本上是忠于原声的。如果你是一个音响发烧友的话，CD是你的首选。

(2)WAVE(.WAV)是微软公司开发的一种声音文件格式。

标准格式的WAV文件和CD格式一样，也是16位量化位数，也是目前PC机上广为流行的声音文件格式，几乎所有的音频编辑软件都支持WAVE格式。

(3)MP3(.mp3)格式是MPEG标准中的音频部分，也就是MPEG音频层。

根据压缩质量和编码处理的不同分为3层，分别对应 *.mp1 / *.mp2/ *.mp3这3种声音文件。MPEG音频文件的压缩是一种有损压缩，用 *.mp3格式来储存，一般只有 *.wav文件的1/10，因而音质要次于CD格式或WAVE格式的声音文件，但由于人耳的分辨能力有限，所以并不影响一般的“听音乐”要求。由于其文件小，音质好，所以很快成了流行的音频格式，直到现在，仍然是主流的音频格式。

3.2.5 图形与图像的表示

1. 图形

图形是指由点、线、面以及三维空间所表示的几何图，它分为标量图形和矢量图形两种。

标量图形又称位图图形，实际上是点阵式的图像。它里面的直线并不是真正的直线，而是“锯齿状”的直线，只是因为点阵很密，看起来像直线，但放大后会失真，如Windows的“画图”应用程序画出来的图形，如图3-10所示。

(a) 标量图形的直线　　(b) 放大5倍后

图3-10 标量图形放大后会失真

矢量图形是以一组指令集合来表示的，这些命令用来描述构成一幅图所包含的直线、矩形、圆、圆弧、曲线等的形状、位置、颜色等各种属性和参数。在显示时，需要相应的应用程序读取和解释这些指令，将其转换为屏幕上所显示的图形。因此，矢量图形绘制出来之后，有一些控制点，仍然可以方便地对各个成分进行设置格式、移动、缩放、旋转和变形等修改，且放大后不会失真，如图 3－11 所示，线段两端的点即为控制点。通常所说的图形一般是指矢量图形。

(a) 矢量图形的直线　(b) 放大 5 倍后

图 3－11　矢量图形放大后不会失真

例如，计算机辅助设计软件 AutoCAD，Adobe Illustrator 和 CorelDRAW 等，所绘制的都是矢量图形。

2. 图像

图像是一个矩阵，矩阵中的一个元素代表图像中的一个点，称为像素（Pixel），每个像素的颜色用一个二进制数来表示，因此称为位图图像。位图的英文单词为 bitmap，意思为“位(bit)映射(map)”，即图像上的一个像素和一个二进制数对应，按先行后列的顺序依次存放，构成一个映射图。

如图 3－12 所示，将一幅图像的某个小区域放大若干倍后，就可看出是由一个个的小方块组成的，一个小方块就是一个像素。

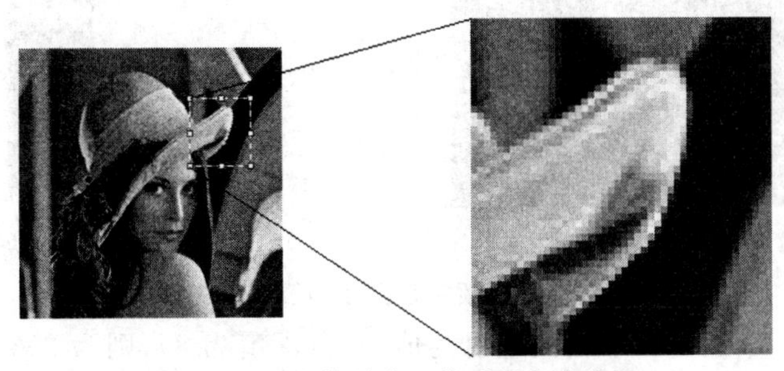

图 3－12　图像放大 5 倍后的点阵效果

根据每个像素的颜色用多少个二进制位来保存，可对图像进行分类。

在分类之前，我们先了解一下三原色原理。所谓三原色原理，是指自然界中的任何光都可以用红（Red）、绿（Green）、蓝（Blue）这 3 种光按不同的比例混合而成。计算机的显示器就是按照这个原理来设计和工作的，计算机中的图像数据也是按照这个原理来表示和存储的，即每个像素的颜色都包含 R，G，B 三个分量值，它们组合后和自然界中的一种颜色相对应，或者说，确定一种唯一的颜色，这种表示方法称为 RGB 颜色模型。

在这个基础上，我们首先将图像分为灰度图像和彩色图像两大类。所谓灰度图像，就是指图像中所有像素的颜色的 R，G，B 三个分量值都是一样的，这时候，所有像素的颜色都是黑或白，只是值大小的不同，所呈现出来的黑或白的程度不同，统称为灰色，所以称为灰度图像，意为灰色的程度不一样。而彩色图像，就是指图像中各像素的颜色的 R，G，B 三个分量值是各自独立取值的，从而具有各种组合，构成各种颜色，称为彩色图像。

对于灰度图像，由于每个像素颜色的 R，G，B 三个分量值都是一样的，因此只要保存一个值，可节省存储空间。

在计算机中，定义存储像素颜色值的二进制位数为颜色深度。

(1)如果用一个二进制位来存储颜色的值（颜色深度为 1），则为纯黑白图像，像素的颜色值只有 0 或 1 两种值，0 代表黑，1 代表白，如图 3－13 所示。

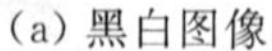

(a) 黑白图像　　(b) 对应的图像数据矩阵

图 3－13　黑白图像(颜色深度为 1)及其对应的图像数据矩阵

(2)如果用两个二进制位来存储颜色的值(颜色深度为 2)，则为 4 色灰度图像，像素的颜色值只有 00，01，10 或 11 四种值，称为灰度等级，如图 3－14 所示。

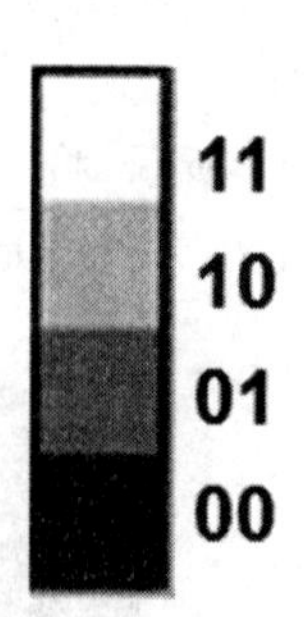

(a) 灰度图像　　(b) 对应的灰度等级

图 3－14　灰度图像(颜色深度为 2)及其对应的灰度等级

(3)如果用 8 个二进制位来存储颜色的值(颜色深度为 8)，则为 256 色灰度图像，像素的颜色值有 00000000，00000001，…，11111110 或 11111111 共 256 种，具有 256 个灰度等级，如图 3－15 所示。

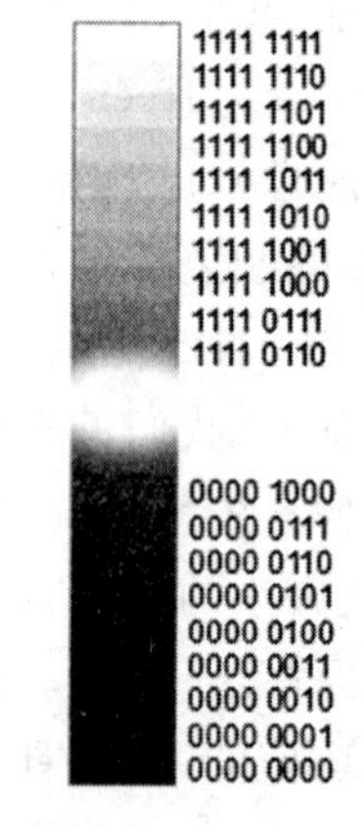

(a) 灰度图像　　(b) 对应的灰度等级

图 3－15　灰度图像(颜色深度为 8)及其对应的灰度等级

从上面可以看出，用于存储像素颜色值的二进制位越多，灰度等级越高，图像越清晰。

(4)对于彩色图像，R，G，B 3 种颜色分量分别用一个字节共 8 位来保存，这样，总共 24

位，共有 $2^{24}=16\ 777\ 216$ 种颜色，而人眼睛对颜色的分辨能力有限，这么多种颜色，达到了人眼分辨能力的极限，因此称为真彩色。真彩色图像不但更清晰，也更真实，如图 3－16 所示。

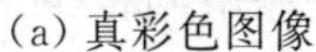

(a) 真彩色图像

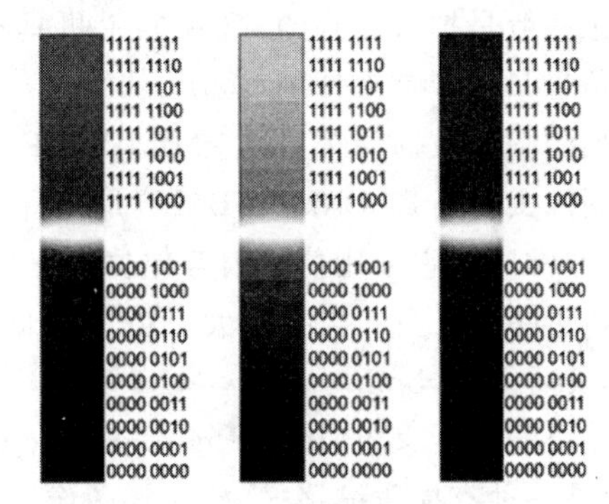

(b) 对应的颜色表

图 3－16　真彩色图像(颜色深度为 24)及其对应的颜色表

在实际应用中，由于真彩色图像的存储数据量大，在某些应用场合，采用索引颜色表的方法存储图像数据，在这里就不介绍了。

和声音一样，图像的生成也有一个采样、量化、编码的数字化过程。

图像主要有分辨率、颜色模型和颜色深度 3 个技术指标。

(1)分辨率。

分辨率是衡量图像细节表现力的技术参数，是指图像矩阵的大小。

常用的分辨率有 3 种：图像分辨率、显示分辨率和打印分辨率。

图像分辨率是指采样分辨率，即每英寸的像素点数(Pixels Per Inch, PPI)，图像分辨率越高，图像越清晰。通常所说的图片大小指的就是图像分辨率，平时说(数码)相机是多少像素的，也是指图像分辨率，它是相机的一个重要性能参数。

显示分辨率是指显示屏上能够显示出的像素数目。例如，显示分辨率为 640×480 表示显示屏分成 480 行，每行显示 640 个像素，整个显示屏就含有 307 200 个显像点。屏幕能够显示的像素越多，说明显示设备的分辨率越高，显示的图像质量也就越高。

打印分辨率(Dots Per Inch, DPI)是指每英寸打印多少个点。类似于显示分辨率，只是输出设备为打印机而已。

(2)颜色模型。

在不同的应用场合，可能需要不同的颜色表示方法，因此有多种颜色模型。图像在显示器上的显示一般采用 RGB 颜色模型，而在印刷系统中，一般采用 CMYK 颜色模型。

(3)颜色深度。

颜色深度是指用来存储像素的颜色和亮度所用的二进制位数。颜色深度反映了构成图像的颜色的丰富性。

3. 图像数据量计算示例

一幅没有经过压缩的数字图像的数据量大小可以按照下面的公式进行计算：

图像数据量大小＝图像分辨率×颜色深度/8(字节)

例如：一幅 800×640 的真彩色图像，它保存在计算机中占用的存储空间大小为：

$$800\times 640\times 24/8=153\ 600\ \text{B}\approx 1.46\ \text{MB}$$

现在手机的相机分辨率大部分可以达到 4 160×3 120，甚至更高，一幅 4 160×3 120 的真彩色图像，它保存在计算机中占用的存储空间大小为：

$$4\,160\times3\,120\times24/8=38\,937\,600\text{ B}\approx37.13\text{ MB}$$

4. 图像数据的保存

图像一般是拍摄得到的，现在的手机具有非常方便的拍照功能。Windows 操作系统、QQ、微信也具有非常方便的“截图”功能。

常见的图像数据保存格式有 BMP、JPEG、GIF、PNG 等。

①图像文件格式(Bitmap，BMP)是一种与硬件设备无关的图像文件格式，称为位图文件，使用非常广。它采用位映射存储格式，除了图像深度可选以外，不采用其他任何压缩，因此，BMP 文件所占用的空间很大。在 Windows 环境中运行的图形图像软件都支持 BMP 图像格式，其后缀为.bmp。

②联合图像专家组(Joint Photographic Experts Group，JPEG)也是最常见的一种图像格式，它是一种有损压缩格式，能够将图像压缩得很小，占用的存储空间很少，图像中重复或不重要的资料会被丢失。JPEG 压缩技术十分先进，能够在获得极高压缩率的同时展现十分丰富生动的图像。换句话说，可以用最少的磁盘空间得到较好的图像品质，因此 JPEG 图像格式成为当前最流行的图像格式，特别是在网络上，其后缀为.jpg。

③图形交换格式(Graphics Interchange Format，GIF)是 CompuServe 公司在 1987 年开发的图像文件格式。GIF 文件的数据，是一种基于串表压缩算法(Lempel - Ziv & Welch Encoding，LZW)的连续色调的无损压缩格式，其压缩率一般在 50%左右，不属于任何应用程序。几乎所有相关软件都支持它，公共领域有大量的软件在使用 GIF 图像文件。GIF 格式的另一个特点是其在一个 GIF 文件中可以存多幅彩色图像，如果把存于一个文件中的多幅图像数据逐幅读出并显示到屏幕上，就可构成一种最简单的动画，因此它早期广泛应用在网页的动画显示上，现在大都被 Adobe Flash 动画所代替，其后缀为.gif。

④便携式网络图形(Portable Network Graphics，PNG)是网上传播的最新图像文件格式。PNG 压缩比高，能够提供比 GIF 小 30%的无损压缩图像文件，同时提供 24 位和 48 位真彩色图像支持以及其他诸多技术性支持。由于 PNG 非常新，所以并不是所有的程序都可以用它来存储图像文件，其后缀为.png。

3.2.6 视频的表示

1. 视频

视频(Video)和动画的原理一样，是由若干有联系的静态图像序列按一定的频率连续播放而形成的，如图 3 - 17 所示，其中的每一幅画面称为一帧(Frame)。播放时，每幅画面保持一个极短的时间，然后切换到下一幅画面，连续不断，利用人眼的视觉暂留效应，只要切换频率足够高，人眼就不会有顿挫感，就会认为画面是连续的，从而产生运动的感觉。电影、电视都是利用这一原理来实现的。不同的是，动画是人为创作的，然后通过一定的手段生成视频，如动画软件 Adobe Flash，3d Max，Maya 等，而视频往往是真实世界的再现，一般是直接通过录制设备录制的，如摄像机、手机等。

我国的电视制式是每秒钟播放 25 帧画面，即只要达到每 1/25 秒切换一帧的切换速度，人眼就不会有顿挫感，然后伴有同步的音频，就实现了有声电影、电视。平时我们播放 VCD/DVD 电影时，如果遇到卡盘的情况，就会发现屏幕画面一帧一帧地动，就是因为读盘有问题，达不到每 1/25 秒切换一帧画面的速度，有时还会遇到屏幕动作和声音不协调的现

图 3-17　视频(动画)原理示意图

象，这是因为画面和声音的读取不同步了。

随着多媒体技术应用的普及，我们现在所说的视频基本上都是指数字视频，并且平时所说的视频，通常是指既有图像又有声音的混合体，例如，我们经常利用手机录制一些短视频，自己保留作为纪念，或通过 QQ、微信发给亲朋好友，非常方便。

2. 视频数据量计算示例

目前视频的分辨率一般为 1 280×720，颜色深度为 24 位(真彩色)，帧率为 25 帧/秒，音频采样频率为 44.1 kHz、16 位双声道，则一段 1 分钟这样的视频，其数据量为：

视频：M1=1 280 * 720 * (24/8) * 25 * 60/1 024/1 024=3 955.08(MB)

音频：M2=44.1 * 1 000 * (16/8) * 2 * 60/1 024/1 024=10.09(MB)

M=M1+M2=3 965.17(MB)≈3.97(GB)

一个电影按 90 分钟时长算，则其数据量大约为 357 GB。

可见，视频的数据量非常大。

3. 视频数据的保存

视频数据一般以文件的形式保存，但在网络上点播时，为了增加用户的体验，采用流媒体传输方式，允许用户边下载边播放。

(1)流媒体传输。

在网络上传输音/视频等多媒体信息，目前主要有下载和流式传输两种方式。如果采用下载方式下载一个音/视频文件，常常要花数分钟甚至数小时时间。这主要是由于音/视频文件一般都比较大，所需的存储容量也比较大，再加上网络带宽的限制，所以这种方法延迟很大。流式传输则把声音、影像或动画等媒体通过音/视频服务器向用户终端连续、实时地传送。采用这种方法时，用户不必等到整个文件全部下载完毕，而只需经几秒或几十秒的启动延时即可进行播放和观看，此时多媒体文件的剩余部分将在后台从服务器继续下载，实现了边观看/收听边下载。与下载方式相比，流式传输大大地缩短了启动延时。

(2)ASF 格式。

高级串流格式(Advanced Streaming Format，ASF)文件是微软公司为了和 RealPlayer 公司竞争而发展起来的一种可以直接在网上观看视频节目的文件压缩格式，其文件扩展名是.asf。由于它是用 MPEG-4 的压缩算法，所以如果它的压缩质量不考虑文件大小的话，完全可以和 VCD 媲美，比 RM 视频格式的文件播放效果好很多。用户可以直接使用 Windows 自带的 Windows Media Player 对其进行播放。

(3)RM 格式。

网络流媒体(Real Media,RM)格式是 Real Networks 公司所制定的音频/视频压缩规范,其文件扩展名是.rm。用户可以使用 RealPlayer 或 RealOne Player 对符合 Real Media 技术规范的网络音/视频资源进行在线播放。Real Media 可以根据不同的网络传输速度制定出不同的压缩比率,从而实现在低速网络上进行影像数据的实时传送和播放。

(4)RMVB 格式。

可变比特率(RealMedia Variable Bitrate,RMVB)格式是一种由 RM 视频格式升级而产生的新视频格式,它的文件扩展名是.rmvb。它可以在图像质量和文件大小之间达到微妙的平衡。另外,相对于 DVDRip 格式,RMVB 有着明显的优势,一部大小为 700 MB 左右的 DVD 影片,如果将其转换成同样视听品质的 RMVB 格式,其大小最多也就 400 MB 左右。

(5)MPEG 格式。

运动图像专家组(Moving Picture Experts Group, MPEG),是国际标准化组织(International Organization for Standardization,ISO)认可的媒体封装形式。其储存方式多样,可以适应不同的应用环境。

其中,MPEG-4 包含了 MPEG-1 及 MPEG-2 的绝大部分功能及其他格式的长处,并加入及扩充对虚拟现实模型语言(Virtual Reality Modeling Language, VRML)的支持,具有面向对象的合成档案(包括音效,视讯及 VRML 对象)以及数字版权管理(Digital Rights Management,DRM)及其他互动功能,是目前较为流行的一种视频文件格式,其扩展名为.mp4。

3.3 瘦身术——数据的压缩

3.3.1 数据压缩的重要性

信息的载体,如文字、音频、图形、图像、视频等,称为媒体(Media),将这些“图、文、声、像”等多种信息进行综合处理的技术,称为多媒体技术。具有多媒体技术处理能力的计算机称为多媒体计算机(Multimedia PC,MPC),它包括硬件系统和软件系统。

通过前面的介绍,我们知道,数字化后的音频、图像、视频的多媒体数据量是非常大的,如果不进行“瘦身”处理,计算机系统就无法对它们进行存储和交换。特别是当多媒体信息需要在网络上传输时,巨大的数据量会占用宝贵的网络带宽,导致网络速度的骤降,极大地影响网络的应用。因此,在多媒体系统中必须采用数据压缩技术,它是多媒体技术中一项十分关键的技术。

研究结果表明,选用合适的数据压缩技术,可以将原始文字数据量压缩到原来的 1/2 左右,语音数据量压缩到原来的 1/2～1/10,图像数据量压缩到原来的 1/2～1/60。

数据压缩,通俗地说,就是用最少的数码来表示信源所发出的信号,减少给定消息集合或数据采样集合的信号空间。

3.3.2　数据压缩的可行性

1. 数据冗余

首先，在多媒体信息中，存在着大量的数据冗余，它们为数据压缩技术的应用提供了可能的条件。例如，在一份文本文件中，某些符号会重复出现，某些符号比其他符号出现得更频繁，某些字符总是在各数据块中可预见的位置上出现等，这些冗余部分便可通过数据的压缩在数据编码中除去或减少。对于视频，如果在一个 60 秒的视频作品的每帧图像中都有位于同一位置的同一把椅子，就没有必要在每帧图像中都保存这把椅子的数据。

2. 信息相关性冗余

其次，数据中间尤其是相邻的数据之间，常存在着信息的相关性。如图片中常常有色彩均匀的背景，视频信号的相邻两帧之间可能只有少量的景物变化，音频信号有时具有一定的规律性和周期性，等等。因此，有可能利用某些变换来尽可能地去掉这些相关性冗余。但这种变换有时会带来不可恢复的损失和误差。

3. 视觉冗余

此外，人们在欣赏音像节目时，由于耳、目对信号的时间变化和幅度变化的感受能力都有一定的极限，如人眼对影视节目有视觉暂留效应，人眼或人耳对低于某一极限的幅度变化已无法感知等，因而可以将信号中这些感觉不出的分量压缩掉或“掩蔽掉”。只要作为最终用户的人，觉察不出或者能够容忍这些失真，就允许对数字音像信号进一步压缩以换取更高的编码效率。例如，世界上有数十亿种颜色，但是人类只能辨别大约 1 024 种，因为觉察不到一种颜色与其邻近颜色的细微差别，所以也就没必要将每一种颜色都保留下来。

3.3.3　数据压缩的原则与常用压缩标准

1. 数据压缩的原则

(1)以人的视觉和听觉的生理特性为基础，经过压缩编码的视听信号在复现时应仍然具有较为满意的主观质量。

(2)去掉原始数据中的冗余不会减少信息量，仍可原样恢复数据。但实际上，数据压缩是以一定质量的损失为前提的。一般来说，数据压缩分为有损压缩和无损压缩两种。对于有损压缩，压缩量越大，则质量越低；质量越高，则压缩量不可避免会减小。

文本数据一般采用无损压缩，不能失真；而音频、视频则一般是有损压缩；图像根据应用场合的不同既可采用无损压缩，也可采用有损压缩。

需要注意的是，WinRAR、好压等压缩软件是无损压缩。

2. 常用多媒体数据压缩标准

在多媒体技术的发展过程中，制定了多种多媒体数据压缩标准。随着多媒体技术的不断发展，有些标准已经不用了，有些标准正在广泛使用，而有些标准则还在不断完善之中。常用的压缩标准有如下 4 种：

(1)静止图像压缩编码标准 JPEG。

静止图像压缩编码标准 JPEG 是由国际电报电话咨询委员会(Consultative Committee on International Telegraph and Telephone，CCITT)和 ISO 联合组成的专家组共同制定。尽管 JPEG 的目标主要针对静止图像，但其应用并不局限于静止图像。JPEG 定义了两种基本压缩算法:基于离散余弦变换(Discrete Cosine Transform,DCT)的有损压缩算法与基于空间预测编码(Differential Pulse Code Modulation,DPCM)的无损压缩算法。扩展名为.jpg 的图片文件采用的就是 JPEG 压缩标准。

(2)运动图像压缩编码标准 MPEG。

运动图像专家组(MPEG)是 1988 年 ISO 和国际电工委员会(International Electrotechnical Commission,IEC)共同组建的一个工作组,它的任务是开发运动图像及其声音的数字编码标准。MPEG 公布的标准解决了以往硬盘容量有限及计算机总线瓶颈效应,因而扩大了多媒体应用空间的自由度及灵活度,开拓了很多不同的数字影像应用,VCD 节目制作就是运用了 MPEG 压缩技术。到现在为止,MPEG 公布的标准有 MPEG1、MPEG2、MPEG4、MPEG7。

MPEG1 于 1993 年 8 月公布,已广泛应用于 VCD、因特网上的各种音视频存储传输及电视节目的非线性编辑中。

MPEG2 制定于 1994 年,主要针对高清晰度电视(High Definition Television,HDTV)所需要的视频及伴音信号,在 NTSC 制式下的分辨率可达 720×486;兼容 MPEG1,且提供一个较广范围的可变压缩比,以适应不同画面质量、存储容量以及带宽的要求。MPEG2 标准已广泛应用于数字电视广播、高清晰度电视、DVD 等非线性编辑系统及数字存储中。MPEG2 对于电视广播数字化起到了举足轻重的作用。

MPEG4 于 2002 年 10 月公布,目标为支持多种多媒体应用(主要偏重于多媒体信息内容的访问),可根据应用的不同要求现场配置解码器。与 MPEG1 和 MPEG2 相比,MPEG4 的特点是其更适于交互式和移动多媒体服务以及远程监控,它是第一个有交互性的动态图像标准。

MPEG7 的正式名称是多媒体内容描述接口(Multimedia Content Description Interface)。其目标就是产生一种描述多媒体信息的标准,并将该描述与所描述的内容相联系,以实现快速有效的检索,比如在影像资料中搜索有长江三峡镜头的片段。该标准不包括对描述特征的自动提取。

(3)H.261。

由 CCITT 通过的用于音频视频服务的视频编码解码器(也称 Px64 标准),它使用两种类型的压缩:帧中的有损压缩(基于 DCT)和帧间无损压缩,并在此基础上使编码器采用带有运动估计的 DCT 和 DPCM 的混合方式。这种标准与 JPEG 及 MPEG 标准有明显的相似性,但关键区别在于它是为动态使用设计的,并提供高水平的交互控制。主要应用于实时视频通信领域,如电视会议。

(4)数字音频压缩标准 MP3。

MP3(Moving Picture Experts Group Audio Layer Ⅲ)是一种音频压缩的国际技术标准,所使用的技术是在 VCD(MPEG1)的音频压缩技术上发展出的第三代。

MP3 的突出优点是:压缩比高,音质较好,制作简单,交流方便。

第 4 章　计算机中数据的处理

通过前一章的学习，我们知道，不论什么类型的数据，在计算机中都是采用二进制来表示的，只是对于不同类型的数据，采用不同的编码方法，而对于相同类型的数据，为了处理的需要，也可以采用不同的、便于处理的编码方法。

例如，对于数值数据，通常采用补码的方法编码，如果是整数则采用定点数，如果是小数则采用浮点数；对于文字，则可采用 ASCII 码、国标码或 Unicode 码等；而对于图像、声音、视频，也有相应的更复杂的编码方法。

数据的处理，既包括简单的数据运算，如加、减、乘、除、乘方、开方等算术运算，也包括高级的数据运算，如根据数据间的逻辑关系安排数据的运算类型、运算顺序等。但实际上，如同计算的本质一样，数据处理还包括更复杂、更高级的“运算”，既可以是数值数据的运算，也可以是非数值数据的运算，如文字、图像、声音、视频等，还可以是各种事务的处理，如 GPS 导航、股票交易、慕课学习、过程监控等。

总而言之，数据的处理过程，就是问题的求解过程，一个问题的求解，离不开相关数据的处理。数据处理正确，则问题被解决；如果不知道如何处理这些相关的数据，或数据处理不正确，则问题得不到解决。

那么，我们是如何让计算机进行数据的处理？计算机又是如何对各种类型的数据进行处理的呢？

通过本章的学习，我们将了解问题求解的一般过程：应用计算机来求解一个问题，应该如何对问题进行抽象？如何进行数据的组织？如何设计科学、合理、高效的求解算法？从而深刻理解人与计算机求解问题的相同点与不同点，建立计算思维的概念，帮助我们利用计算机来更好地认识世界、改造世界。

4.1　问题求解一般过程

4.1.1　问题求解示例

1. 问题描述

相传，汉高祖刘邦曾问大将韩信：“你看我能带多少兵？”韩信斜了刘邦一眼说：“你顶多能带十万兵吧！”汉高祖心中有三分不悦，心想：“你竟敢小看我！”

“那你呢？”韩信傲气十足地说：“我呀，当然是多多益善啰！”

刘邦心中又添了三分不高兴，勉强说：“将军如此大才，我很佩服。现在，我有一个小小的问题向将军请教，凭将军的大才，答起来一定不费吹灰之力。”

韩信满不在乎地说：“可以可以。”

刘邦狡黠地一笑，传令叫来一小队士兵隔墙站队，刘邦发令：“每三人站成一排。”队站好后，小队长进来报告：“最后一排只有二人。”刘邦又传令：“每五人站成一排。”小队长报告：“最后一排只有三人。”刘邦再传令：“每七人站成一排。”小队长报告：“最后一排只有二人。”刘邦转脸问韩信：“敢问将军，这队士兵有多少人？”

韩信脱口而出：“二十三人。”刘邦大惊，心中的不快已增至十分，心想：“此人本事太大，我得想法找个岔子把他杀掉，免生后患。”一面则佯装笑脸夸了几句，并问：“你是怎样算的？”

原来，韩信小时候就得到了黄石公传授“孙子算经”，孙子乃是鬼谷子的弟子，在《孙子算经》中已经记载了这个问题以及这个问题的解法。所以，他很快就能算出来了。

这就是“韩信点兵”的故事。“韩信点兵”的故事有多个版本，这是其中的一个，大体意思都差不多。

这个问题也称为“孙子定理”“鬼谷算”“隔墙算”等，是中国古代数学家的一项重大创造，在世界数学史上也有重要的地位。在西方数学史上，被称为“中国剩余定理”(Chinese Remainder Theorem)或“中国余数定理”。

这个问题在《孙子算经》中的描述是：今有物不知其数，三三数之剩二，五五数之剩三，七七数之剩二，问物几何？用现代语言来描述，就是：有一个正整数，被 3 除时余 2，被 5 除时余 3，被 7 除时余 2，如果这数不超过 100，这个数是多少？

2. 人工求解

在《孙子算经》中，对这个问题解法的描述是：三三数之，取数七十，与余数二相乘；五五数之，取数二十一，与余数三相乘；七七数之，取数十五，与余数二相乘。将诸乘积相加，然后减去一百〇五的倍数。

后来有人将其编成了一个口诀：

三人同行七十稀，五树梅花廿一枝，

七子团圆正半月，除百零五便得知。

有了求解方法，这个问题就很容易解决了。用 3 除的余数乘 70，用 5 除的余数乘 21，用 7 除的余数乘 15，将所得的结果相加再减去 105 的倍数，即可得到所求的数，即：

$$2\times70+3\times21+2\times15=233$$

$$233-105\times2=23$$

所以，最小的正整数解是 23。因此，韩信能够脱口而出。

3. 计算机求解

如果我们不知道《孙子算经》中记载的解法，那么就只能根据数学知识，采用一般的问题分析、求解方法来解决了。

根据数学知识，我们不妨设总人数为 n，每 3 人站成一排，总共站了 x 排，每 5 人站成一排，总共站了 y 排，每 7 人站成一排，总共站了 z 排，则，根据题意有：

$$\begin{cases} n=3x+2 & ① \quad \text{被 3 除时余 2} \\ n=5y+3 & ② \quad \text{被 5 除时余 3} \\ n=7z+2 & ③ \quad \text{被 7 除时余 2} \end{cases}$$

其中，n,x,y,z 均为自然数(0,1,2,…)，且 $n<100$。

由于方程组有 3 个方程、4 个未知数，故有无穷个解，但在“n,x,y,z 均为自然数(0,1,

2,…),且 $n<100$”的前提条件下,有有限个解。为了求解,只能采用穷举法,如表 4-1 所示,一个个列举出来,寻找满足条件的解。

表 4-1　穷举法求解韩信点兵问题

x	y	z	符合条件否	n
1	1	1	×	
1	1	2	×	
1	1	3	×	
1	1	4	×	
1	1	5	×	
…	…	…	…	…
1	1	13	×	
1	1	14	×	
1	2	1	×	
1	2	2	×	
…	…	…	…	…
7	4	2	×	
7	4	3	√	23
7	4	4	×	
…	…	…	…	…

虽然根据前提条件,穷举范围可以合理优化为:$1\leqslant x\leqslant 33$,$1\leqslant y\leqslant 19$,$1\leqslant z\leqslant 14$,但从表 4-1可以看出,人工来穷举,工作量是非常大的,共需要 $33\times19\times14=8\,778$ 次迭代。这里,由于是从小到大来迭代的,找到的第一个满足条件的解即为所求,也需要 $(7-1)\times19\times14+(4-1)\times14+3=1\,641$ 次迭代。

而计算机具有运算速度快的特点,非常擅长做这样的工作,实际上,如果我们编写相应的程序,以 C 语言为例,如下所示:

```
#include <stdio.h>
void main()
{
  int x,y,z;
  for (x=1;x<=33;x++)
    for (y=1;y<=19;y++)
      for (z=1;z<=14;z++)
      {
        if (3*x-5*y-1==0&&5*y-7*z+1==0)
```

```
        printf("总人数为:%d",3 * x+2);
    }
  return;
}
```

则运行时,仅一闪而过,马上得到了结果“总人数为:23”。

4. 求解方法比较

从“韩信点兵”问题的求解可以看出,人与计算机求解问题的方法和能力各有不同,各有擅长的方面,可以作一些简单的对比,如表 4-2 所示。

表 4-2 人与计算机求解问题的方法和能力对比

考察方面	人	计算机
形象思维	擅长	没有
数学模型	不一定需要	需要
方法与步骤	含糊,“心”算	需明确
大量数据的处理	头痛	擅长
疲劳	有,易出错	没有

(1)形象思维。

人擅长形象思维,可以从一些杂乱无章的数据中,一眼看出某些规律,而计算机则完全没有形象思维的能力,需要通过严谨的计算才能发现规律。例如,任意给出 10 个整数,对它们进行排序,人几乎一眼就能排好,而计算机需要有个程序,告诉它怎么排。

(2)数学模型、方法与步骤。

因此,利用计算机来求解问题,需要我们人先对问题进行分析,建立数学模型,设计解决的方法和步骤,也即算法,然后编写相应的程序,计算机才能按照我们的意图去具体实施。如果算法正确,则能解决问题;否则,问题不能得到解决。

虽然,原则上,我们人求解问题,一般也需要先分析,然后设计方法和步骤,但有些问题,对人来说,轻而易举。例如,比较几个数的大小,人一眼就能分辨出来,根本不需要考虑怎么去做,实际上,至今我们还不知道人是怎么做到的。但对计算机来说,却无法做到。

又如,画家隐藏在作品中的图案,经过细细观察并运用空间思维能力,有些人可以看出来,而有些人却看不出来,计算机当然更加“看”不出来。如图 4-1 所示,画面中到底是一个少女,还是一个老妇人呢?

(3)大量数据的处理。

但也有些问题,对人来说难于登天,对计算机来说,却轻而易举,如 10 个整数的排序,人很容易解决,但 10 000 个整数呢?还有第 1 章中介绍的汉诺塔问题,PI 的精确值计算问题,旅行商问题等。

即使“韩信点兵”问题,人也是借助智慧,找出了求解问题的“捷径”,否则,如果采用和计算机一样的“呆”办法,也不是一下子能解决的。

(4)疲劳问题。

图 4-1　少女或老妇人

对于长时间的、重复性的枯燥、乏味工作，人容易产生厌烦情绪，也很容易产生疲劳，这就增加了出错的概率，而且一旦出错了，查找错误非常困难，例如，巴贝奇所看到的、由人工计算得到的《数学用表》，错误百出。而计算机则不会疲劳，可以长时间地、一如既往地、精确地工作。

因此，很多问题的求解需要计算机的帮助，我们要充分了解人和计算机在计算能力和计算方法上的区别与联系，善于发挥计算机的优势，让计算机为我们服务，达到事半功倍的效果。

5. 问题求解的一般过程

人类社会的发展过程就是一个不断发现问题、解决问题的螺旋式上升的认识自然界、改造自然界的过程，我们人的认知过程也是一个不断发现问题、解决问题的螺旋式上升的认识自然界、改造自然界的过程。

问题求解是一个非常复杂的思维活动过程，一般将其分为以下 4 个阶段：

(1)发现问题。

在人类社会实践中存在着各种各样的问题，发现重大的、有价值的问题并解决，是推动社会前进的动力；发现不了问题，就谈不上去解决问题，就不会有认识的进步。例如，没有爱迪生发现“爱迪生效应”，弗莱明就不会有灵感，真空二极管的发明就不会这么早，计算机的发展进程可能就不会这么快。

(2)明确问题。

所谓明确问题，就是分析问题，抓住关键，找出主要矛盾，确定问题的范围，明确解决问题方向的过程。

(3)提出假设。

解决问题的关键是找出解决问题的方案(原则、途径和方法)，这通常是先以假设的形式产生和出现的。

提出假设也即确定解决问题的方向，例如，DNA 双螺旋结构的发现者、1962 年诺贝尔生理学或医学奖获得者詹姆斯·杜威·沃森(James Dewey Watson)、弗朗西斯·哈里·康普顿·克里克(Francis Harry Compton Crick)(如图 4-2 所示)正是在认真分析、大胆假设的基础上才成功的。他们一开始也是和前人一样，认为 DNA 是 3 股螺旋，很长时间内都没有结果，而在假设为双螺旋结构后，不到两个月的时间就获得了震惊世界的成果。

(a)詹姆斯·杜威·沃森

(b)弗朗西斯·哈里·康普顿·克里克

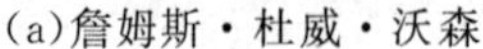

图 4-2 DNA 双螺旋结构的发现者沃森与克里克

(4)检验假设。

所提出的假设是否切实可行,是否能真正解决问题,需要进一步检验,实践是检验真理的唯一标准。找到了问题的求解方案,必须予以实施,并将结果予以验证。

例如,"韩信点兵"问题,通过人工演算可得:

被 3 除余 2 的数有:2,5,8,11,14,17,20,23,…

被 5 除余 3 的数有:3,8,13,18,23,…

被 7 除余 2 的数有:2,9,16,23,30,…

因此,满足条件的数为 23,求解方法是对的。

4.1.2 计算思维

我们学习计算机应用技术,一方面是因为计算机的应用已经渗透到各个学科专业领域,我们的学习、工作和生活都离不开计算机;另一方面,也是主要的一个方面,是通过学习,让我们了解计算机解决问题的方法,培养如何高效地利用计算机来解决实际问题,从而提高分析问题、解决问题的能力,一句话,就是培养计算思维的能力。

那么,什么是计算思维呢?

1. 什么是计算思维

"计算思维"是美国卡耐基梅隆大学周以真教授提出的一种理论。周以真认为,计算思维是运用计算机科学的基础概念去求解问题、设计系统和理解人类行为,它涵盖了计算机科学的一系列思维活动。

(1)计算思维是通过约简、嵌入、转化和仿真等方法,把一个看起来困难的问题重新阐释成一个我们知道怎样解决的问题。

当我们遇到一个非常复杂的问题,用常规方法难以解决时,我们不妨换一个思路——将这个复杂的问题拆解成若干个小的并容易解决的问题,各个击破。

当这些小的问题被解决了之后,整个大的问题就自然得到了解决。

(2)计算思维是一种递归的思维模式,利用启发式推理寻求解答。

在数学中,我们经常使用推理方式来分析和解决问题,有一大类问题,是通过递推来寻找规律或证明的，例如：

①已知数列$\{a_n\}$满足$a_n=2a_{n-1}+3$，且$a_1=1$，求数列$\{a_n\}$的通项公式。

②已知$a_1=1$，$a_n=\frac{n-1}{n+1}a_{n-1}$，求$a_n$。

在现实生活中也一样，当遇到一个复杂的问题，很多情况下，都会用一些特例，或从简单的情形开始，来分析、推理，逐步深入，这都是递归的思维模式。

(3)计算思维的本质是抽象与自动化。

与数学和物理科学相比，计算思维中的抽象显得更为丰富，也更为复杂。数学抽象的最大特点是抛开现实事物的物理、化学和生物学等特性，而仅保留其量的关系和空间的形式，而计算思维中的抽象却不仅仅如此。计算思维建立在计算过程的能力和限制之上，由人和机器执行。计算方法和模型使我们敢于去处理那些原本无法由个人独立完成的问题和系统设计。

(4)计算思维是利用海量数据来加快计算，在时间和空间之间，在处理能力和存储容量之间进行折中的思维方法。

现在的社会是一个高速发展的社会，科技发达，信息流通，人们之间的交流越来越密切，生活也越来越方便，大数据就是这个高科技时代的产物。

随着云时代的来临，大数据的应用越来越彰显它的优势，它占领的领域也越来越大，电子商务、O2O、物流配送等，各种利用大数据进行发展的领域正在协助企业不断地发展新业务，创新运营模式。有了大数据这个概念，对于消费者行为的判断、产品销售量的预测、精确的营销范围以及存货的补给已经得到全面的改善与优化。

大数据带给我们的三个颠覆性观念转变：是全部数据，而不是随机采样；是大体方向，而不是精确制导；是相关关系，而不是因果关系。

①不是随机采样，而是全部数据。在大数据时代，我们可以分析更多的数据，有时候甚至可以处理和某个特别现象相关的所有数据，而不再依赖于随机采样，随机采样是由于人的计算能力有限而不得已采取的折中方法。

②不是精确制导，而是大体方向。研究数据如此之多，以至我们不再热衷于追求精确度。以前需要分析的数据很少，所以我们必须尽可能精确地量化我们的记录，随着规模的扩大，对精确度的痴迷将减弱。拥有了大数据，我们不再需要对一个现象刨根问底，只要掌握了大体的发展方向即可，适当忽略微观层面上的精确度，会让我们在宏观层面拥有更好的洞察力。

③不是因果关系，而是相关关系。我们不再热衷于找因果关系，寻找因果关系是人类长久以来的习惯，在大数据时代，我们无须再紧盯事物之间的因果关系，而应该寻找事物之间的相关关系。相关关系也许不能准确地告诉我们某件事情为何会发生，但是它会提醒我们这件事情正在发生。

在日常生活中，我们需要应用计算思维来解决问题。在遇到某些不知从何下手的问题时，可以想一想是否可以将其转化成别的相近的问题取而代之，让问题简单化。同时，在解决问题的时候，尽量用模型化、程序化的思维来解决。

由此可见，我们学习计算机并不只是去学习编程序，更重要的是培养计算思维，并将其应用到社会生活中去解决实际问题。一个人可以主修计算机科学，然后从事医学、法律、商业、政治以及任何类型的科学和工程，甚至艺术工作。

2. 计算思维的应用

在我们的日常生活中，实际上很多人都不自觉地或多或少地应用了计算思维的思想，只是我们没有意识到而已，或者说，我们不知道这样的分析问题、解决问题的方法就是计算思维的思想。现在我们学习了计算思维的思想，培养了计算思维的理念，在今后的学习、工作和生活中，就可以自觉地应用计算思维去分析问题、解决问题，提高效率。

在这里，列举一个应用计算思维的成功案例。

英国理论化学家约翰·波普(John Pople)教授一生致力于量子化学和计算化学的研究，他所建立的方法被广泛应用于分子、分子的性质以及化学反应作用过程的理论研究。这些方法基于薛定谔等物理学家提出的量子力学的基本原理，将分子的特性以及某一化学反应输入计算机后，输出的将是对该分子的性质以及化学反应发生情况的描述，其结果常被用来解释各种类型的实验结果。

波普教授的突出贡献之一是设计了名为 GAUSSIAN 的计算程序，这一程序使普通研究者也能容易地掌握高深的计算方法。该软件的第一版于 1970 年发布，此后不断发展，数易其版，全世界的大学和商业公司中成千上万的化学家利用这一软件，解决了很多化学问题。例如研究人造化学品如何破坏地球上空的臭氧层，制造新塑料和开发新药物等等。一些科学家正利用波普的方法模拟药品对艾滋病毒的反应。如图 4-3 所示为该软件的应用截图。

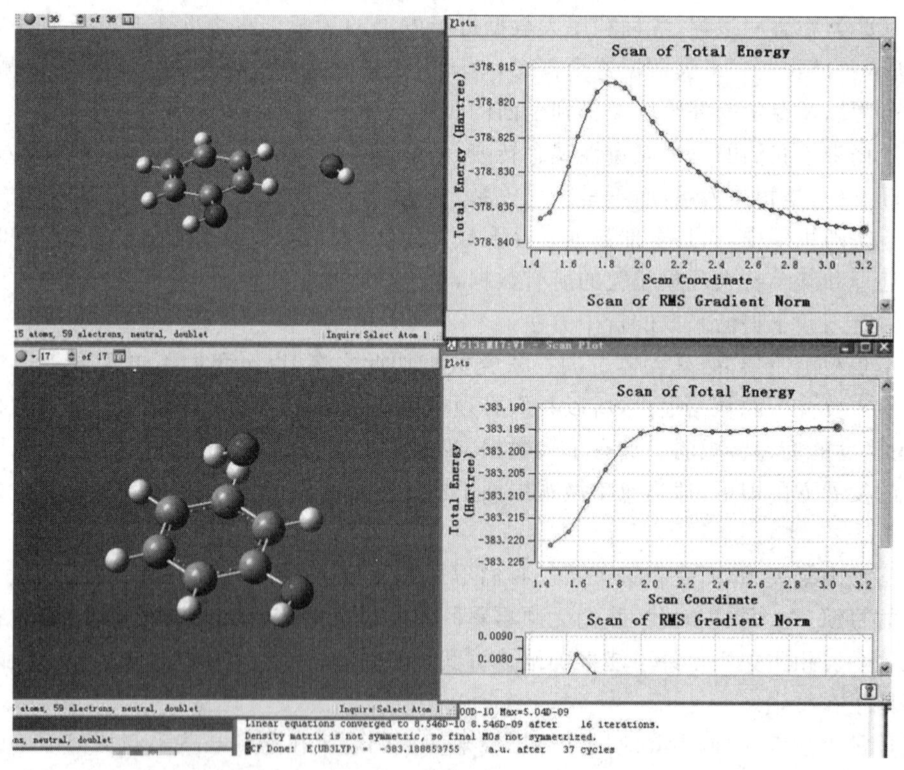

图 4-3 GAUSSIAN 软件

1998 年，波普教授因其在计算方法方面所做出的突出贡献而获得诺贝尔化学奖。

从这个成功的应用案例中，我们可以学到以下的思维方法：

(1)符号化思维。

用符号化(Symbolization)的语言(包括字母、数字、图形和各种特定的符号)来描述数学的内容,这就是符号思想。而符号化思维就是指人们有意识地、普遍地运用符号去表述研究的对象。

符号无处不在,便于交流;符号简明,易于推理。从数的起源,计算方法和计算工具的不断发展,计算机采用二进制表示数据等,都可以看出符号的重要作用。

开发 GAUSSIAN 量子化学综合软件包,涉及如何将分子及其特性表达为计算机可以处理、显示的符号,将分子及其对象转化为"计算对象"。

(2)编码化思维。

所谓编码化(Codification),是指将分散的知识汇集、编码、存储在知识库中,供检索、利用。

在我们的日常生活中,经常用到各种编号,例如,街道的门牌号、房间号、学号等,都是这种思想,为我们的生活带来了极大的便利。

在计算机中,编码更为重要,数值数据(原码、反码、补码、定点数、浮点数)、文字(ASCII码、国标码)、音频、图形图像、视频等都要通过合适的编码方法,将它们转化为二进制数,存储在计算机中,才能方便地进行处理。

(3)可视化思维。

可视化(Visualization),就是利用计算机图形学和图像处理技术,将数据转换成图形或图像在屏幕上显示出来,并进行交互处理的理论、方法和技术。

俗话说得好,"百闻不如一见",再多的文字描述,不如一个图示,简单、直观、明了。如图 4-4所示,相同的信息,文字描述不如表格描述直观,而表格描述又不如图描述直观。

张三是党员,汉族人,30岁;
李四是党员,苗族人,45岁;
王五是团员,汉族人,24岁;
……

(a) 文字描述

姓名	政治面貌	年龄	民族
张三	党员	30	汉族
李四	党员	45	苗族
王五	团员	24	汉族
钱六	团员	36	白族
孙七	群众	47	汉族
李八	群众	38	朝鲜族

(b) 表格描述

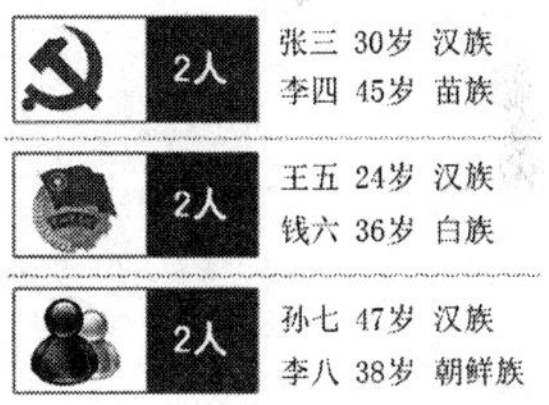

2人　张三 30岁 汉族　李四 45岁 苗族
2人　王五 24岁 汉族　钱六 36岁 白族
2人　孙七 47岁 汉族　李八 38岁 朝鲜族

(c) 图描述

图 4-4　相同信息的不同描述

当沃森和克里克意识到 DNA 是一种双链螺旋结构后,他们立即行动,在实验室中联手开始搭建 DNA 双螺旋结构的分子模型,终于在 1953 年,将他们想象中的 DNA 双螺旋结构的分子模型搭建成功了,如图 4-5 所示,正是在模型的指引和辅助下,他们很快获得了成功。

其实,最早认定 DNA 具有双螺旋结构的科学家是英国女生物学家富兰克林,她与合作者英国分子生物学家莫里斯·威尔金斯离成功探明 DNA 双螺旋结构只有咫尺之遥,但却未能跨出最后也是最关键的一步,其中最主要的原因之一就是他们认为探索 DNA 结构的唯一途径是使用晶体学和数学计算的方法,拒绝采用建立结构模型的方法。

科学计算可视化能够把科学数据,包括测量获得的数值、图像或是计算中涉及、产生的数字信息变为形象直观的、以图形图像信息表示的、随时间和空间变化的物理现象或物理量呈现在研究者面前,使他们能够观察、模拟和计算,更易于理解其中的内在规律。

图 4-5 沃森(左)、克里克和他们的第一个 DNA 双螺旋结构分子模型

(4)计算化思维。

计算化思维就是将解决问题的处理过程形成算法。如何计算分子轨道？如何计算密度？如何计算库仑能？如何计算分子的各种特性？如何计算各种反应的生成物？等等，都需要算法。

(5)数据库化思维。

将众多的各种信息聚集成“库”，这样才能对大量的信息进行分析与研究，才能更科学、更容易发现规律和本质，而人工计算，则只能对有限的样本数据进行分析和处理。

(6)系统化思维。

同其他科学研究一样，分子具有各种特性，分子间具有复杂的关系和反应过程，如何描述它们之间的关系和反应过程，不是一件容易的事情，必须形成完整的工具和系统，来表达分子及其特性，来表达所进行的研究内容。

4.2 抽 象

在问题的求解过程中，抽象是一个非常重要的概念和技能。

4.2.1 什么是抽象

1. 抽象的本质

抽象是从众多的事物中抽取出共同的、本质性的特征，而舍弃其非本质的特征。

其实，我们从小就开始接受抽象能力的培养，如数的概念，图 4-6(a)为同类事物，抽象为数量 5，而图 4-6(b)虽然为不同类事物，从生物和非生物的角度讲，我们也很容易抽象出数量 13，而不是 14，这是因为我们舍弃了非本质的特征，抓住了共同的、本质性的特征。

又如，小学数学里遇到的行程问题：

A、B 两车同时从甲、乙两地相对开出，第一次在离甲地 68 千米处相遇，相遇后两车继续以原速行驶，分别到达对方站点后立即返回，在离乙地 52 千米处第二次相遇。求甲、乙两地之间的距离是多少千米？

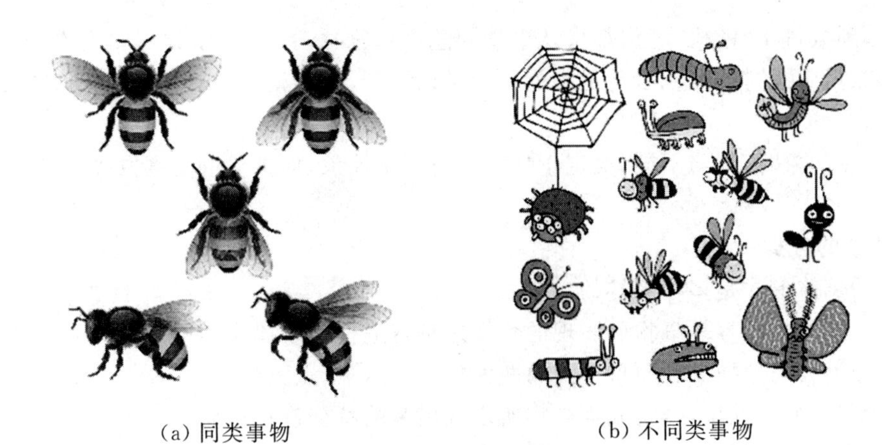

(a) 同类事物　　(b) 不同类事物

图 4-6　数的概念

直接去求解，比较困难，但是，如果我们做出如图 4-7 所示的示意图，那么，问题的求解就变得很容易了。

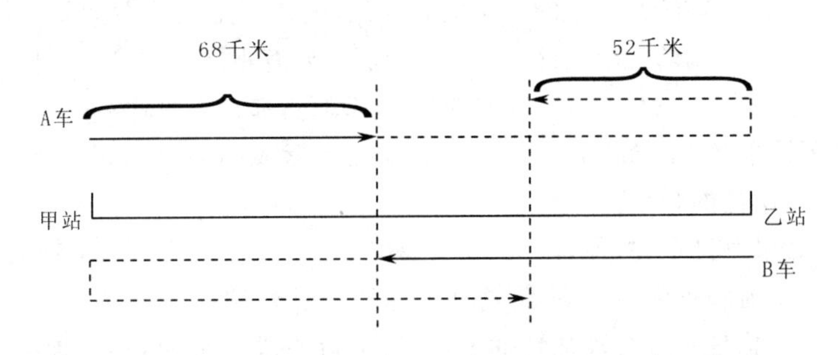

图 4-7　作图法求解行程问题

图 4-7 中实线表示 A、B 两车第一次相遇时所行驶的路程；虚线表示 A、B 两车从第一次相遇后到第二次相遇时又行驶的路程。从图 4－7 中可以看出：两车共同行驶完一个全程，A 车行驶 68 千米。当两车第二次相遇时，两车一共行驶了 3 个全程，所以 A 车一共行了 68×3＝204(千米)。这 204 千米中包括 A 车从乙地返回时所行驶的 52 千米，因此从 204 千米里减去 52 千米就正好是 1 个全程，从而可以求出甲、乙两站间的距离为 68×3－52＝152(千米)。

在"数的概念"中的抽象还是比较简单的，但在"行程问题"中的抽象就要高级一些，需要根据文字的描述，通过分析，抓住问题的本质，再予以加工，对特征进行符号化、编码化、图形化等，做出图示，最后进行分析、解决。实际上，这是一个对问题进行抽象，建立数学模型，再予以解决的典型过程。

2. 如何进行抽象

要抽象，就必须进行比较，没有比较就无法找到共同的部分。因此，抽象的过程就是一个裁剪的过程，抽取出事物的共同特征，而不同的、非本质性的特征全部被裁剪掉了。

那么，什么是共同特征呢？

共同特征是指那些能把一类事物与他类事物区分开来的特征，这些具有区分作用的特征又称为本质特征。

需要注意的是，所谓的共同特征是相对的，是指从某一个侧面看是共同的。

例如，对于图 4-6(b)，根据我们的学习经验，一般我们会从生物和非生物的角度进行区分，则得到数量13的概念，但如果从事物的总个数来区分，不对生物与非生物予以区分，则会得到数量14的概念，或者从更细的层面予以区分，则会得到4只蜜蜂、1只蚂蚁、1只蜘蛛等概念。

所以，在抽象时，同与不同，决定于从什么角度来抽象，而抽象的角度取决于分析问题的目的。

3. 抽象的分类

抽象的具体形式是多种多样的。

如果以抽象的内容是事物所表现的特征还是普遍性的定律作为标准加以区分，那么，抽象大致可分为表征性抽象和原理性抽象两大类。

(1)所谓表征性抽象，是指根据事物所表现出来的特征进行抽象。

例如，物体的“形状”“重量”“颜色”“温度”“波长”等等，这些关于物体的物理性质的抽象所概括的就是物体的一些表面特征。

表征性抽象同生动直观是有区别的。生动直观所把握的是事物的个性，是特定的。例如，这件衣服是红色的，那个帽子是黑色的。这里的红色、黑色不是表征性抽象，而颜色才是。颜色是衣服、帽子这两种事物的一个共性。不同的衣服可以有不同的颜色，不同的帽子也可以有不同的颜色。在这里，红色只是“这件”衣服的“特定”颜色，那件衣服就不一定是红色的了。

(2)所谓原理性抽象，是指在表征性抽象的基础上形成的一种深层抽象，它所把握的是事物的因果性和规律性的联系。

这种抽象的成果就是定律、原理。例如，杠杆原理、自由落体定律、牛顿的运动定律和万有引力定律，光的反射和折射定律等等，都属于这种原理性抽象。

一般来说，我们总是先进行表征性抽象，然后进行原理性抽象，逐步探究事物表象下面所隐藏的内在规律。

4. 抽象示例

哥尼斯堡七桥问题是18世纪著名古典数学问题之一。

在哥尼斯堡的一个公园里，有七座桥将普雷格尔河中两个岛及河岸连接起来，如图4-8(a)所示。当地居民经常到这个公园来散步，于是有个人提出一个问题：一个步行者怎样才能不重复、不遗漏地一次走完七座桥，最后回到出发点？

问题提出后，居民们就兴起了一个有趣的消遣活动，每到星期六，就有很多人进行尝试，作一次走过所有七座桥的散步，每座桥只能经过一次而且起点与终点必须是同一地点。不仅如此，问题传开后，也引起了很多学者的兴趣，但在相当长的时间里，始终未能解决。

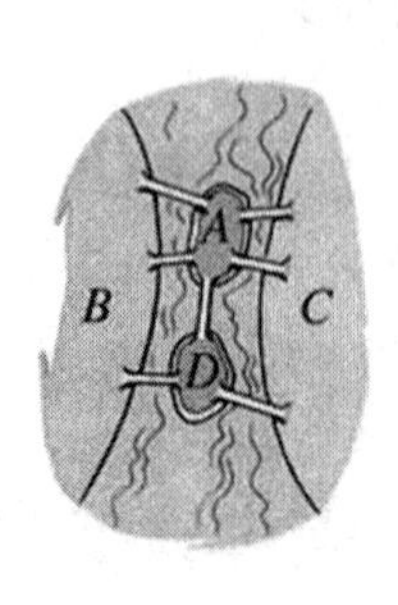

(a) 七桥问题

(b) 欧拉画像

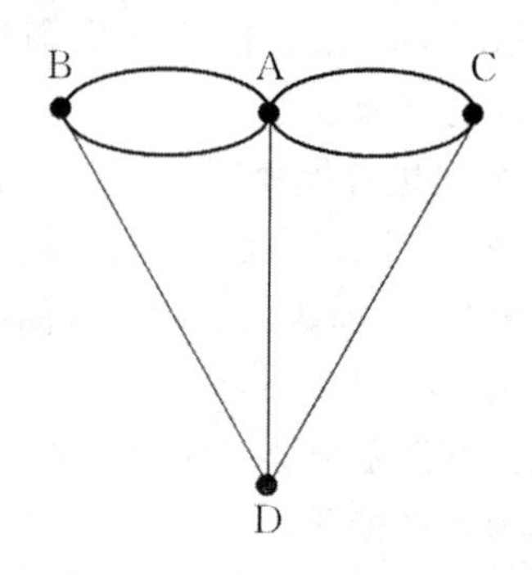

(c) 抽象图

图4-8 哥尼斯堡七桥问题

利用普通数学知识，每座桥均走一次，那这七座桥所有的走法一共有 5 040 种，而这么多情况，要一一试验，这将会是很大的工作量。但怎么才能找到成功走过每座桥而不重复的路线呢？

1735 年，有几名大学生写信给当时正在俄罗斯的圣彼得堡科学院任职的天才数学家欧拉(Euler)，如图 4-8(b)所示，请他帮忙解决这一问题。欧拉在亲自观察了哥尼斯堡七桥后，认真思考走法，但始终没能成功，于是他怀疑七桥问题是不是原本就无解呢？

在经过一年的研究之后，1736 年，29 岁的欧拉向圣彼得堡科学院递交了《哥尼斯堡的七座桥》的论文。在论文中，不仅圆满地回答了哥尼斯堡居民提出的问题，而且得到并证明了更为广泛的有关一笔画的三条结论，开创了数学的一个新的分支——图论与几何拓扑，也由此展开了数学史上的新里程。

在研究中，欧拉舍弃了非本质的东西(陆地的面积，桥的长度、宽度等)，把每一块陆地考虑成一个点，连接两块陆地的桥以线表示，就得到了一个如图 4-8(c)所示的问题抽象图，从而将哥尼斯堡七桥问题抽象为了一个纯粹的数学问题。这样，就极大地方便了问题的分析与研究。显而易见，即使采用穷举法来测试每一种可能，在纸上模拟肯定比实际去走要轻松、快捷得多。

经过研究，欧拉的结论是，不存在这样的走法。他是这样考虑的：除了起点以外，每一次当一个人由一座桥进入一块陆地(点)时，他也将由另一座桥离开此点，所以，每走过一块陆地(点)时，必计算(经过)两座桥(线)，从起点离开的线与最后回到始点的线亦计算为两座桥，因此每一块陆地与其他陆地连接的桥数必为偶数。而七桥问题中的桥数为奇数，因此，多少年来，人们费脑费力寻找的那种不重复的路线，根本就不存在。一个曾难住了那么多人的问题，竟有这么一个出人意料的答案！

从而，得到了有关这一类问题的规律，即欧拉定理，欧拉回路关系，或一笔画问题。一笔画问题是说，从某顶点出发一笔画成所经过的路线叫作欧拉路，必须满足如下两个条件：

(1)图形必须是连通的。

(2)图中的“奇点”个数是 0 或 2。所谓“奇点”，是指连接该点的线的条数为奇数。

4.2.2　问题求解过程的抽象

对于人类来说，问题求解的过程一般分为 4 个阶段：发现问题、明确问题、提出假设、验证假设。

而利用计算机来求解问题，则是指已经发现了问题，因为计算机是不能主动去发现问题的。然后，我们如何应用计算机来对这个具体的问题进行求解。因此，其求解过程略有不同，一般分为分析问题、设计算法和编写程序 3 个阶段。

为方便讨论，仍以“韩信点兵”为例。

1. 分析问题

所谓分析问题，就是对问题进行定性、定量的分析。

其中，定性分析是指对问题“质”的方面的分析，确定问题的性质；定量分析则是对要解决的问题的数量特征、数量关系与数量变化进行分析。

“韩信点兵”属于一个初等数学问题，这是对问题的定性分析。

下面，进一步进行定量分析：

(1)这个问题的定义域与值域均为自然数。

(2)不妨设总人数为 n,每 3 人站成一排,总共站了 x 排,每 5 人站成一排,总共站了 y 排,每 7 人站成一排,总共站了 z 排,则根据题意有:

$$\begin{cases} n=3x+2 & ① \quad 被 3 除时余 2 \\ n=5y+3 & ② \quad 被 5 除时余 3 \\ n=7z+2 & ③ \quad 被 7 除时余 2 \end{cases}$$

其中,n,x,y,z 均为自然数(0,1,2,…),且 $n<100$。

由于方程组有 3 个方程、4 个未知数,故有无穷个解,但在“n,x,y,z 均为自然数(0,1,2,…),且 $n<100$”的前提条件下,有有限个解。为了求解,只能采用穷举法,一个个列举出来,寻找满足条件的解。

至此,问题已经明晰了,只要按照如表 4-1 所示的方式,让 x,y,z 均依次有规律地进行变化,就可找到正确解。

分析问题阶段实际上是通过对问题的分析,建立起描述问题的数学模型。

数学模型是运用数理逻辑方法和数学语言建构的科学或工程模型。

具体来说,数学模型就是为了某种目的,用字母、数字及其他数学符号建立起来的等式或不等式以及图表、图像、框图等描述客观事物的特征及其内在联系的数学结构表达式。例如,在哥尼斯堡七桥问题中,用点、线、字母分别表示陆地、桥、陆地的编号,然后采用图的方式展现出来,在韩信点兵问题中,则用字母、数字构成的表达式来展现问题所蕴含的数量关系及变化规律。

数学模型的历史可以追溯到人类开始使用数字的时代。随着人类使用数字,就不断地建立各种数学模型,以解决各种各样的实际问题。例如,对大学生的综合素质测评,对教师的工作业绩的评定以及诸如访友、采购等日常活动,都可以建立一个数学模型,确立一个最佳方案。建立数学模型是沟通摆在面前的实际问题与数学工具之间联系的一座必不可少的桥梁。

2. 设计算法

那么,如何让 x,y,z 按如表 4-1 所示的变化规律没有遗漏地列举出每一种情况呢?

先对方程组简化一下,分别① - ②、② - ③,消去 n 得:

$$\begin{cases} 3x-5y-1=0 \\ 5y-7z+1=0 \end{cases} \qquad ④$$

然后,可以设计如下的求解方法和步骤:

①$x=1$

②$y=1$

③$z=1$

④如果 $3x-5y-1=0$ 并且 $5y-7z+1=0$,那么输出 $n(n=3x+2)$,转⑧

⑤$z=z+1$,如果 $z<15$,则转④

⑥$y=y+1$,如果 $y<20$,则转③

⑦$x=x+1$,如果 $x<34$,则转②

⑧结束

这样一来,如果有一种机器,能够根据上述列出的方法和步骤,不知疲倦地、严格地、无差错地自动执行,则问题一定会解决,而计算机正是适合做这种工作的机器。

其实,上述的方法和步骤就是算法,就是求解“韩信点兵”问题的算法。

所谓算法(Algorithm),从广义讲,是为完成一项任务所应当遵循的一步一步的、规则的、精确的、无歧义的描述,其总步数是有限的;从狭义讲,是指为解决一个特定问题所采取的方法和步骤的准确而完整的描述,是一系列解决问题的清晰指令。算法代表着用系统的方法描述解决问题的策略机制,也就是说,算法能够对一定规范的输入,在有限时间内获得所要求的输出。如果一个算法有缺陷,或不适合于某个问题,执行这个算法将不会解决这个问题。

同一个问题,可以从不同的角度来分析,采用不同的方法来解决,因而可以有不同的算法。

人们使用计算机,就是要利用计算机来处理各种不同的问题,而要做到这一点,就必须事先对所要处理的问题进行分析,确定解决问题的具体方法和步骤。一个问题是否能够利用计算机来解决,关键在于能否设计合理的、正确的算法,有了合适的算法,再使用合适的计算机语言,就能很方便地编写出解决问题的程序。

3. 编写程序

算法仅仅是描述,只是说明怎样去做才能得到解,并没有给出问题的实际解。而描述算法的方法和手段有很多,计算机并不能理解,因此,我们需要将算法思想转换成一种计算机能够理解的描述方式,以便让计算机理解我们的意图,按照我们的思路来解决问题,这种描述方式就是计算机程序。

计算机程序(Computer Program)是指一组指示计算机或其他具有信息处理能力的装置执行动作或做出判断的指令,通常用某种计算机语言(Computer Language)来编写。

本质上,计算机程序就是用某种计算机语言来书写的、解决某个特定问题的算法的描述。

打个比方,一个程序就像是用汉语(计算机语言)写下的红烧肉菜谱(程序),用于指导懂汉语和烹饪的人(计算机)来做这个菜。

如第2章所述,在计算机的发展过程中,出现了很多计算机语言,主要分为机器语言、汇编语言和高级语言3个发展阶段。目前流行的计算机语言有C语言、C++语言、Java语言、Python语言等。

通常,将编写计算机程序的过程称为程序设计(Programming),因此,有时也将计算机语言称为程序设计语言(Programming Language)。有了解决“韩信点兵”问题的算法,我们就很容易编写出解决“韩信点兵”问题的程序。

程序设计的关键是算法的设计,计算机语言仅仅是一种工具,是用来实现算法的。就像自然语言一样,每一种计算机语言都有其书写时应该遵守的规则,即语法。而算法设计的前提是问题的分析,只有经过透彻的分析,抓住了问题的本质,洞悉了问题所涉及的数量特征、数量关系与数量变化,才能更好地组织数据,设计合理、高效的算法,因此,学习程序设计,一方面要学习、掌握所学的计算机语言的语法规则,另一方面更要学习、掌握算法设计的思想,加强逻辑思维训练,培养逻辑思维能力,拓宽分析方法和思路,从而提高分析问题和解决问题的能力,编写出高质量的程序。

4.3 问题求解

如上一节所述，利用计算机来求解问题的过程一般分为分析问题、设计算法和编写程序3个阶段，这一节就来介绍算法和程序设计的相关概念和技能。

4.3.1 算法

通俗一点来说，算法就是问题求解的加工方法和步骤、工作程序、事务流程等。

1. 算法的特性

算法具有下列5个重要特性：

(1)有穷性。

一个算法必须总是(对任何合法的输入值)在执行有限次计算步骤之后终止，不能无止境地执行下去，并且每一步都可在有穷时间内完成。

(2)确定性。

一个算法所给出的每个计算步骤，都必须具有确切的含义，不能有二义性。并且，在任何条件下，算法只有唯一的一条执行路径，即对于相同的输入只能得到相同的输出。

(3)可行性。

一个算法是可行的，是指算法中描述的每一步操作都是可以有效执行的，并得到确定的结果。

(4)输入。

一个算法有零个或多个输入。算法中操作的对象是数据，因此应提供有关数据。如果算法本身给出了运算对象的初始值，也可以没有数据输入。

(5)输出。

一个算法有一个或多个输出。算法的目的是用来解决一个给定的问题，因此应提供输出结果，否则算法就没有实际意义。

2. 算法设计的要求

在算法设计中，一个算法除了要满足上述5个特性之外，还应达到一定的质量要求。

程序是算法的实现，也即算法的体现。一个问题可能有若干个不同的求解算法，相应地，就有若干个不同的程序实现方法。在不同的求解算法中有好的算法，也有差的算法。设计高质量算法是设计高质量程序的基本前提。设计一个"好"的算法，一般应考虑达到以下目标：

(1)正确性。

算法应当满足具体问题的需求。通常一个大型问题的需求，要以特定的规格说明方式给出，而一个实习问题或练习题，往往就不那么严格。目前多数是用自然语言描述需求，它至少应当包含对于输入、输出和加工处理等的明确的无歧义性的描述。设计或选择的算法应当能正确反映这种需求，否则，算法的正确与否的衡量标准就不存在了。

"正确"的含义在通常的用法中有很大差别，大体可分为以下4个层次：

①算法不含语法错误；

②算法对于几组输入数据能够得出满足规格说明要求的结果；

③算法对于精心选择的典型、苛刻而带有刁难性的几组输入数据能够得出满足规格说明要求的结果；

④算法对于一切合法的输入数据都能产生满足规格说明要求的结果。

一般情况下，以达到第③层次意义上的正确性作为衡量一个算法是否合格的标准。

(2)可读性。

算法主要是为了人们的阅读和交流，其次才是机器的执行。一个好的算法应有良好的可读性，好的可读性有助于保证正确性，也有助于人们对算法的理解。科学、规范的程序设计方法(如结构化方法和面向对象方法)可提高算法的可读性。

(3)健壮性。

当输入数据非法时，算法也能适当地做出反应或进行处理，而不会产生莫名其妙的输出结果。例如，一个求凸多边形面积的算法，是采用求各三角形面积之和的方法来解决问题的，当输入的坐标集合表示的是一个凹多边形时，应能报告输入错误，而不是继续运算，得出一个貌似正确的结果。此外，处理出错的方法应是返回一个表示错误或错误性质的值，并中止程序的执行，以便能在更高的抽象层次上进行处理，而不是简单打印输出出错信息或异常。

(4)效率问题。

效率包括时间和空间两个方面，度量方法分为时间复杂度和空间复杂度两种。一个好的算法应执行速度快、运行时间短、占用内存少。效率和可读性往往是矛盾的，可读性要优先于效率。目前，在计算机速度比较快、内存容量比较大的情况下，高效率已处于次要地位。

3. 算法效率的度量

算法效率的度量分为时间度量和空间度量。

(1)时间度量。

算法执行时间需通过依据该算法编制的程序在计算机上运行时所消耗的时间来度量，而度量一个程序的执行时间通常有如下两种方法：

①事后统计法。

很多计算机都有计时功能，有的甚至可以精确到毫秒级，不同算法的程序可以通过在运行时输入一组或若干组相同的统计数据以分辨优劣。但这种方法有两个缺陷：一是必须先运行依据算法编制的程序；二是所得时间的统计量依赖于计算机的硬件、软件等环境因素，有时容易掩盖算法本身的优劣。因此人们常常采用另一种方法——事前分析估算法。

②事前分析估算法。

一个用高级程序设计语言编写的程序在计算机上运行时所消耗的时间取决于下列因素：

- 依据的算法选用何种策略；
- 问题的规模；
- 书写程序的语言，对于同一个算法，实现语言的级别越高，执行效率就越低；
- 编译程序所产生的机器代码的质量；
- 机器执行指令的速度。

一个算法是由控制结构(顺序、分支和循环三种)和原操作(指基本数据类型的操作)构成的,算法时间取决于两者的综合效果。为了便于比较同一问题的不同算法,通常的做法是,从算法中选取一种对于所研究的问题(或算法类型)来说是基本操作的原操作,以该基本操作重复执行的次数作为算法的时间度量。通常把算法中进行简单操作的次数的多少称为算法的时间复杂度,它是一个算法执行时间的相对度量。

一个算法的时间复杂度一般与问题的规模以及输入数据的次序有关。

在 4.1.1 节的求解"韩信点兵"问题的程序中,原操作语句为判断语句"if(3 * x－5 * y－1==0&&5 * y－7 * z+1==0)",问题的规模为"x,y,z","x,y,z"的变化关系为嵌套,即每当 x 变化 1,y 需变化 y 所有可能的取值,而每当 y 变化 1,z 需变化 z 所有可能的取值,因此,原操作的执行次数理论上为 xyz,将"x,y,z"统一抽象为 n,则原操作的执行次数理论上为 n^3,所以,此算法的时间复杂度为 $O(n^3)$。

如果充分将"n,x,y,z 均为自然数(0,1,2,…),且 n<100"的已知条件用上,将算法改写为:

①x=1

②y=1

③z=(5y+1)/7

④如果 3x－5y－1=0 并且 z 为自然数,得到解,输出 n(n=3x+2),转⑦

⑤y=y+1,如果 y<20,则转③

⑥x=x+1,如果 x<34,则转②

⑦结束

相应的 C 语言实现程序如下:

```
#include <stdio.h>
void main()
{
  int x,y;
  float z;
  for (x=1;x<=33;x++)
    for (y=1;y<=19;y++)
      {
        z=(5 * y+1)/7.0;
        if (3 * x-5 * y-1==0&&int(z)==z)
          printf("总人数为:%d",3 * x+2);
      }
  return;
}
```

则原操作的执行次数理论上为 xy,从而将算法的时间复杂度降为 $O(n^2)$。如果问题规模 n 很大,则算法效率的提高是非常大的。

(2)空间度量。

一个算法的实现所占用的存储空间,大致包括 3 个方面:一是存储算法本身所占用的存储空间;二是算法中的输入输出数据所占用的存储空间;三是算法在运行过程中临时占用的存储空间。

存储算法本身所占用的存储空间与算法书写的长度有关，算法越长，占用的存储空间越多。算法中输入输出数据所占用的存储空间是由要解决的问题所决定的，它不随算法的改变而改变。算法在运行过程中临时占用的存储空间随算法的不同而改变，有的算法只需要占用少量的临时工作单元，与待解决问题的规模无关，有的算法需要占用的临时工作单元，与待解决问题的规模有关，即随问题的规模的增大而增大。

因此，通常把算法在执行过程中临时占用的存储空间定义为算法的空间复杂度。

随着存储技术的发展，存储容量和存取速度都得到了空前的提高，空间效率问题在很多情况下已不再是算法设计需要考虑的主要问题了。

4. 算法的描述

算法的描述方法有很多，通常有自然语言、伪代码、传统流程图和 N－S 结构化流程图等。

(1)自然语言和伪代码。

自然语言是指人们日常使用的语言，可以为汉语、英语或其他语言。采用自然语言来描述算法的例子在日常生活中经常遇到，通常图文并茂，例如操作流程、报到流程等，如图 4－9 所示。

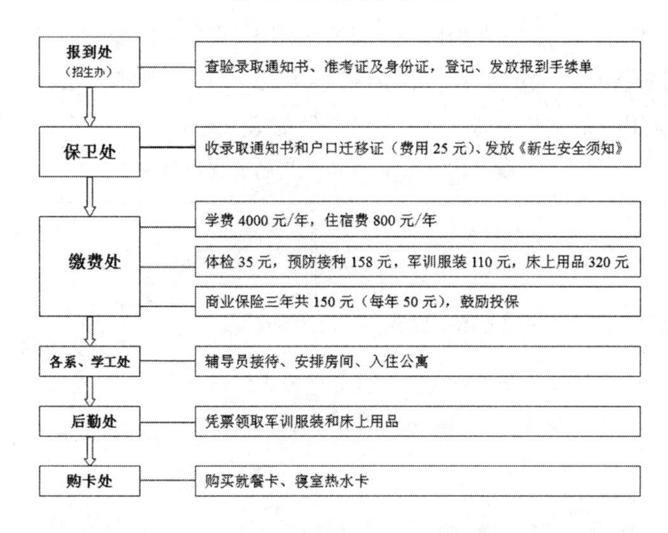

图 4－9　自然语言描述算法——新生报到流程

再举一个例子，假定输入 3 个数，要求找出其中最大的数。

可以设计如下的算法：

①不妨设输入的任意 3 个数分别为 a，b，c，再设一个 max 来记录其中最大的数；

②如果 a>b，则 max＝a，否则 max＝b；

③如果 c>max，则 max＝c；

④max 即为 a，b，c 中最大的数。

按照此方法和步骤，不论输入的 3 个数是什么情况，最后 max 一定是这 3 个数中的最大数。

用自然语言来描述算法的优点是通俗易懂，缺点是文字冗长，容易出现歧义性，有些复杂的算法过程，如分支和循环，也不便于描述。

伪代码是采用介于自然语言和计算机语言(通常指高级语言)之间的文字和符号(包括数学符号)来描述算法。它如同写一篇文章，自上而下地写下来，每一行(或几行)表示一个基本操作。它不使用图形符号，因此书写方便，格式紧凑，可读性高，便于向计算机语言程序转换。例如上述求3个数中最大数的算法可用如下的伪代码描述：

```
【算法开始】
    输入 a,b,c
    if  a>b  then  max←a
    else max←b
    if  c>max then max←c
    输出 max
【算法结束】
```

其中，“max←a”表示将a的值送给max保存，相当于计算机语言中的赋值语句。“if … then …”表示进行判断，然后根据判断结果的不同分别做不同的事情，是大部分计算机语言中都提供的语句。

(2)传统流程图。

传统流程图亦称框图，简称流程图，是一种使用不同的几何图形框来代表各种不同性质的操作，用流程线来指示算法的执行方向的描述方法。由于这种方法直观形象，易于理解，因此得到了广泛应用。流程图中常用的流程符号如表4-3所示。

表4-3 流程图中常用的流程符号

符号	名称及功能	符号	名称及功能
(圆角矩形)	起止框，表示算法的开始或结束	(菱形)	判断框，表示根据条件成立与否决定流程走向
(矩形)	处理框，表示初始化或运算赋值等操作	(箭头线)	流程线，表示流程的方向
(平行四边形)	输入/输出框，表示数据的输入或输出	(圆)	连接点

结构化程序包含3种基本结构：顺序结构、分支结构和循环结构，下面介绍3种基本结构的流程图描述方法。

①顺序结构。

顺序结构是简单的线性结构，各框按顺序执行，其流程图如图4-10所示，命令执行顺序为：命令组1→命令组2。

②分支(选择)结构。

分支结构是指对某个给定条件进行判断，根据判断结果为真或假选择不同的分支流程执行。分支结构有两种基本形状:单分支和双分支,如图 4-11 所示。

图 4-11(a)的单分支结构执行顺序为:当条件为真时,执行命令组 1;当条件为假时直接执行紧跟在分支结构后的命令。

图 4-11(b)的双分支结构执行顺序为:当条件为真时,执行命令组 1;当条件为假时执行命令组 2。

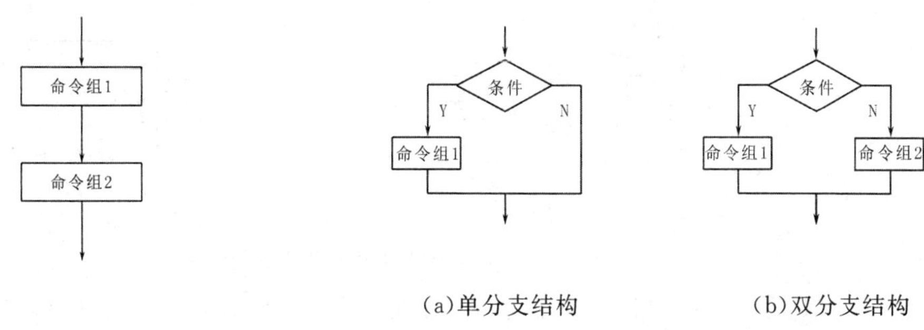

(a)单分支结构　(b)双分支结构

图 4-10　顺序结构流程图　**图 4-11　分支结构流程图**

在这里,命令组是指由 1 条或多条语句和命令组成的有序序列,其中又可以包含顺序、分支和循环三种基本结构。

③循环结构。

循环结构有当循环结构和直到循环结构两种,如图 4-12 所示。

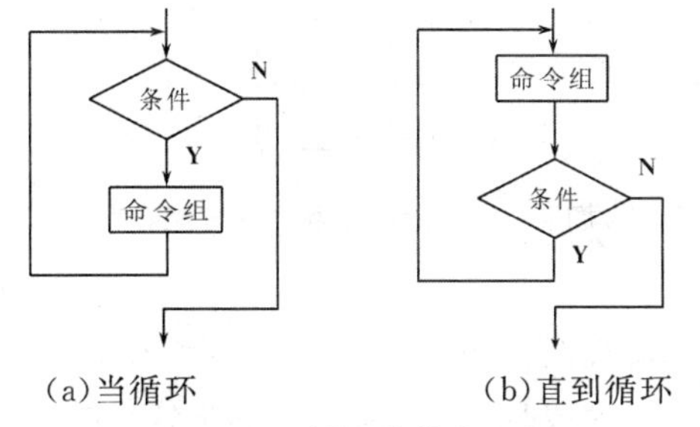

(a)当循环　(b)直到循环

图 4-12　循环结构流程图

当循环结构执行顺序为:首先判断条件,若条件为真,则执行命令组(也称循环体),然后返回重复进行条件判断;若条件为假,则跳出循环,执行紧跟在循环结构后的命令。

直到循环结构执行顺序为:首先执行命令组,然后判断条件,若条件为真,则返回重复执行命令组;若条件为假,则跳出循环,执行紧跟在循环结构后的命令。

当循环结构与直到循环结构的区别是:当循环结构首先进行条件判断,然后根据条件成立与否决定是否执行循环体,因此有可能循环体一次也不会执行;而直到循环结构是首先执行循环体,然后才进行条件判断决定是否再次执行循环体,因此不论初始条件如何,至少会执行一次循环体。

求 3 个数中最大数的算法,若采用传统流程图方法描述,则如图 4-13 所示。

(3)N-S 结构化流程图。

尽管传统流程图描述方法直观易懂,但占篇幅大,尤其是它允许用流程线任意转移去向,在表示复杂算法时,如果这种情况过多,就会使流程无规律地转来转去,如同一团乱麻,分不清其来龙去脉。

N-S 结构化流程图是美国学者艾克·纳西(Ike Nassi)和本·施内德曼(Ben Shneiderman)共同提出的,其提出的依据是任何算法都可以由顺序、分支和循环三种基本结

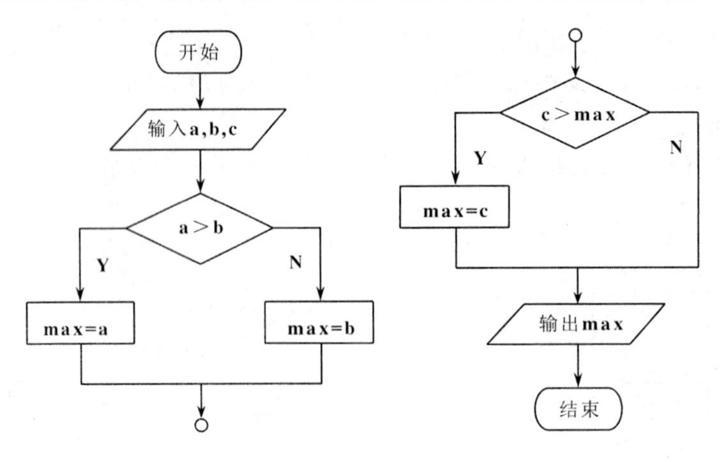

图 4-13　求 3 个数中最大数算法的流程图

构构成，因此可以不需要各结构之间的流程线。在 N-S 结构化流程图中，完全去掉了带箭头的流程线，把全部算法写在一个矩形框内，在框内还可以包含其他从属于它的框。它是一种适合结构化程序设计的描述方法。

3 种基本结构的 N-S 流程图介绍如下：

①顺序结构。

顺序结构的 N-S 流程图如图 4-14 所示，先执行命令 1 然后执行命令 2。

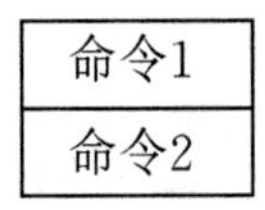

图 4-14　顺序结构 N-S 流程图

②分支结构。

两种分支结构的 N-S 流程图如图 4-15 所示。在图 4-15(a)所示的单分支结构中，当条件为真时，执行命令组 1；为假时，直接执行紧跟在分支结构后的命令。在图 4-15(b)所示的双分支结构中，当条件为真时，执行命令组 1；当条件为假时，执行命令组 2。

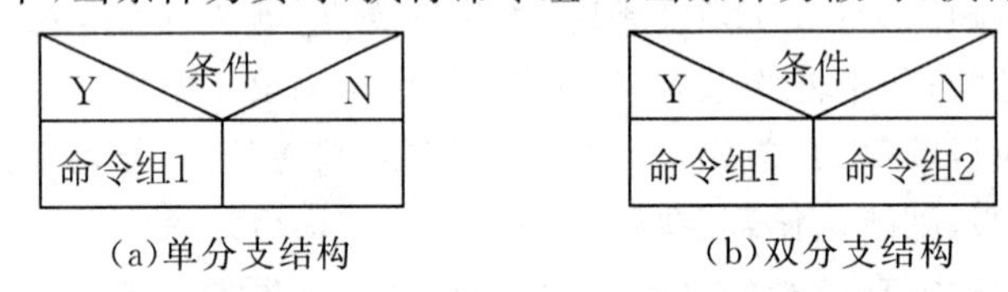

(a)单分支结构　　(b)双分支结构

图 4-15　分支结构 N-S 流程图

③循环结构。

当循环和直到循环两种循环结构的 N-S 流程图如图 4-16 所示。

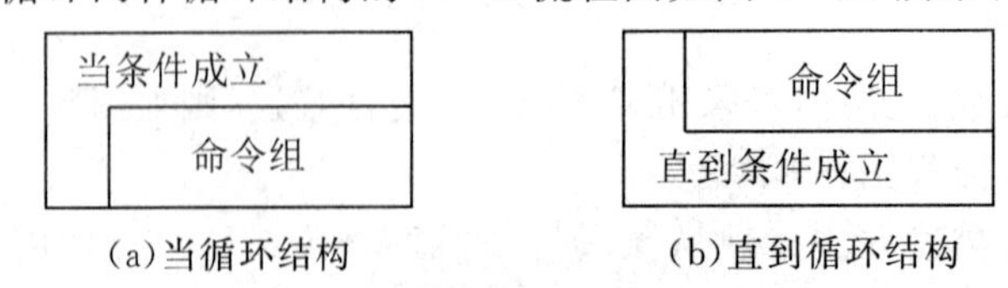

(a)当循环结构　　(b)直到循环结构

图 4-16　循环结构 N-S 流程图

求 3 个数中最大数的算法，若采用 N-S 结构化流程图方法描述，则如图 4-17 所示。

从图 4-13 和图 4-17 的比较可以看出，N-S 结构化流程图比传统流程图在描述上更为紧凑。N-S 结构化流程图是由基本结构单元组成的，各基本结构单元之间是顺序执行关

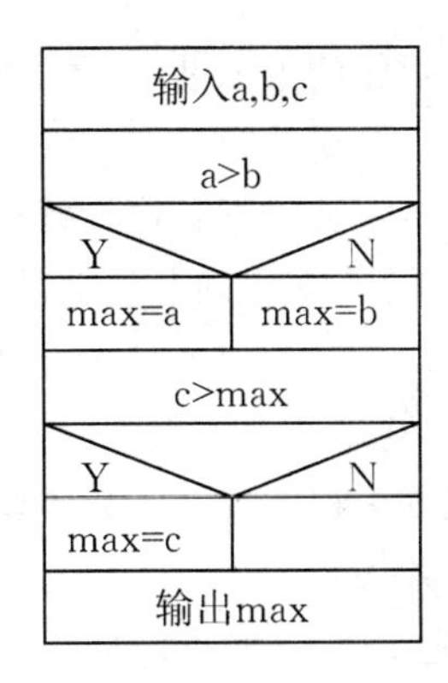

图 4-17　求 3 个数中最大数算法的 N-S 流程图

系，即从上到下，一个结构一个结构地顺序执行下来，因而它描述的算法是结构化的，这是 N-S 结构化流程图的最大优点。一般来说，初学者可以使用传统流程图来描述算法，因为它直观易懂，而达到一定程度后则采用 N-S 结构化流程图来描述算法，使得算法紧凑、清晰，不易出错，阅读起来直观、明确，容易理解，能有效地提高算法设计的质量和效率，培养良好的程序设计风格。

当然，不论采用哪一种描述方法，描述的结果只是给人看的，计算机并不认识，还必须由程序开发人员将其用计算机语言实现，才能由计算机来执行，得到算法结果。但是，一个好的算法描述能够帮助程序开发人员方便地阅读和编写程序，提高编程效率。

4.3.2　程序设计

计算机是在程序的控制下进行工作，它所能解决的任何实际问题都依赖于解决该问题的程序。简单地说，程序就是为实现特定目标或解决特定问题而用计算机语言编写的命令序列的集合。

在实际应用中，有很多的现成的应用软件可以用来解决一般性问题，如文字处理可以用 Microsoft Office Word 或记事本软件，图像处理可以用 Adobe Photoshop 软件等。但有时为了处理一些特殊的问题，并没有合适的软件可供使用，即便有现成的软件，也存在一个二次开发的问题，这时都需要编写新的程序，进行程序设计，来解决所遇到的问题。

1. 程序与程序设计

从最一般的意义来说，程序是对解决某个计算问题的方法步骤的一种描述；而从计算机来说，计算机程序是用某种计算机能理解并执行的计算机语言作为描述语言，对解决问题的方法步骤的描述。计算机执行程序所描述的方法步骤，能完成指定的功能。所以，程序就是为实现特定目标或解决特定问题而用计算机语言编写的命令序列的集合，运行程序，计算机就能按照程序中的命令次序逐条执行，完成规定的任务。

一个计算机程序主要描述两部分内容：①描述问题所涉及的各个对象及对象之间的关系；②描述对这些对象进行处理的规则。其中，关于对象及对象之间的关系是数据结构的内容，而处理规则是求解算法的问题。因此，著名的瑞士计算机科学家尼古拉斯·沃斯(Niklaus Wirth)教授曾提出：

程序＝算法＋数据结构

数据结构和算法是程序最主要的两个方面，设计合理的数据结构可有效地简化算法，而算法的设计依赖于所定义的数据结构。

程序设计的任务就是分析解决问题的方法步骤(算法),并将解决问题的方法步骤用计算机语言来描述。

什么叫程序设计?对于初学者来说,往往把程序设计简单地理解为只是编写一个程序,这是不全面的。程序设计反映了利用计算机解决问题的全过程,包含多方面的内容,而编写程序只是其中的一个方面。使用计算机解决实际问题,通常是先要对问题进行分析并建立数学模型,然后考虑数据的组织方式和算法,并用某一种程序设计语言编写程序,最后调试程序,使之运行后能产生预期的结果,这个过程称为程序设计。具体要经过以下4个基本步骤:

(1)分析问题,确定数学模型或方法。

要用计算机解决实际问题,首先要对待解决的问题进行详细的分析,弄清楚问题的要求,包括需要输入什么数据,要得到什么结果,最后应输出什么,即弄清要计算机“做什么”。然后把实际问题简化,用数学语言来描述它,这称为建立数学模型。建立数学模型后,需选择计算方法,即选择用计算机求解该数学模型的近似方法。

(2)设计算法,画出流程图。

弄清楚要计算机“做什么”后,就要设计算法,明确要计算机“怎么做”。解决一个问题,可能有多种算法。这时,应该通过分析、比较,挑选一种最优的算法,并用流程图把算法形象地表示出来。

(3)选择编程工具,按算法编写程序。

当为解决一个问题确定了算法后,还必须将该算法用程序设计语言编写成程序,这个过程称为编码。

(4)调试程序,分析输出结果。

编写完成的程序,不一定完全符合实际问题的要求,还必须在计算机上运行这个程序,排除程序中可能的错误,才能得到正确结果,这个过程称为调试。即使是经过调试的程序,在使用一段时间后,仍然会被发现尚有错误或不足之处,称为Bug。这就需要对程序做进一步的修改,使之更加完善。

程序设计需要相应的理论、技术、方法和工具来支持,用以指导程序设计各阶段工作的原理和原则以及依此提出的设计技术,称为程序设计方法。程序设计方法的目标是能设计出可靠、易读而且代价合理的程序。就程序设计方法和技术的发展而言,主要经历了结构化程序设计和面向对象程序设计两个阶段。

2. 程序设计语言

程序设计语言是编写计算机程序所用的语言,是人和计算机进行信息交流的工具,它是软件系统的重要组成部分。按照其发展过程,程序设计语言可以分为机器语言、汇编语言和高级语言3个阶段。高级语言是用接近人类习惯使用的自然语言和数学语言来编程的计算机程序设计语言。它独立于计算机,用户可以不了解机器指令,也可以不必了解机器的内部结构和工作原理,就能用高级语言编写程序。高级语言通用性好、易学习、易使用、不受机器型号的限制,而且易于交流和推广。

程序设计语言的发展从面向过程,到面向对象,现在又进一步发展成为面向组件,经历了非常曲折的发展过程。

(1)FORTRAN语言。

早期电脑都直接采用机器语言,即用“0”和“1”为指令代码来编写程序,读写困难,编程效率极低。为了方便编程,随即出现了汇编语言,虽然提高了效率,但仍然不够直观简便。

从20世纪50年代起，计算机界逐步开发了一批“高级语言”，采用英文词汇、符号和数字，遵照一定的规则来编写程序。高级语言诞生后，软件业得到突飞猛进的发展。

1953年12月，IBM公司程序员约翰·巴克斯（John Warner Backus，如图4-18所示）写了一份备忘录，建议设计一种接近人类语言的编程语言代替机器语言。

他带领一个13人小组，包括有经验的程序员和刚从学校毕业的青年，在IBM 704计算机上设计出编译器软件，于1957年完成了第一个计算机高级语言——FORTRAN语言（简称FORTRAN）。之后，不同版本的FORTRAN纷纷面世，1966年，美国统一了它的标准，称为FORTRAN 66语言。

多年以后，FORTRAN仍然是科学计算选用的语言之一，巴克斯因此摘取了1977年度的“图灵奖”。

图4-18　约翰·巴克斯

（2）COBOL语言。

FORTRAN得到广泛应用的时候，还没有一种可以用于商业计算的语言。美国国防部注意到这种情况，1959年，五角大楼委托格雷丝·霍波博士（Grace Hopper）领导一个委员会，开始设计面向商业的通用语言（Common Business Oriented Language），即COBOL语言（简称COBOL）。

COBOL最重要的特征是：语法与英文很接近，可以让不懂电脑的人也能看懂程序；编译器只需做少许修改，就能运行于任何类型的电脑。委员会一个成员害怕这种语言的命运不会太长久，特地为它制作了一个小小的墓碑，然而，COBOL却幸存下来，并经过不断修改、完善和标准化，已发展了多个版本。

（3）BASIC语言。

1958年，一个国际商业和学术计算机科学家组成的委员会在瑞士苏黎世开会，探讨如何改进FORTRAN，并且设计一种标准化的计算机语言，巴克斯也参加了这个委员会。

1960年，该委员会在1958年设计的基础上，定义了一种新的语言版本——国际代数语言，后定名为ALGOL 60语言，首次引进了局部变量和递归的概念。ALGOL语言没有被广泛运用，但它演变为其他程序语言的概念基础。20世纪60年代中期，美国达特茅斯学院的约翰·凯梅尼（John Kemeny）和托马斯·库尔茨（Thomas Kurtz）认为，像FORTRAN那样的语言都是为专业人员设计的，而他们希望能为无经验的人提供一种简单的语言，特别希望那些非计算机专业的学生也能学会这种语言。于是，他们在简化 FORTRAN 的基础上，研制出一种初学者通用符号指令代码(Beginner's All-purpose Symbolic Instruction Code, BASIC)，即 BASIC 语言(简称 BASIC)。

由于 BASIC 易学易用，它很快就成为最流行的计算机语言之一，几乎所有小型计算机和个人计算机都在使用它。经过不断改进后，它一直沿用至今，出现了 QBASIC，Visual Basic 等新一代 BASIC 版本。

(4)LOGO 语言。

1967 年，麻省理工学院人工智能实验室西摩尔·帕普特(Seymour Papert)，为孩子设计出一种叫 LOGO 的语言(简称 LOGO)。

帕普特曾与著名瑞士心理学家让·皮亚杰(Jean Piaget)一起学习。他发明的 LOGO 最初是个绘图程序，能控制一个"海龟"图标，在屏幕上描绘爬行路径的轨迹，从而完成各种图形的绘制。帕伯特希望孩子不要机械地记忆事实，强调创造性的探索。他说，人们总喜欢讲学习，但是，你可以看到，学校的多数课程是记忆一些数据和科学事实，却很少着眼于真正意义上的学习与思考。

他用 LOGO 启发孩子们学会学习，在马萨诸塞州列克星敦，一些孩子用 LOGO 设计出了真正的程序，使 LOGO 成为一种热门的计算机教学语言。

(5)Pascal 语言。

20 世纪 60 年代末，瑞士联邦技术学院尼古拉斯·沃斯(Niklaus Wirth)教授，如图 4-19 所示，发明了另一种简单明晰的计算机语言，这就是以帕斯卡的名字命名的 Pascal 语言(简称 Pascal)。Pascal 语法严谨，层次分明，程序易写，具有很强的可读性，是第一个结构化的编程语言。它一出世就受到广泛欢迎，迅速地从欧洲传到美国。沃斯一生还写作了大量有关程序设计、算法和数据结构的著作，提出了"结构化程序设计"这一革命性概念，因此，他获得了 1984 年的图灵奖。

图 4-19 尼古拉斯·沃斯

Pascal 不仅用作教学语言，而且也用作系统程序设计语言。所谓系统程序设计语言，就是用这种语言可以编写系统软件，如操作系统、编译程序等。

(6)C 语言。

1983 年的图灵奖授予了美国 AT&T 公司贝尔实验室的两位科学家丹尼斯·里奇

(Dennis Ritchie),如图4-20所示,和他的协作者肯·汤普森(Ken Thompson,如图4-21所示),以表彰他们共同设计的著名的程序设计语言C。

图4-20　丹尼斯·里奇

图4-21　肯·汤普森

C语言(简称C)的设计哲学是“Keep It Simple,Stupid”,因而程序员可以轻易掌握整个C的逻辑结构而不用一天到晚翻手册、写代码。于是,众多的程序员倒向了C的怀抱,C迅速并广泛地传播开来。C现在是软件工程师最宠爱的语言之一。

C语言之所以命名为C,是因为C语言源自肯·汤普森发明的B语言,而B语言则源自BCPL语言。

20世纪60年代,贝尔实验室的研究员汤普森想玩一个他自己编的、模拟在太阳系航行的电子游戏——Space Travel。他背着老板,找到了一台空闲的机器——PDP-7。但这台机器没有操作系统,而游戏必须使用操作系统的一些功能,于是他着手为PDP-7开发操作系统。后来,这个操作系统被命名为UNIX。

1970年,汤普森以BCPL语言为基础,设计出很简单且很接近硬件的B语言(取BCPL的首字母),并且他用B语言写了第一个UNIX操作系统。

1971年,同样酷爱Space Travel游戏的丹尼斯·里奇为了能早点儿玩上游戏,加入了汤普森的开发项目,合作开发UNIX。他的主要工作是改造B语言,使其更成熟。

1972年,里奇在B语言的基础上最终设计出了一种新的语言,他取了BCPL的第二个字母作为这种语言的名字,这就是C。

1973年初,C的主体完成。汤普森和里奇迫不及待地开始用它完全重写UNIX。此时,编程的乐趣使他们已经完全忘记了那个“Space Travel”,一门心思地投入到了UNIX和C的开发中。随着UNIX的发展,C自身也在不断地完善。直到今天,各种版本的UNIX内核和周边工具仍然使用C作为最主要的开发语言，其中还有不少继承汤普森和里奇之手的代码。

在开发中，他们还考虑把UNIX移植到其他类型的计算机上使用。C强大的移植性(Portability)在此显现。机器语言和汇编语言都不具有移植性，为x86开发的程序，不可能在Alpha、SPARC和ARM等机器上运行。而C语言程序则可以使用在任意架构的处理器上，只要那种架构的处理器具有对应的C语言编译器和库，然后将C源代码编译、连接成目标二进制文件之后即可运行。

1977年，丹尼斯·里奇发表了不依赖于具体机器系统的C语言编译文本《可移植的C语言编译程序》。

(7)面向对象程序设计语言与C++语言。

1967年挪威计算中心的克里斯滕·尼高(Kristen Nygaard)和奥利·约翰·达尔(Ole John Dahl)开发了Simula 67语言，它提供了比子程序更高一级的抽象和封装，引入了数据抽象和类的概念，被认为是第一个面向对象的语言。20世纪70年代初，帕罗奥多研究中心公司的阿伦·凯(Alan Kay)所在的研究小组开发出Smalltalk语言，之后又开发出Smalltalk-80，Smalltalk-80被认为是最纯正的面向对象语言，它对后来出现的面向对象语言，如Object-C，C++，Self，Eiffl都产生了深远的影响。随着面向对象语言的出现，面向对象程序设计也就应运而生且得到迅速发展。之后，面向对象不断向其他阶段渗透，1980年格雷迪·布奇(Grady Booch)提出了面向对象设计的概念，之后面向对象分析开始发展。1985年，第一个商用面向对象数据库问世。1990年以来，面向对象分析、测试、度量和管理等研究都得到长足发展。

实际上，"对象"和"对象的属性"这样的概念可以追溯到20世纪50年代初，它们首先出现在关于人工智能的早期著作中。但是出现了面向对象语言之后，面向对象思想才得到了迅速的发展。过去的几十年中，程序设计语言对抽象机制的支持程度不断提高：从机器语言到汇编语言，到高级语言，直到面向对象语言。汇编语言出现后，程序员就避免了直接使用"0"和"1"，而是利用符号来表示机器指令，从而更方便地编写程序；当程序规模继续增长的时候，出现了FORTRAN，C，Pascal等高级语言，这些高级语言使得编写复杂的程序变得容易，程序员们可以更好地对付日益增加的复杂性。但是，如果软件系统达到一定规模，即使应用结构化程序设计方法，局势仍将变得不可控制。作为一种降低复杂性的工具，面向对象语言产生了，面向对象程序设计也随之产生。

20世纪70年代中期，本贾尼·斯特劳斯特鲁普(Bjarne Stroustrup)在剑桥大学计算机中心工作。他使用过Simula和ALGOL，接触过C。他对Simula的类体系感受颇深，对ALGOL的结构也很有研究，深知运行效率的意义。既要编程简单、正确可靠，又要运行高效、可移植，是斯特劳斯特鲁普的初衷。以C为背景，Simula思想为基础，正好符合他的设想。1979年，斯特劳斯特鲁普到了贝尔实验室，开始从事将C改良为带类的C语言的工作。1983年该语言被正式命名为C++语言。

自从C++语言(简称C++)设计出来后，它经历了3次主要的修订，每一次修订都为C++增加了新的特征。第一次修订是在1985年，第二次修订是在1990年，而第三次修订发生在C++的标准化过程中。

在20世纪90年代早期，人们开始为C++建立一个标准，并成立了一个美国国家标准学会（American National Standards Institute，ANSI）和国际标准化组织（International Organization for Standardization，ISO）联合的标准化委员会。该委员会在1994年提出了第一个标准化草案。在这个草案中，委员会在保持斯特劳斯特鲁普最初定义的所有特征的同时，还增加了一些新的特征。

在完成C++标准化的第一个草案后不久，发生的一件事使得C++标准被极大地扩展了：亚历山大·斯捷潘诺夫（Alexander Stepanov）创建了标准模板库（Standard Template Library，STL）。STL不仅功能强大，同时非常优雅，然而，它也是非常庞大的。在通过了第一个草案之后，标准委员会投票通过了将STL包含到C++标准中的提议。STL对C++的扩展超出了C++的最初定义范围。虽然在标准中增加STL是个很重要的决定，但也因此延缓了C++标准化的进程。

标准委员会于1997年通过了该标准的最终草案，1998年，C++的ANSI/ISO标准被投入使用。通常，这个版本的C++被认为是标准C++语言。所有的主流C++语言编译器都支持这个版本的C++，包括微软的Visual C++和美国宝蓝公司的C++Builder。

如今，数以百万计的程序员用C++来编写各种数据处理、实时控制、系统仿真和网络通信等软件。斯特劳斯特鲁普说，过去所有的编程语言对网络编程实在太慢，所以我开发C++，以便快速实现自己的想法，也容易写出更好的软件。1995年，*BYTE*杂志将他列入计算机工业20个最有影响力的人的行列。

(8)可视化程序设计语言与Visual Studio。

随着面向对象程序设计的产生，为了进一步提高编程的质量和效率，可视化（Visual）编程方法应运而生。

所谓可视化编程，亦即可视化程序设计，是以“所见即所得”的编程思想为原则，力图实现编程工作的可视化，即随时可以看到结果，程序与结果的调整同步。可视化编程是与传统的编程方式相比而言的，这里的“可视”，指的是无须编程，仅通过直观的操作方式即可完成界面的设计工作。

可视化编程语言的特点主要表现在两个方面：一是基于面向对象的思想，引入了控件的概念和事件驱动；二是程序开发过程一般是先进行界面的绘制工作，再基于事件编写程序代码，以响应鼠标、键盘的各种动作。

可视化程序设计是一种全新的程序设计方法，它主要是让程序设计人员利用软件本身所提供的各种控件，像搭积木式地构造应用程序的各种界面，从而可以避免许多烦琐的代码语句，其最大的优点是设计人员可以不用编写或只需编写很少的程序代码，就能完成应用程序的设计，这样就能极大地提高设计人员的工作效率，典型的有Visual Studio系列，Delphi语言等。

Visual Studio是微软公司推出的，目前最流行的Windows平台应用程序开发环境。自微软公司从1992年推出Visual C++（简称VC）1.0以来，版本不断更新，开发能力越来越强大，最新版本为在2017年正式推出的Visual Studio 2017。

1992年4月，微软公司发布了革命性的操作系统Windows 3.1，把个人计算机引进了真正的视窗时代。微软公司在原有C++开发工具Microsoft C/C++ 7.0的基础上，开创性地引进了MFC（Microsoft Foundation Classes）库，完善了源代码，成为Microsoft C/C++ 8.0，也就是Visual C++ 1.0，并于1992年发布。Visual C++ 1.0是真正意义上的

Windows 集成开发环境(Integrated Develop Environment,IDE),这也是 Visual Studio 的最初原型。虽然以现在的眼光来看,这个界面非常简陋和粗糙,但是它脱离了 DOS 界面,让用户可以在图形化的界面下进行开发,把软件开发带入了可视化开发的时代。

1998 年,微软公司发布了 Visual Studio 6.0,所有开发语言的开发环境版本均升至6.0,包括 Visual C++ 6.0,Visual Basic 6.0,Visual InterDev 6.0,Visual FoxPro 6.0 和 Visual J++ 6.0 等。不久,由于微软公司对 Sun 公司的 Java 语言进行扩充导致与 Java 虚拟机不兼容而被 Sun 告上法庭,微软另辟蹊径,决定推出其进军互联网的庞大计划——.NET 计划以及该计划中旗帜性的开发语言——C#(C Sharp)语言。

微软的.NET 是一项非常庞大的计划,也是微软发展的战略核心,"在任何时间、任何地点,采用相应的设备以获取所需的信息"的梦想并非一朝一夕能实现的。Visual Studio .NET 则是微软.NET 的技术开发平台,其重要性可见一斑,而 C# 语言集成在 Visual Studio .NET 中。2002 年,微软宣布 Visual Studio .NET(内部版本号为 7.0)上市,新的可视化编程语言 C# 是专门为生成运行在.NET 框架上的企业级应用程序而设计的。C# 语言是一种简单、高效、类型安全和完全面向对象的网络编程语言。

.NET 的通用语言框架机制(Common Language Runtime,CLR)的目的是在同一个项目中支持不同的语言所开发的组件。所有 CLR 支持的代码都会被解释成为 CLR 可执行的机器代码然后运行。

Visual Basic,Visual C++都被扩展为支持托管代码机制的开发环境,且 Visual Basic .NET 更是从 Visual Basic 脱胎换骨,彻底支持面向对象的编程机制,而 Visual J++也变为 Visual J#,后者仅语法与 Java 语言相同,但是面向的不是 Java 语言虚拟机,而是.NET Framework。

(9)Delphi 语言。

在古希腊神话里,Delphi 是智慧女神。

Delphi 语言(简称 Delphi)是 Windows 平台下著名的快速应用程序开发工具(Rapid Application Development, RAD)。它的前身是 DOS 时代盛行一时的"Borland Turbo Pascal",最早的版本由美国宝蓝公司于 1995 年开发。经过数年的发展,后转移至英巴卡迪诺(Embarcadero)公司旗下。

Delphi 是一个集成开发环境(Integrated Development Environment,IDE),使用的核心是由传统的 Pascal 语言发展而来的 Object Pascal,以图形用户界面为开发环境,透过 IDE、VCL 工具与编译器,配合连接数据库的功能,构成一个方便、快捷的以面向对象程序设计为中心的应用程序开发工具。曾经流传的一句话"真正的程序员用 C,聪明的程序员用 Delphi",是对 Delphi 最经典、最实在的描述。和 Visual C++相比,Delphi 更简单、更易于掌握,而在功能上却丝毫不逊色;和 Visual Basic 相比,Delphi 则功能更强大、更实用。可以说,Delphi 同时兼备了 Visual C++功能强大和 Visual Basic 简单易学的特点,一直是程序员至爱的编程工具。

(10)Java 语言。

20 世纪 90 年代,硬件领域出现了单片式计算机系统,这种价格低廉的系统一出现就立即引起了自动控制领域人员的注意,因为使用它可以大幅度提升消费类电子产品(如电视机顶盒、面包烤箱、移动电话等)的智能化程度。Sun 公司为了抢占市场先机,在 1991 年成立了一个称为 Green 的项目小组，帕特里克·诺顿、詹姆斯·高斯林(James Gosling，如图 4－22所示)、麦克·舍林丹和其他几个工程师一起组成的工作小组在加利福尼亚州门洛帕克市沙丘路的一个小工作室里面研究开发新技术，专攻计算机在家电产品上的嵌入式应用。

图 4－22　詹姆斯·高斯林

由于 C＋＋所具有的优势，该项目组的研究人员首先考虑采用 C＋＋来编写程序。但对于硬件资源极其匮乏的单片式系统来说，C＋＋程序过于复杂和庞大。另外由于消费电子产品所采用的嵌入式处理器芯片的种类繁杂，如何让编写的程序跨平台运行也是个难题。为了解决困难，他们首先着眼于语言的开发，假设了一种结构简单、符合嵌入式应用需要的硬件平台体系结构并为其制定了相应的规范，其中就定义了这种硬件平台的二进制机器码指令系统(即后来成为“字节码”的指令系统)，以待语言开发成功后，能有半导体芯片生产商开发和生产这种硬件平台。对于新语言的设计，Sun 公司研发人员并没有开发一种全新的语言，而是根据嵌入式软件的要求，对 C＋＋进行了改造，去除了 C＋＋的一些不太实用及影响安全的成分，并结合嵌入式系统的实时性要求，开发了一种称为 Oak 的面向对象语言(以办公室外的橡树命名)。

由于在开发 Oak 语言时，尚且不存在运行字节码指令系统的硬件平台，所以为了在开发时可以对这种语言进行实验研究，他们就在已有的硬件和软件平台基础上，按照自己所制定的规范，用软件建设了一个运行平台，整个系统除了比 C＋＋更加简单之外，没有其他的区别。1992 年的夏天，当 Oak 语言开发成功后，研究者们向硬件生产商演示了 Green 操作系统、Oak 程序设计语言、类库及其硬件，以期说服他们使用 Oak 语言生产硬件芯片。但是，硬件生产商并未对此产生极大的热情。因为他们认为，在所有人对 Oak 语言还一无所知的情况下，就生产硬件产品的风险实在太大了，所以 Oak 语言也就因为缺乏硬件的支持而无法进入市场，从而被搁置了下来。

1994 年 6 月，在经历了一场历时 3 天的讨论之后，团队决定再一次改变努力的目标，这次他们决定将该技术应用于万维网。他们认为随着 Mosaic 浏览器的到来，因特网正在向同样的高度互动的远景演变，而这一远景正是他们在有线电视网中看到的。作为原型，帕特里克·诺顿写了一个小型万维网浏览器 WebRunner。

1995 年，互联网的蓬勃发展给了 Oak 机会。业界为了使死板、单调的静态网页能够“灵活”起来，急需一种软件技术来开发一种程序，这种程序可以通过网络传播并且能够跨平台运行。于是，世界各大 IT 企业为此纷纷投入了大量的人力、物力和财力。这个时候，Sun 公司想起了那个被搁置起来很久的 Oak，并且重新审视了那个用软件编写的试验平台，由于它是按照嵌入式系统硬件平台体系结构进行编写的，所以非常小，特别适用于网络上的传输系统，而 Oak 也是一种精简的语言，程序非常小，适合在网络上传输。Sun 公司首先推出了可以嵌入网页并且可以随同网页在网络上传输的Applet(Applet是一种将小程序嵌入到网页中进行执行的技术),并将Oak更名为Java(在申请注册商标时,发现Oak已经被人使用了,再想了一系列名字之后,最终,使用了提议者在喝一杯Java咖啡时无意提到的Java词语,Java——爪哇,爪哇岛盛产著名的爪哇咖啡)。5月23日,Sun公司在Sun World会议上正式发布Java和HotJava浏览器。IBM,Apple,DEC,Adobe,HP,Oracle,Netscape和微软等各大公司都纷纷停止了自己的相关开发项目,竞相购买了Java使用许可证,并为自己的产品开发了相应的Java平台。

1996年1月,Sun公司发布了Java的第一个开发工具包(JDK 1.0),这是Java发展历程中的重要里程碑,标志着Java成为一种独立的开发工具。9月,约8.3万个网页应用了Java技术来制作。10月,Sun公司发布了Java平台的第一个即时编译器。

1997年2月,JDK 1.1面世,在随后的3周时间里,达到了22万次的下载量。4月2日,Java One会议召开,参会者逾1万人,创当时全球同类会议规模之纪录。9月,Java Developer Connection社区成员超过10万人。

1998年12月8日,第二代Java平台的企业版J2EE发布。1999年6月,Sun公司发布了第二代Java平台(简称为Java 2)。Java 2平台的发布,是Java发展过程中最重要的一个里程碑,标志着Java的应用开始普及。

1999年4月27日,HotSpot虚拟机发布。HotSpot虚拟机发布时是作为JDK 1.2的附加程序提供的,后来它成了JDK 1.3及之后所有版本的Sun JDK的默认虚拟机。

2005年6月,在Java One大会上,Sun公司发布了Java SE 6。

2006年11月13日,Sun公司宣布,将Java技术作为免费软件对外发布。Sun公司正式发布有关Java平台标准版的第一批源代码以及Java迷你版的可执行源代码。从2007年3月起,全世界所有的开发人员均可对Java源代码进行修改。

2009年,甲骨文公司宣布收购Sun。2011年,甲骨文公司举行了全球性的活动,以庆祝Java 7的推出,随后Java 7正式发布。2014年,甲骨文公司发布了Java 8正式版。

至此,Java成了全球最受欢迎的程序设计语言,如图4-23所示,数据来源于https://www.tiobe.com/tiobe-index/网站。

(11)Python语言。

Python语言(简称Python)的创始人为荷兰人吉多·范罗苏姆(Guido van Rossum,如图4-24所示)。1989年圣诞节期间,在阿姆斯特丹,吉多为了打发时间,决心开发一个新的脚本解释程序,作为ABC语言的一种继承。之所以选中Python(大蟒蛇的意思)作为该编程语言的名字,是因为他是一个叫Monty Python的喜剧团体的爱好者。

ABC是由吉多参加设计的一种教学语言。就吉多本人看来,ABC这种语言非常优美和强大,是专门为非专业程序员设计的。但是ABC语言并没有成功,究其原因,吉多认为是其非开放性造成的。吉多决心在Python中避免这一错误。同时,他还想实现在ABC中未曾实现过的东西。

就这样,Python在吉多手中诞生了。可以说,Python是从ABC发展起来,主要受到了Modula-3(另一种相当优美且强大的语言,为小型团体所设计)的影响。并且结合了UNIX Shell和C语言的习惯。

自从2004年以后,Python的使用率呈线性增长。2011年1月,它被TIOBE编程语言排行榜评为2010年度语言。现在,Python已经成为最受欢迎的程序设计语言之一。

Dec 2017	Dec 2016	Change	Programming Language	Ratings	Change
1	1		Java	13.268%	-4.59%
2	2		C	10.158%	+1.43%
3	3		C++	4.717%	-0.62%
4	4		Python	3.777%	-0.46%
5	6	↑	C#	2.822%	-0.35%
6	8	↑	JavaScript	2.474%	-0.39%
7	5	↓	Visual Basic .NET	2.471%	-0.83%
8	17	↑↑	R	1.906%	+0.08%
9	7	↓	PHP	1.590%	-1.33%
10	18	↑↑	MATLAB	1.569%	-0.25%
11	13	↑	Swift	1.566%	-0.57%
12	11	↓	Objective-C	1.497%	-0.83%
13	9	↓↓	Assembly language	1.471%	-1.07%
14	10	↓↓	Perl	1.437%	-0.90%
15	12	↓	Ruby	1.424%	-0.72%
16	15	↓	Delphi/Object Pascal	1.395%	-0.55%
17	16	↓	Go	1.387%	-0.55%
18	25	↑↑	Scratch	1.374%	+0.19%

图 4－23　全球最受欢迎程序设计语言排行榜(2017.12)

图 4－24　吉多・范罗苏姆

Python 是一种面向对象的解释型计算机程序设计语言，语法简洁清晰，具有丰富和强大的库，因而常被昵称为胶水语言，能够把用其他语言制作的各种模块(尤其是 C/C＋＋)很轻松地连接在一起。由于 Python 语言的简洁性、易读性以及可扩展性，在国外用 Python 做科学计算的研究机构日益增多，一些知名大学已经采用 Python 来教授程序设计课程。例如卡内基梅隆大学的编程基础、麻省理工学院的计算机科学及编程导论就使用 Python 语言讲授。众多开源的科学计算软件包都提供了 Python 的调用接口，例如著名的计算机视觉库 OpenCV、三维可视化库 VTK、医学图像处理库 ITK。而 Python 专用的科学计算扩展库就更多了，例如 3 个十分经典的科学计算扩展库：NumPy，SciPy 和 Matplotlib，它们分别为 Python 提供了快速数组处理、数值运算以及绘图功能。因此 Python 语言及其众多的扩展库所构成的开发环境十分适合工程技术、科研人员处理实验数据、制作图表，甚至开发科学计算应用程序。

说起科学计算，首先会被提到的可能是 MATLAB，然而除了一些专业性很强的工具箱还无法替代之外，MATLAB 的大部分常用功能都可以在 Python 中找到相应的扩展库。和 MATLAB 相比，用 Python 做科学计算有如下优点：

①MATLAB 是一款商用软件，并且价格不菲，而 Python 完全免费，众多开源的科学计算库都提供了 Python 的调用接口。用户可以在任何计算机上免费安装 Python 及其绝大多数扩展库。

②与 MATLAB 相比，Python 是一门更易学、更严谨的程序设计语言。它能让用户编写出更易读、更易维护的代码。

③MATLAB 主要专注于工程和科学计算，然而即使在计算领域，也经常会遇到文件管理、界面设计、网络通信等各种需求。而 Python 有着丰富的扩展库，可以轻易完成各种高级任务，开发者可以用 Python 实现完整应用程序所需的各种功能。

3. 程序设计环境

采用程序设计语言编写的程序是不能直接执行的，称为源程序，汇编语言编写的程序必须通过汇编之后才能执行，高级语言编写的程序必须通过编译或解释之后才能执行。

早期程序设计的各个阶段都要用不同的软件来进行处理，如先用字处理软件编辑源程序，然后用编译程序进行编译，再用连接程序进行函数、模块连接，最后得到可以直接执行的目标程序，开发者必须在几种软件间来回切换操作，很不方便。为了提高程序设计的效率，现在的高级语言程序设计软件将编辑、编译、调试等功能集成在一个桌面环境中，从而大大地方便了用户，这就是集成开发环境。

集成开发环境（Integrated Development Environment，IDE）是用于提供程序开发环境的应用程序，一般包括代码编辑器、编译器、调试器和图形用户界面工具，即集成了代码编写功能、分析功能、编译功能、调试功能等于一体。所有具备这一特性的软件或者软件套（组）都可以叫作集成开发环境，如微软的 Visual Studio 系列，宝蓝的 C＋＋ Builder、Delphi 系列等，这些程序可以独立运行，也可以和其他程序并用。例如，BASIC 语言在微软办公软件中可以使用，可以在 Microsoft Word 文档中编写 Word BASIC 程序。IDE 为用户使用 Visual C＋＋，C＃ 和 Java 等现代编程语言提供了方便。如图 4－25 所示为 Visual Studio 2013 的集成开发环境。

4.3.3 程序设计语言基础

程序设计语言是用来编写计算机程序的语言，语言的基础是一组符号和一组规则。根据规则由符号构成的符号串的总体就是语言。在程序设计语言中，这些符号串就是程序。

程序设计语言有 3 个方面的因素，即语法、语义和语用。

语法表示程序的结构或形式，亦即表示构成语言的各个符号之间的组合规律，但不涉及这些符号的特定含义。语法包括词法规则和语法规则，词法规则规定了如何从语言的基本符号构成词法单位（也称单词），语法规则规定了如何由单词构成语法单位（例如表达式、语句等），这些规则是判断一个字符串是否构成一个形式上正确的程序的依据。

语义表示程序的含义，亦即表示按照各种方法所表示的各个符号的特定含义。语义包括语义规则，规定了各词法单位和语法单位在上下文环境中的具体含义。

语用则是表示程序与使用者的关系。

回想我们当年从零开始学习英语的情景，首先认识单个的字母，然后是学习、认识单词，

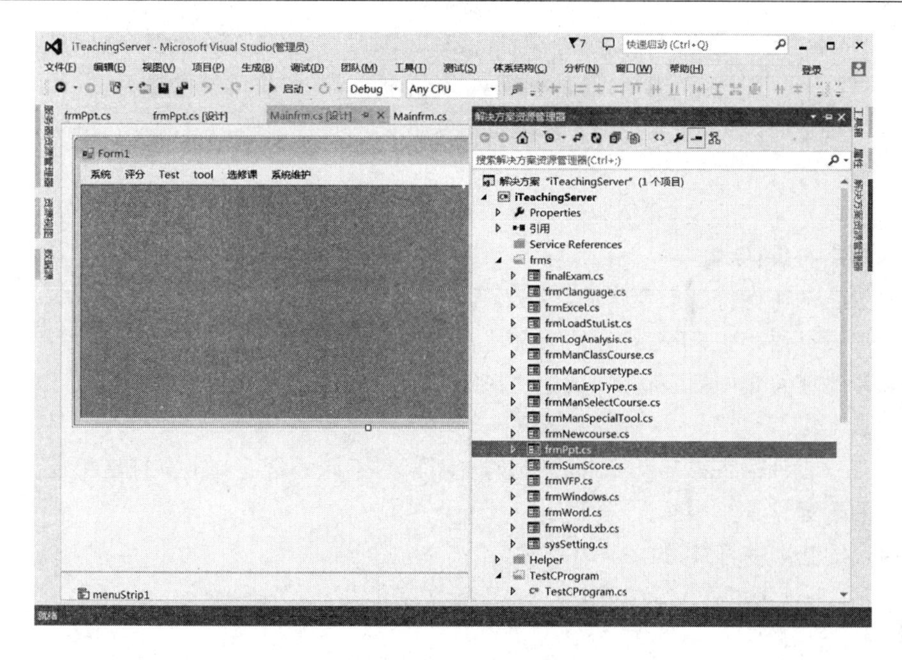

图 4-25　Visual Studio 2013 集成开发环境

接着练习造句子,表达简单的意思,再练习写多个句子组成一个段落,表达丰富一点的内容,最后练习写作文,由多个段落组成,表达更为丰富的内容,经过练习,如果学得好、有创意,那么就可以写出好文章了。因此,在英语里,由字母构成单词,由单词构成句子,再由句子构成段落,最后由段落构成文章,如图 4-26 所示。

学习汉语也是一样的,只不过汉字是方块文字,又是我们的母语,所以没上学之前已经认得一些字了,但实际上上学后也是先从拼音开始学起,然后学习字、词、句、段落、作文。

同样地,在程序设计语言中,也是由基本字符(字母、阿拉伯数字及其他字符)构成单词,由单词构成语句,再由语句构成程序模块或函数,最后由程序模块或函数构成程序,如图 4-26所示。

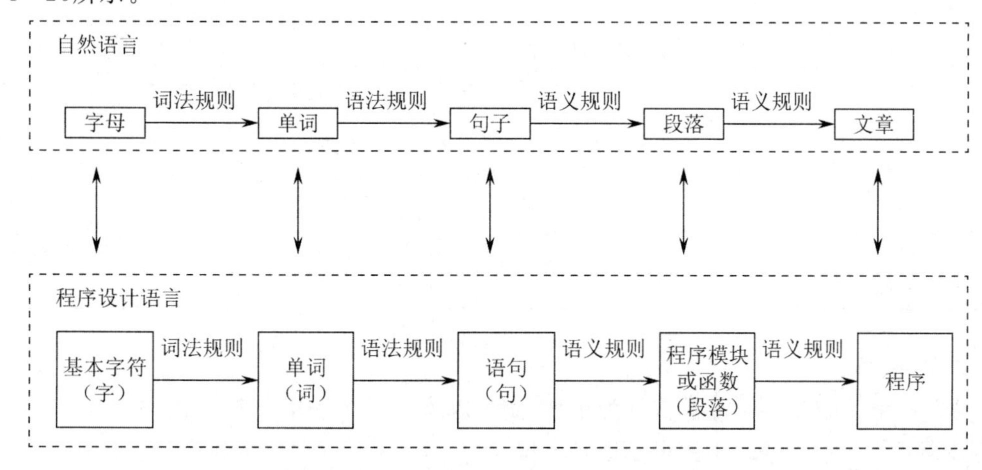

图 4-26　自然语言与程序设计语言类比

所以,我们学习程序设计,首先需要学习这门程序设计语言的语法,即掌握其字符集合,学习其词法规则、语法规则,能够写出符合语法的程序。当然,正如写文章一样,仅仅写出语法没有错误的文章那是没有用的,如果词不达意、文不符题,没有条理性,没有逻辑性,没有趣味性，叙事不完整，等等，都不能算一篇好文章。因此，仅仅能够写出符合语法的程序也是不够的，我们还要学习语义规则，通过训练，培养分析问题、解决问题的能力，设计好的算法，让程序具有特定的语义，使程序的功能能够解决我们的特定问题，并且程序效率达到我们的期望，这才是好的程序。

下面就以C语言为例，介绍程序设计语言的一些基础知识。

1. 基本字符集(字)

一种语言的所有符号集合构成这种语言的符号集。

在程序设计语言中，所有符号均为字符，这些特定的字符构成了程序设计语言的基本字符集。除基本字符集中的字符外，其他任何字符均不允许出现在这种程序设计语言所编写的程序中。

每种程序设计语言都定义了自己的基本字符集，不同语言的基本字符集相近，一般都是ASCII码的子集。

C语言的基本字符集为：

(1)英文字母：大写(A～Z)、小写(a～z)英文字母共52个；

(2)阿拉伯数字：0～9共10个；

(3)空白符：空格、回车、制表符共3个；

(4)特殊字符：包括+、-、*、/等特殊字符共29个，用来作为运算符或其他用途，如表4-4所示。

需要注意，有些程序设计语言是不区分大小写的，但大部分是区分的。C语言区分大小写，例如，name和Name在C语言中是两个不同的单词。

表4-4 C语言基本字符集中的特殊字符

<table>
<tr><th>类型(用途)</th><th>运算符</th><th>包含的字符(不重复计算)</th><th>字符数量</th></tr>
<tr><td>算术运算符</td><td>+、-、*、/、%、++、--</td><td>+、-、*、/、%</td><td>5</td></tr>
<tr><td>关系运算符</td><td><、>、<=、>=、==、!=</td><td><、>、=、!</td><td>4</td></tr>
<tr><td>逻辑运算符</td><td>&&、||、!</td><td>&、|</td><td>2</td></tr>
<tr><td>位运算符</td><td>&、|、~、^、>>、<<</td><td>~、^</td><td>2</td></tr>
<tr><td>条件运算符</td><td>? :</td><td>?、:</td><td>2</td></tr>
<tr><td>其他运算符</td><td>()、[]、{}、.、,、'、"</td><td>(、)、[、]、{、}、.、,、'、"</td><td>10</td></tr>
<tr><td>其他字符</td><td></td><td>\、#、;、_</td><td>4</td></tr>
</table>

2. 单词(词)

程序设计语言中的词法单位称为单词，是由基本字符集中的字符根据词法规则构造得到的。词是程序设计语言中的最小语义单位。

程序设计语言中的单词一般包括关键字、标识符、运算符和分隔符等。

(1)关键字。

关键字有时也称为保留字，是程序设计语言中预先声明的、具有特殊意义和用途的单词。一般来说，关键字不能用作其他用途。

C语言的关键字主要有：

①数据类型说明：int，float，double，long，short，char，enum，union，struct，void，signed，unsigned，const等；

②语句定义：if，else，switch，case，do，while，for，continue，break，return，default，typedef等；

③存储类说明：auto，register，extern，static等；

④长度运算符：sizeof。

（2）标识符。

标识符是程序员用来标识源程序中的某个对象的名字的，这些对象可以是语句、数据类型、函数、变量、常量、数组等，例如，标识函数的名字称为函数名，标识变量的名字称为变量名，标识数组的名字称为数组名，依此类推。

C语言规定：一个标识符由字母、数字和下划线组成，第一个字符必须是字母或下划线，通常以下划线开头的标识符是编译系统专用的。标识符不能使用保留字。

标识符的命名应该具有一定的含义，以便让人能够通过名字猜出其用途。

例如，计算圆的面积，则圆的面积变量可取名为Area或areaOfCircle，前者用于只计算一种图形面积的情况，而后者用于既计算圆的面积，还计算三角形、矩形等面积的情况。

areaOfCircle称为驼峰命名法，又称小驼峰命名法：除首单词外，其余所有单词的第一个字母大写。

如果命名为AreaOfCircle，则称为帕斯卡命名法，又称大驼峰命名法：所有单词的第一个字母大写。

（3）运算符。

为了方便运算，C语言定义了很多运算符，可参见表4-4。

（4）分隔符。

分隔符用于分割单词或程序的文本，用于编排程序，没有实际的操作意义。就像英语文章中一样，每两个单词之间必须要有一个分割符（空格、逗号或引号等）。

C语言规定，在任何标识符、关键字和常量组成的语句中，任意两个相邻标识符、关键字或常量之间至少有一个空格或其他分隔符。

例如，int x，y；//注：说明两个整型变量x和y

在C语言中，“//”后面的内容为注释，不是程序代码的一部分，仅用来做说明。

int和x之间至少有1个空格，如果没有空格，则变成了intx，成了一个新的标识符。

而x和y之间因为根据语法规则必须有一个“，”，所以可以没有空格，不会发生语义的变化，当然，如果“，”两边分别有若干个空格，也是允许的，不会影响语句的语义。

3．数据类型

数据记录了现实世界中客观事物的属性，它包括两个方面：数据内容与数据形式。数据内容就是数据的值，数据形式就是数据的存储形式、取值范围和操作方式，也称为数据类型。只有相同类型的数据之间才能直接进行运算，否则就会发生数据类型不匹配的错误。例如，整数118与字符串"118"是两种不同类型的数据，它们的存储方式和所能参与的运算也是不同的。整数118表示数的大小，可以参与各种算术运算，而字符串"118"仅仅是一串符号，并没有大小的概念，不能参与算术运算。

各种高级语言都提供了丰富的数据类型，这些数据类型可以分为两大类：简单类型和构造类型。其中,简单类型一般有整型、实型、字符型、逻辑型、日期型、指针型等,构造类型有数组类型、集合类型、记录类型、文件类型等。

具体到不同的高级语言,所提供的数据类型是不同的,数据类型越丰富,该语言的数据表达能力越强。例如,C 和 Pascal 语言的指针类型为建立动态数据结构提供了方便,而 FORTRAN 的双精度型、复数型数据则提高了其数值计算的能力。

4. 常量与变量

为了方便参与运算,数据必须有相应的表示方式。在程序设计语言中,数据有常量和变量两种表示方式,分别对应于数学方程中的常数和变量。

(1)常量。

常量是在命令或者程序中可以直接使用、具有具体值的命名数据项,其特征是在整个操作过程中它的值和表现形式均保持不变。因此,在程序中,常量一旦定义,其值和数据类型就不再改变。

一般来说,一种高级语言提供了多少种基本的数据类型,就有多少种相应的数据类型的常量。但在不同的高级语言中,常量的表示方法略有不同。

在 C 语言中,直接书写的常数和用关键字 const 说明的标识符都是常量,例如:

```
const double PI=3.1415926;
double perimeter, r = 2.0;
perimeter = 2 * PI * r;
```

其中,PI 和 2 都是常量,PI 为双精度型常量,2 是整型常量。

(2)变量。

变量是在操作过程中可以改变其值的数据对象。变量一般都要先定义,后使用,且在定义时应指定其数据类型。程序中定义了一个变量,则在编译该程序时编译系统会根据该变量的数据类型为该变量分配相应的存储单元,即一个变量名对应一个存储单元。

在高级语言中,对存储单元的访问是通过变量名进行的。程序运行时,系统会为每个定义好的变量、按照变量的类型分配对应的存储单元大小(字节数),在程序中,对变量名的引用就是对相应的存储单元进行读或写的数据操作。

不同的高级语言,对变量名的规定、对变量的定义方式都有各自的语法规定,在使用某种高级语言编写程序时,要严格按照该高级语言的语法规定定义变量。

变量名是标识符,必须符合标识符的命名规定。

5. 表达式

将数据对象(常量、变量和函数的返回值)用运算符连接起来的式子称为表达式。根据数据对象的数据类型不同,表达式可以分为算术表达式、关系表达式、字符表达式和逻辑表达式等。

应注意的是,一种类型的表达式中,参与运算的各个数据的数据类型应该是一致的,例如,算术表达式中,参与运算的应该是数值型数据,而在字符表达式中,参与运算的则只能是字符型数据。

当然,不同的数据类型所能进行的运算是不同的,即不同类型的表达式,所能使用的运算符是不同的。

C 语言中的常用运算符有(还有很多其他运算符,参见表 4-4):

(1)算术运算符:+、-、*、/、%(加、减、乘、除、求余);

(2)关系运算符：<、>、<=、>=、==、!=(小于、大于、小于等于、大于等于、等于、不等于)；

(3)逻辑运算符：&&、||、!(与、或、非)；

(4)括号运算符：()。用于改变优先级。

各种运算符有不同的优先级别。在设计程序时，必须严格按照所使用的程序语言的语法规定书写表达式，包括运算符、格式、运算优先级别等，确保编译系统所认识的表达式与表达式的实际含义一致。

6.数组

(1)为什么需要数组。

变量的值在程序运行期间能够根据算法的需要而变化，为数据的运算、算法的设计带来了极大的方便。但是，变量名在源程序中一经定义，在编译生成的目标程序中就不能更改，这在某些情况下对数据的处理仍然很不方便。

例如，统计 5 个人数学成绩的平均分。

我们可以定义 5 个变量：x1，x2，x3，x4，x5，分别用来保存 5 个人的数学成绩。

然后，定义一个变量 aver，通过赋值语句：aver=(x1+x2+x3+x4+x5)/5，就计算得到了我们所要的平均分。

这种处理方法非常简单，也非常圆满地达到了我们的目的。

然而，问题来了，现在我要统计 10 个人数学成绩的平均分，当然，你可能马上就会说，定义 10 个变量不就行了吗？同样简单！

那么，我要统计 50 个人的平均分呢？100 个人、10 000 个人呢？你没办法了吧。

应用数组，可以轻而易举地解决此类问题。

(2)数组是什么。

回想起我们学过的数学知识，考察了 10 个人的数学成绩，可以定义一个样本集合(x_1，x_2，…，x_i，…，x_{10})，分别表示这 10 个人的数学成绩，则统计这个样本集合的平均值可以表示为：

$$\bar{x}=\frac{1}{10}\sum_{i=1}^{10}x_i\ ,$$

从而计算得到这 10 个人的平均分。

在这里，x_i表示第 i 个人的数学成绩，$\sum_{i=1}^{10}x_i$ 表示依次将 10 个人的数学成绩相加起来，i 自动从 1 变到 10。有了这种表示方法，则统计 100 个人、10 000 个人的总分也非常简单，可以分别表示为 $\sum_{i=1}^{100}x_i$，$\sum_{i=1}^{10\,000}x_i$ 。

仔细观察，样本集合(x_1，x_2…x_i…x_{10})中的 x_i之所以能够表示第 i 个人的数学成绩，是因为我们将 x_i中的 x 和 i 分别赋予了不同的含义，实际上 x_i是两部分的组合。其中，x 表示集合名，(x_1，x_2…x_i…x_{10})都是属于这个集合的同类数据，具有一个共同的名字 x，而 i 表示当前这个数据(在集合中，称为一个元素)在集合中的位置，是第 i 个数据。

但是，在计算机语言中，任何计算机语言编写的源程序都是普通文本，即没有上标、下标、加粗、字体、字号等排版信息，所有符号都是同等的普通字符，因此，x_i在源程序中只能书写为 xi，而根据标识符的定义语法规则，xi 就是一个整体，代表一个普通的标识符，x1、x2、 xi、x10 是不同的标识符，它们之间没有任何关系，并不能表示出上述的集合关系。

在自然语言中，x_i是通过上下标来区分，或者通过字母与数字的不同性质来区分，表达不同的含义。受此启发，在计算机语言中，是不是也可以采用某种方法将它们区分开来，让它们表达不同的含义，从而实现集合的表示呢？

答案是肯定的，这就是数组。

顾名思义，所谓数组，就是成组的数据，就是将一群性质相同的数据组织成一个集合。

数组的表示分为两部分：一是数组名，即集合中所有元素的共同名字；二是下标，用以表示当前元素在数组(集合)中的位置关系(或序号)。这两部分的分隔符为圆括号“()”或方括号“[]”，C 语言中使用方括号。

例如，int x[10]；

就定义了一个具有 10 个元素的整型数组 x，如图 4-27 所示。在 C 语言中，数组的下标是从 0 开始的，因此，10 个元素依次为 x[0]，x[1]，x[2]，x[3]，x[4]，x[5]，x[6]，x[7]，x[8]，x[9]。

数组名—x										
下标—i	0	1	2	3	4	5	6	7	8	9

图 4-27　C 语言中的数组

该定义的含义是：定义了一个数据集合，最多可以存放 10 个数据，所有数据都必须是整数，它们有一个共同的名字叫 x，通过存放的位置(下标或序号)来区分和引用。

假设用这个数组来存放 10 个人的数学成绩，则统计这 10 个人的平均分的 C 程序代码为：

```
int i, aver=0;
for(i=0;i<10;i++)
   aver = aver + x[i];
aver = aver /10;
```

有了数组，则统计 100 个人、10 000 个人的平均分同样简单，只要把上面代码中的人数由 10 改成 100、10 000 就可以了。

实际上，遇到这种情况，我们通常是设计一个可以统计任意人数的程序，例如：

```
int x[MAXNUM];
int i, aver=0, n;
读入人数 n;
读入 n 个人的成绩;
for(i=0;i<n;i++)
   aver = aver + x[i];
aver = aver /n;
```

说明：上述为伪代码，输入的人数不能大于常量 MAXNUM。

(3)数组的维数。

因为数组中的下标是用来表示元素在数组中的位置关系，因此，必须是大于等于 0 的整数，有些语言规定是从 0 开始，如 C 语言；有的是从 1 开始，如 Visual FoxPro 语言。

如果用一个下标来表示元素在数组中的位置，则称为一维数组，例如图 4-27 所示的数组。

如果用两个下标来表示元素在数组中的位置，则称为二维数组，如图4-28所示，对应于二维直角坐标系中的坐标。

行下标＼列下标	0	1	2	3	4	5	6	7	8	9
0										
1										
2										
3										
4										

图4-28　C语言中的二维数组

如果用三个下标来表示元素在数组中的位置，则称为三维数组，对应于三维立体坐标系中的坐标。类似地，可以定义四维、五维……n维数组。维数越高，数组的组织和处理就越复杂，从效率角度来考虑，数组的应用一般不超过三维。

7. 语句(句)

一个程序的主体是由语句组成的，语句是构成程序的基本单位，语句决定了如何对数据进行处理。语句是由一个或多个单词构成的完整逻辑部分，在C语言中，语句必须以分号“;”结尾。

在高级语言中，语句分两大类：说明语句和可执行语句。

说明语句也称为非执行语句，不是程序执行序列的部分。它们只是用来描述某些对象(如常量、变量、类)的特征，将这些有关的信息告诉编译系统，使编译系统在编译源程序时，按照所给的信息对对象作相应的处理。

可执行语句是指那些在执行时要完成特定的操作(或动作)并且在可执行程序中构成执行序列的语句。例如，赋值语句、结构控制语句、输入输出语句等都是可执行语句。

(1)赋值语句。

赋值语句是高级语言中使用最频繁的数据处理语句，其功能是完成数据的运算和存储。程序运行时通常需要进行数据运算，该运算一般用一个表达式来表示，然后将运算结果存储到指定的存储单元中，以备后面的数据处理使用，这个过程在高级语言中采用赋值语句来实现。C语言中赋值语句的一般格式为：

变量名＝表达式；

例如：perimeter = 2 * PI * r;

则程序读取变量r对应存储单元中的值，然后与常量2、PI相乘，计算得到周长，再存储到变量perimeter对应的存储单元中。

在赋值语句中，“＝”称为赋值号，与等号的意义是不同的，赋值号“＝”左边必须为一个变量名，右边必须为一个可以求值的表达式，不能左右颠倒书写。上述赋值语句中，如果变量r的值未知，则语句是错误的。

(2)控制语句。

通常来说，计算机程序总是由若干条语句组成的有序序列。从执行方式上看，从第一条语句到最后一条语句，是简单的顺序执行方式。但一般情况下程序并不是简单的顺序执行，常常需要在执行过程中根据某个条件的成立与否转移到不同的位置去执行或重复执行某些语句，因此，在程序语言中还需要提供控制语句，以便实现对程序的流程进行控制。实际上，一个完整的程序是顺序结构、分支结构和循环结构的复杂组合体。

为了实现分支结构和循环结构，高级语言中一般都定义了控制语句。例如，C语言中的控制语句有：

①分支结构：if … else …。

例如：

```
int x = -10, y;
if(x>0)
   y=100;
else
   y=200;
```

程序结果：由于x的值为-10，小于0，所以，最后得到y的值为200。

②循环结构：for循环、while循环。

例如：

```
int x, sum = 0;
for(x=1; x<=10; x++)
   sum = sum + x;
```

程序结果：完成1+2+3+…+10，最后得到sum的值为55。

(3)输入/输出语句。

输入/输出是算法的特性，因此，高级语言都有输入/输出功能，有的通过语句来实现，有的则是通过函数来实现。

C语言的标准库中定义了一系列的输入、输出函数来实现数据的输入和输出，其中最常用的是scanf()和printf()函数。

8. 程序模块或函数(段落)

在自然语言中，段落是由一个或多个句子组成的、具有相对独立意义的一个语义部分。在程序设计语言中，段落是由一条或多条语句组成、能够完成相对独立的一个功能的程序模块，段落可以嵌套，形成结构嵌套。在C语言中，段落通常以花括弧"{}"包含起来，而在Pascal语言中，则以"begin … end"包含起来。

所谓程序模块，指的是能够完成某个特定功能的一个子程序。

举个通俗的例子，我们在卡拉OK厅唱歌，卡拉OK系统为主程序，麦克风就相当于一个子程序，它能够捡拾我们的声音，然后传到主机，最后通过卡拉OK系统播放出放大的声音。如果这个麦克风坏了，没关系，我们换一个就行，非常方便，不需要更改卡拉OK系统的其他任何部件。

所不同的是，这里的麦克风是实实在在的硬件，有损坏的可能，而程序是看不见、摸不着的软件，不会损坏。

但是，这样的设计方法是非常值得借鉴的，任何软件都可能有缺陷。如果一个功能很大的程序，我们将其分解为若干个模块，每个模块负责完成一个局部的功能，所有这些局部功能的完成能够实现整个程序功能的完成。这样，如果发现整个程序功能的完成有问题，则只需挨个检查哪个模块没有达到预期的功能即可，然后进行修改，因而，查找bug和解决bug都很方便，不影响其他的模块。实际上，模块化设计正是结构化程序设计的核心思想之一，对软件的重用和升级也非常方便。

不同的程序语言，程序模块的定义略有不同，一般为子程序、函数或过程，在 C 语言中，全部以函数的形式来定义。

4.3.4　结构化程序设计

自 20 世纪 60 年代“结构化程序设计”的思想提出以来，结构化程序设计方法在实践中得到不断发展和完善，成了软件开发的重要方法，是被普遍采用的一种程序设计方法。采用结构化程序设计方法所开发的程序结构清晰，易于理解和阅读，便于调试和维护。

1. 什么是结构化

所谓结构化就是模块化，亦即采取“分而治之，各个击破”的策略，根据不同的成因，来选择不同的解决方案。

结构化程序设计的思想主要体现在两个方面：一是程序的结构，二是程序设计的分析方法。

2. 程序基本结构

1966 年，科拉多·伯姆（Corrado Böehm）与朱塞佩·贾可皮尼（Giuseppe JacoPini）证明了任何程序都可以用顺序、分支和循环三种基本控制结构表示出来。

（1）顺序结构。

这是一种最简单、最基本、最常用的程序结构，按照组成程序的命令行的自然顺序，一条命令一条命令地执行，如图 4－10 所示。

例如，我们一天的生活一般都是按照时间的先后顺序依次这样进行的：起床、早餐、工作或学习、中餐、午休、工作或学习、晚餐、休息、睡觉。

（2）分支结构。

分支结构是指按照条件满足的不同情况，选择不同的分支执行相应的命令序列，包括简单分支和多分支结构，其中，简单分支分为单分支和双分支，如图 4－11 所示。

大多数高级语言中的简单分支语句为 if…else 形式。

我们经常站在人生的十字路口，面临人生的选择，如图 4－29 所示，如升学、就业、爱情，等等。

图 4－29　人生的选择

（3）循环结构。

循环结构是指根据给定的条件，判断是否需要重复执行某一相同的或类似的命令序列，分为当循环和直到循环两种类型，如图 4－12 所示。

大多数高级语言中的循环语句为 for，do（while）形式。

虽然我们的人生面临很多选择，但每天的生活却一般总是按照“起床、早餐、工作或学习、中餐、午休、工作或学习、晚餐、休息、睡觉”这样的一个基本顺序结构周而复始地进行着的。

3. 结构化程序设计分析方法

结构化程序设计采用自顶向下、逐步求精和模块化的分析方法。

(1)自顶向下是指对设计的系统要有一个全面的理解,从问题的全局着手,把一个复杂问题分解为若干个相互独立的子问题,然后对每个子问题再作进一步的分解,如此重复,直到每个问题都容易解决为止。

(2)逐步求精是指程序设计的过程是一个渐进的过程,先把一个子问题用一个程序模块来描述,再把每个模块的功能逐步分解细化为一系列的具体步骤,以致能用某种程序设计语言的基本语句来实现。逐步求精总是和自顶向下结合使用,一般把逐步求精看作是自顶向下的具体实现。

(3)模块化是结构化程序的重要原则。

模块化设计的基本思想就是将一个大的程序按功能分割成一些小模块,各模块相对独立,功能单一。模块可大可小,模块可嵌套,一个大模块可包含若干个小模块。

一般来说,一个程序是由一个主控模块和若干个子模块组成的。主控模块用来完成某些公用操作和功能选择,而子模块用来完成某项特定的功能。当然,子模块是相对主模块而言的。作为某一子模块,它也可以控制更下一层的子模块,一个复杂的问题可以分解成若干个较简单的子问题来解决。

这种设计方法,便于分工合作,将一个庞大的模块分解为若干子模块分别完成,然后通过主模块控制和调用各个子模块,来实现整个程序功能的完成。

4.结构化程序设计原则

结构化程序设计的原则主要有 3 个。

(1)清晰第一、效率第二。

始终要有“先求清楚后求快”“保持程序简单以求快”“不要为效率而牺牲清晰”的思想。为了获得“清晰”的程序,至少要做到以下几个方面:

①符号名的命名。符号名的命名应具有一定的实际含义,以便于对程序功能的理解。

②程序注释。正确的注释能够帮助读者理解程序。注释一般分为序言性注释和功能性注释。

③视觉组织。为使程序的结构一目了然,可以在程序中利用空格、空行、缩进等技巧使程序的结构层次清晰。

④数据说明的方法。在编写程序时,需要注意数据说明的风格,以便使程序中的数据更易于理解和维护。

⑤语句的结构。就像写文章要尽量不写晦涩难懂的复杂句子一样,程序应该简单易懂,语句构造应该简单明了,不应该为了提高效率而把语句复杂化。例如:一行内只写一条语句;避免不必要的转移;尽可能使用标准库函数;避免采用复杂的条件语句;尽量减少使用“否定”条件的条件语句;确保每一个模块的独立性。

⑥输入和输出。输入和输出信息是用户直接关心的,输入和输出方式和格式应尽可能方便用户的使用,无论是批处理的输入和输出方式,还是交互式的输入和输出方式,在设计和编程时都应该考虑:输入格式要简单,以使得输入的步骤和操作尽可能简单;输入数据时,允许使用自由格式,允许缺省值;输入一批数据时,最好使用输入结束标志;在以交互式输入/输出方式进行输入时,要在屏幕上使用提示符明确提示输入的请求,同时数据输入过程中和输入结束时,应在屏幕上给出状态信息。

(2)设计优于编码。

俗话说“磨刀不误砍柴工”,意思是说准备工作相当重要,充分的准备会提高办事效率。

程序设计中的问题分析、算法设计非常重要,开始写程序越早,完成程序需要的时间就越长。我们不但要先进行充分的分析和设计,还要善于利用各种先进的设计工具来提高效率。

(3)逐步细化的设计方法。

也即要采用自顶向下、逐步求精、模块化设计的方法。

5. 结构化程序设计分析示例

以统计一个班级所有同学的语文、数学、英语成绩为例。要求统计每个同学的总分、平均分与按总分的排名以及全班同学的各科与总分的最高分、最低分、平均分、及格人数、及格率。我们可以按照如下的思路进行分析、设计:

步骤 1:

将问题的解决划分为以下几个小任务:

(1)读入全班所有同学的成绩;

(2)统计每个同学的成绩情况;

(3)统计全班的成绩情况;

(4)输出各项统计值。

步骤 2:

但是,怎么读入全班所有同学的成绩呢?一个一个从键盘直接输入?工作量太大了,还容易出错,并且,如果需要调试程序的话,则每运行一次程序就要输入一次成绩,这实在是太烦琐了。

要是我们能够事先把所有成绩保存在一个文件中,然后一次性输入到程序中,那就太好了。这样,由于成绩只需要准备一次,我们就可以多花点时间,精心准备,确保成绩数据准确,然后,不管程序运行多少次,都不需要担心数据输错了。另外,计算机一次性从文件中读入数据,比我们临时一个一个地输入,肯定速度快得多。大部分高级语言都支持文件输入,因此,步骤 1 可细化为:

(1)读入全班所有同学的成绩;

(1.1)从指定文件中读入全班所有同学的成绩。

步骤 3:

好不容易设计了一个程序,难道就只用它来统计一个特定班级的成绩情况吗?

考虑到算法的通用性,我们应该让程序能够统计任意一个班级的成绩情况(为方便问题的讨论,在这里限定为只统计同类班级的成绩情况,即都只有语文、数学、英语 3 门课的成绩),而不同班级的人数不一定相同,成绩也不同,因此,我们必须为每个班级建立一个成绩文件,其中包括班级人数及每个同学的 3 门课成绩。为此,必须设计文件的结构,通常我们可以这样设计:

第 1 行为一个数值数据,表示班级的人数,假设为 n。

紧接着 n 行,每行 3 个数值数据,中间用空格隔开,表示一个同学的语文、数学、英语 3 门课成绩。

n 行数据是按照每个同学的学号顺序排列的,如果学号不连续或需要每个同学的更详细信息,则可加上学号、姓名等个人信息,此时,成绩文件的格式可设计为如图 4 - 30 所示。

班级人数n

同学1	学号	姓名	语文成绩	数学成绩	英语成绩
同学2	学号	姓名	语文成绩	数学成绩	英语成绩
………………					
同学n	学号	姓名	语文成绩	数学成绩	英语成绩

图 4-30 成绩文件格式

因此，步骤 1 可细化为：

(1)读入全班所有同学的成绩；

(1.1)从指定文件中读入全班所有同学的成绩；

(1.1.1)输入成绩文件的文件名；

(1.1.2)从指定文件中读入全班所有同学的个人信息与成绩。

步骤 4：

读入的数据如何保存呢？这就涉及数据的组织与存储，属于数据结构的知识，在下一节中将要介绍，这里只简单说明一下。

选取合适的数据组织与存储方式，既要考虑算法设计的可读性、方便性，也要考虑算法实现的效率问题。对于这个成绩统计的问题，采用数组来组织与存储数据比较适合。因此，可以进一步将步骤 1 细化为：

(1)读入全班所有同学的成绩；

(1.1)从指定文件中读入全班所有同学的成绩；

(1.1.1)定义常量与变量；

(1.1.1.1)定义常量：最大班级人数 MAXNUM；

(1.1.1.2)定义变量：

成绩文件名 file，班级人数 n，个人信息数组 info[2, MAXNUM]、成绩数组score[3, MAXNUM]

(1.1.2)输入成绩文件的文件名到 file；

(1.1.3)从指定文件中读入全班所有同学的个人信息与成绩；

(1.1.3.1)打开文件 file；

(1.1.3.2)读入班级人数 n；

(1.1.3.3)读入 n 个同学的个人信息与成绩；

(1.1.3.4)关闭文件 file。

其中，MAXNUM 为最大班级人数，即需要统计的所有班级中的最大可能人数，这样，事先定义的数组才有足够的空间来保存所有班级的同学个人信息与成绩；因为很多高级语言规定一个数组中只能存储同类数据，所以个人信息（字符串）和成绩（数值）需要分别定义数组，根据下标对应同一个同学。

步骤 5：

步骤(1.1.3.3)进一步细化为：

(1.1.3.3)读入 n 个同学的个人信息与成绩；

(1.1.3.3.1)读入 1 个同学的个人信息与成绩；

(1.1.3.3.2)读完没有？如果没有读完，则转(1.1.3.3.1)。

这是一个循环结构，通过循环读入本班所有同学的个人信息与成绩。

由于篇幅关系，步骤 2～4 就不进行细化介绍了。

4.3.5 面向对象程序设计

1.面向对象程序设计方法的诞生

将结构化思想引入程序设计，有效地降低了软件开发的复杂性，使得 20 世纪 60 年代后期出现的软件危机获得初步缓解。但是，随着硬件性能的提高和图形用户界面的推广，应用软件的规模持续高速增长。由此引起的复杂性，单靠结构化程序设计方法已无法解决。软件开发呼唤新的变革，于是面向对象程序设计(Object-Oriented Programming，OOP)方法便应运而生。

面向对象程序设计方法起源于 20 世纪 60 年代开发的 Simula 67 语言，在它的影响下所产生的面向对象技术迅速传播开来，并在全世界掀起了一股面向对象热潮，至今仍盛行不衰。面向对象程序设计在软件开发领域引起了大的变革，极大地提高了软件开发的效率，为解决软件危机带来了一线光明。

OOP 是利用人们对事物进行分类的自然倾向，将一些公用的软件模块“类”化，由类引申出具体的对象。面向对象程序设计克服了传统的结构化程序设计的缺点，其基本思想是以数据为中心，将数据与程序封装于对象之中，淡化了解决问题的过程和步骤，有效降低了程序开发的逻辑复杂性，使程序易于理解和测试；另一方面，由于对象具有相对独立性和通用性，因而提供了代码复用的可能，提高了程序的开发效率。

与面向对象程序设计方法相对应，传统的结构化程序设计方法又称为面向过程程序设计方法。

2.面向对象程序设计概念

面向过程的程序设计强调“过程”，通过对一系列过程的调用和处理来完成解题，整个程序的流程是程序设计者事先安排好的，即编写程序时要考虑好什么时候发生什么事情。而面向对象程序设计，则是以“对象”为出发点，重点考虑执行程序设计功能的对象模型，着重于建立能够模拟需要解决问题的现实世界的对象。

在面向对象的程序设计中，对象是数据和操作的“封装体”，封装在对象内的程序通过“消息”来驱动运行。在图形用户界面上，消息可通过键盘或鼠标的某种操作来传递。因此，在程序设计时，不必知道对象内部细节，只是在需要时，对对象的属性进行设定和控制，书写相应的事件代码即可。

(1)对象(Object)。

对象是 OOP 中最基本的概念，对应于现实世界中具体存在的实体。面向对象程序设计中用“对象”表示事物，用“属性”表示事物的状态，用“事件”表示处理事物的动作，用“方法”表示处理事物的过程。

从可视化编程的角度来看，对象是一个具有属性、能处理相应事件、具有特定方法程序、以数据为中心的统一体。简单地说，对象是一种将数据和操作过程结合在一起的程序实体。因此，对象是构成程序的基本单位和运行实体。

①对象的属性。每个对象都有一定的静态特征，即对象的属性，属性是用来描述和反映对象特征的参数，对象中的数据就保存在属性中。如电话机的形状、大小、颜色等就是电话机这个对象的属性。以命令按钮为例，其位置、大小、颜色及按钮上显示的文字等，都用属性

来表示。

②对象的事件。事件是指预先设计好的、能够被对象识别和响应的动作。

③对象的方法。方法是指对象自身可以进行的动作或行为。它实际上是对象本身所内含的一些特殊的函数或过程，以便实现对象的一些固有功能。比如，通过“转向”方法使方向盘对象旋转，从而使车轮转向；又如窗口对象，可以通过“显示(Show)”或“隐藏(Hide)”方法而显示或隐藏。

(2)类(Class)。

类是一组具有相同特性的对象的抽象，是将某些对象的相同的特征(属性和方法等)抽取出来形成的一个关于这些对象集合的抽象模型。例如，在某对话框窗口中有功能不同的计算、退出等按钮对象，这些按钮都属于命令按钮这个类。

类具有封装性、继承性、多态性等特点。

①封装性(Encapsulation)。封装性是指把对象属性和操作结合在一起，构成独立的单元，隐藏了对象的内部数据或操作细节，用户只能看到对象封装界面上的信息。封装的目的在于将对象的使用者和对象的设计者分开，让使用者不必知道对象实现的细节，只需按设计者提供的方法来访问对象即可。

②继承性(Inheritance)。类有一个很重要的属性，即它能够根据先前的类生成一个新类——子类，子类保持了父类中的行为和属性，但增加了新的功能。任何类都可以从其他已有的类中派生，体现了面向对象设计方法的共享机制。

继承性是自动地共享类、子类和对象中的方法和数据的机制，它是面向对象技术所独有的。一个子类的成员一般包括：从其父类继承的属性和方法；由子类自己定义的属性和方法。例如，“汽车”类是一个抽象的类，它具有一般汽车具有的属性和行为，这里它被称为父类(基类)，“小汽车”类代表“汽车”类下面的一个分类，这里被称为子类。子类继承了父类所有的属性和行为，即“小汽车”具有“汽车”所具有的属性和行为。

③多态性(Polymorphism)。在不同的时间将同样的消息发给同一个对象，对象根据自身当前所处状态的不同，可能做出不同的响应，这称为对象的多态性。将多态性应用于面向对象程序设计，增强了程序对客观世界的模拟性，显著提高了软件的可复用性和可扩充性。

(3)类与对象的关系。

类与对象的关系是密切的。类是抽象的，对象是具体的；对象是类实例化的结果，是类的一个实例，具有所属类的全部属性、事件和方法，但不同的对象具有不同的属性值。例如，电话机是一个类，但你家的电话机就是一个对象，因为它是实实在在的一个电话机，具有确定的形状、大小、颜色等。

4.4 数据的组织

数据的组织体现为数据结构，著名的瑞士计算机科学家尼古拉斯·沃斯教授曾提出：程序＝算法＋数据结构，可见数据组织的重要性。

4.4.1　数据结构基础

1. 基本概念和术语

(1)数据。

数据(Data)是对信息的一种符号表示。在计算机科学中,数据是指所有能输入到计算机中并被计算机程序处理的符号的总称,包括文字、表格、图像等,例如,学生的基本信息。数据是计算机程序加工的“原料”。

(2)数据元素。

数据元素(Data Element)是数据的基本单位,在计算机程序中,通常作为一个整体进行考虑和处理。一个数据元素可由若干个数据项(Data Item)组成。例如,学生的基本信息在学生信息管理系统中是作为一个数据元素来看待的,而学号、姓名、性别等被称作数据项。数据项是不可分割的最小数据单位。

(3)数据类型。

数据类型(Data Type)是一组性质相同的值的集合以及定义在这个值集合上的一组操作的总称。例如,字符型、数值型等以及它们所能进行的运算。按“值”的不同特性,在高级语言中,数据类型分为两类:一种是非结构的原子类型,原子类型的值是不可再分的,如字符型、整型等;另一类是结构类型,结构类型的值是由若干成分按某种结构组成的,因此是可以分解的,并且它的成分可以是非结构的,也可以是结构的,如数组。

(4)数据对象。

数据对象(Data Object)是性质相同的数据元素的集合,是数据的一个子集。例如,学生基本信息中的性别数据对象的集合是 C={“男”,“女”}。

(5)数据结构。

数据结构(Data Structure)是相互之间存在一种或多种特定关系的数据元素的集合。它主要有 3 个方面的内容:数据的逻辑结构、数据的物理结构和对数据的各种运算。

2. 数据的逻辑结构

数据的逻辑结构是指数据元素之间的逻辑关系。在任何问题中,数据元素都不是孤立存在的,而是在它们之间存在着某种关系,这种数据元素间的关系称为结构。根据数据元素之间关系的不同特性,一般将数据划分为 4 种基本结构,如图 4-31 所示。

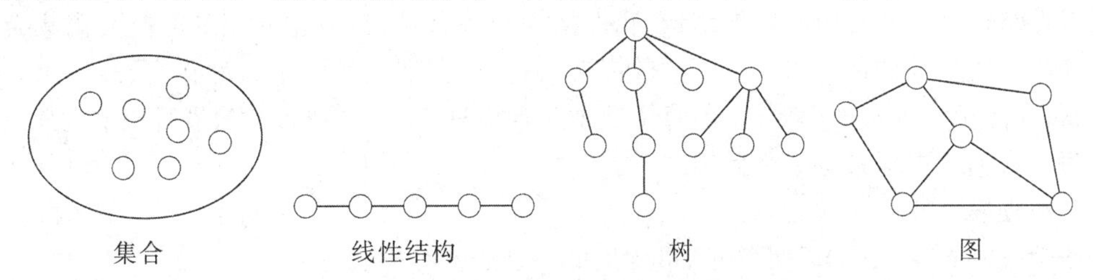

图 4-31　数据的 4 种基本结构

(1)集合。结构中的数据元素之间除了“同属于一个集合”的关系外,别无其他关系。

(2)线性结构。结构中的数据元素之间存在一对一的关系,即最多只有一个前驱和后继元素。

(3)树结构。结构中数据元素之间存在一对多的关系。

(4)图结构。结构中数据元素间存在多对多的关系。

其中的树和图又称为非线性结构。由于“集合”是数据元素间关系极为松散的一种结构,因此也可用其他结构来表示。

3.数据的物理结构

数据的逻辑结构是从逻辑上来描述数据元素之间的关系,它独立于计算机。然而讨论数据结构的目的是为了在计算机中实现对它的操作,因此还需研究数据结构在计算机上的表示,这就是数据的物理结构或存储结构,它是数据的逻辑结构在计算机中的具体实现。由于存储表示的方法有多种,如顺序、链接、索引等,因此,一种数据结构可以根据需要表示成一种或多种存储结构。

数据元素之间的关系在计算机中有两种基本的表示方法:顺序结构和非顺序结构,又称为顺序存储结构和链式存储结构。顺序存储结构的特点是借助元素在存储器中的相对位置来表示数据元素之间的关系;链式存储结构是借助指示元素存储位置的指针表示数据元素之间的关系。

数据的逻辑结构和物理结构是两个密切相关的方面,任何一个算法的设计取决于选定的逻辑结构,而算法的实现依赖于采取的存储结构。

如何描述存储结构呢?虽然存储结构涉及数据元素及其关系在存储器中的存储方式,但可以借助高级语言中提供的“数据类型”来描述它。例如,在C语言中,可以用“数组”来描述顺序存储结构;用“指针”来描述链式存储结构。

4.数据的运算

数据运算定义在数据的逻辑结构上,也就是指施加于数据的操作。这些操作与数据的逻辑结构和物理结构有直接的关系,结构不同,则实现方法也不同。运算的种类很多,常用的有插入、删除、排序、查找、修改等。

同一种运算,对不同的数据结构,存在不同的算法。完成一种指定的运算,当然要选一种最好的算法。但是,对一种具体的数据结构来说,完成一种运算的效率较高,完成另外一种运算的效率则可能较低;而对另一种数据结构来说,情况可能正好相反。因此,要解决一个实际问题,数据结构的设计和算法的选择要结合起来考虑,对各种情况要反复比较,最终选择一个较好的数据结构和高效率的算法。

4.4.2 线性结构

线性结构是一种常用的数据结构,线性结构的特点是:在数据元素的非空有限集合中,①存在唯一的一个被称作“第一个”的数据元素;②存在唯一的一个被称作“最后一个”的数据元素;③除第一个之外,集合中的每个数据元素均只有一个前驱;④除最后一个之外,集合中的每个数据元素均只有一个后继。

1.线性表

线性表(Linear List)是最简单、最常用的一种线性结构。

简单来说,一个线性表是n个数据元素的序列。至于每个数据元素的含义,在不同的情况下可能不相同,可以为一个数或一个符号,也可以为一页书,甚至是其他更为复杂的信息,如某个学生的基本信息,包括学号、姓名、性别、出生日期等。

(1)线性表的逻辑结构。

线性表中的数据元素可以是各种各样的,但在同一线性表中的数据元素必定具有相同的特性，即属于同一数据对象，相邻数据元素之间存在着序偶关系。若将线性表表示为：

$$(a_1, a_2, \cdots, a_i, \cdots, a_n)$$

则该序列中所含元素的个数 n(n≥0)定义为线性表的长度。当 n=0 时，线性表是一个空表，即表中不包含任何元素；当 n≠0 时，则序列中的 a_1 为第一个元素，称为表头元素，a_n 为最后一个元素，称为表尾元素。每一个元素在表中的位置用其下标来表示，为其在表中的位序。元素 a_{i-1} 领先于 a_i，a_i 领先于 a_{i+1}，称 a_{i-1} 是 a_i 的前驱，称 a_{i+1} 是 a_i 的后继。

(2)线性表的存储结构。

线性表的存储结构有两种，即顺序存储结构和链式存储结构。具有顺序存储结构的线性表称为顺序表，具有链式存储结构的线性表称为线性链表。根据不同的需要对线性表可以进行多种操作，线性表所采取的存储结构不同，操作的实现方法也不一样。

① 线性表的顺序存储结构。线性表的顺序存储结构是线性表的一种最简单的存储结构，其存储方法是将线性表的每一个数据元素按其逻辑顺序依次存放在一块连续的存储单元中。

假定线性表中的一个元素占用 L 个存储单元，Loc(a_1)为线性表的起始地址，则采用顺序存储结构时，线性表中各个元素的存储情况如图 4-32 所示。

存储地址	内存状态	数据元素序号
Loc(a_1)	a_1	1
Loc(a_1)+L	a_2	2
⋮	⋮	⋮
Loc(a_1)+(n-1)*L	a_n	n

图 4-32 线性表的顺序存储结构

一般采用数组来实现线性表的顺序存储。

② 线性表的链式存储结构。线性表的链式存储结构不要求逻辑上相邻的元素在物理位置上也相邻，它的存储特点是用随机的存储单元存储线性表中的元素，其存储空间可以连续，也可以不连续。

因为存储空间的不连续性，所以在存储完每一个数据元素的内容以后，还应指出下一元素的存储位置，将这两部分信息合在一起称为一个结点(Node)。

结点由两部分组成：一是存储数据元素的数据域，二是存储其后继元素或前驱元素存储位置(地址)的指针域。如图 4-33 所示。

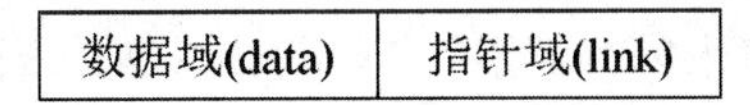

图 4-33 链式存储结构中的结点

由只有一个指针域的结点构成的链表称为单链表，如果将最后一个元素的指针域指向第一个元素，则称为循环单链表。为了方便运算，一般为链表设置一个独立的头结点，在其数据域不保存数据信息。如图 4-34 所示为单链表，如图 4-35 所示为带头结点的单链表。指针域为空(NULL)时表示没有后继结点。

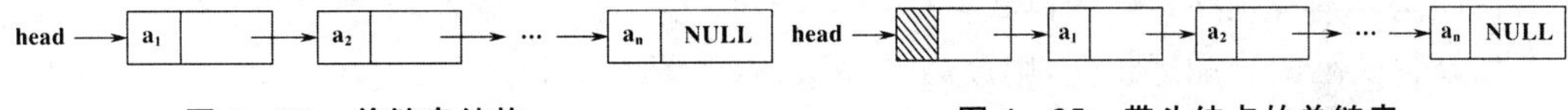

图 4-34 单链表结构 **图 4-35 带头结点的单链表**

由具有两个指针域的结点构成的链表称为双链表，其中一个指针存储其后继元素的存储位置，另一个指针存储其前驱元素的存储位置。

(3)线性表的操作。

线性表的操作主要包括：

① 初始化：构造一个空表，若为顺序表则为其申请预先定义大小的内存空间。

② 销毁：销毁线性表，归还内存空间。

③ 清空：清空线性表，删除所有元素。

④ 插入：在第i个位置之前插入一个元素，如果成功返回真，否则返回假。

⑤ 删除：删除第i个元素，如果成功返回被删元素，否则返回一个特殊值，如-1。

⑥ 判空：判断线性表是否为空，若空则返回真，否则返回假。

⑦ 判满：判断线性表是否已满，若满则返回真，否则返回假。

⑧ 表长：获取表中的数据元素个数。

⑨ 表元素：获取第i个位置的数据元素。

⑩ 查找定位：查找与指定值相同的元素，若存在则返回其位序，否则返回0。

2.栈和队列

栈(Stack)和队列(Queue)是两种特殊的线性表，即限定其操作方式的线性表。

栈是限定在一端(栈顶，Top)进行插入和删除操作，而另一端(栈底，Bottom)固定的线性表。通常称插入操作为进栈(Push)，删除操作为出栈(Pop)。因此，栈具有后进先出(Last In First Out，LIFO)特性，即后进栈的元素比先进栈的元素要先出栈。

现实生活中有很多栈的实例，如子弹匣、分币筒、铁路调度站等。图4-36为铁路调度站的示意图。栈在子程序的调用中有着非常重要的应用。

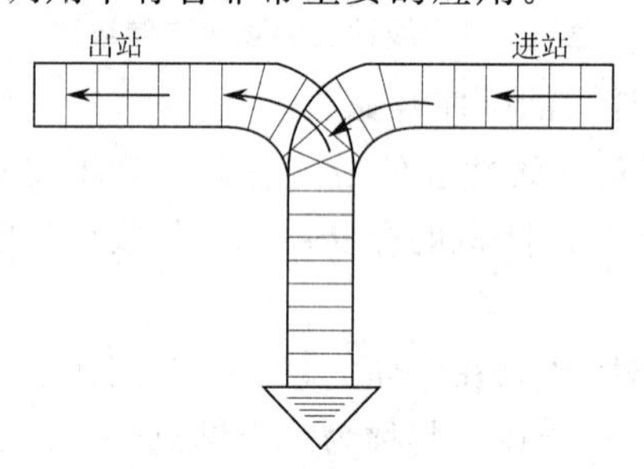

图4-36 铁路调度站示意图

队列是限定在一端(队尾，Rear)进行插入操作，而在另一端(队头，Front)进行删除操作的线性表。通常称插入操作为入队列，删除操作为出队列。因此，队列具有先进先出(First In First Out，FIFO)特性，即先进队列的元素比后进队列的元素要先出队列。

现实生活中也有很多队列的实例，如排队等待服务。如图4-37为队列示意图。

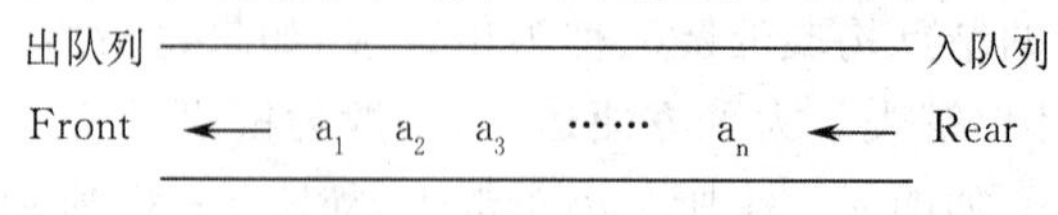

图4-37 队列示意图

栈和队列均有顺序存储和链式存储两种结构。

如果将队列的头和尾相连，则成为循环队列，如图4-38所示。

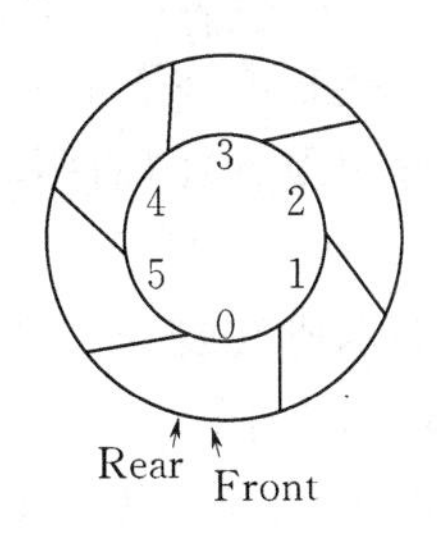

图 4－38　循环队列示意图

4.4.3　树

树(Tree)结构是一类重要的非线性结构。

树用来表示数据之间“一对多”(或“多对一”)的关系,因而具有层次关系,非常类似于自然界中的树。

树结构在客观世界中大量存在,例如,家谱、行政组织机构等,都可以用树结构来形象地表示。树在计算机领域中也有着广泛的应用,例如,在编译程序中,用树来表示源程序的语法结构;在数据库系统中,可用树来组织信息;在分析算法的行为时,可用树来描述其执行过程;等等。

树的定义是递归的。如图 4－39 所示,树是 n(n≥0)个结点的有限集(记为 T),T 为空时称为空树,否则,在任意一棵非空树中:

①有且仅有一个称为根(Root)的结点;

②当 n＞1 时,其余结点可分为 m(m≥0)个互不相交的有限集 $T_1, T_2, \cdots, T_m$,其中每个集合又是一棵树,并且称为根的子树(Sub Tree)。

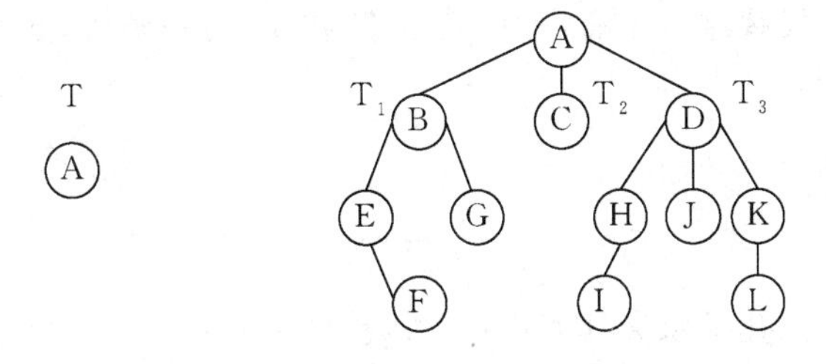

图 4－39　树结构

在树中,结点拥有的子树个数称为结点的度,度为零的结点称为叶结点;结点的子树的根称为结点的孩子,相应地,该结点称为孩子的双亲,同一双亲的孩子之间互称为兄弟。

在树结构中,有一种特殊的树型结构——二叉树(Binary Tree),它的特点是每个结点至多只有两棵子树,即二叉树中不存在度大于 2 的结点,并且二叉树的子树具有左右之分,其次序不能任意颠倒。二叉树具有相对简单的存储结构和算法,因此应用广泛,是一种非常重要的非线性结构。

4.4.4　图

图(Graph)是一种比树更为复杂的非线性结构,是一种对结点的前驱和后继个数不加限制的数据结构,可用来描述元素之间的“多对多”关系。

(1)在线性结构中,结点之间的关系是线性关系,除开始结点和终端结点外,每个结点只有一个前驱和后继。

(2)在树结构中,结点之间的关系实质上是层次关系,同层上的每个结点可以和下一层的零个或多个结点(即孩子)相关,但只能和上一层的一个结点(即双亲)相关(根结点除外)。

(3)在图结构中,对结点(图中常称为顶点)的前驱和后继的个数是不加限制的,即结点之间的关系是任意的。

图的应用极为广泛,特别是近年来迅速发展,已渗透到诸如语言学、逻辑学、物理、化学、电信工程、计算机科学以及数学的其他分支中。

如图 4-40 所示,是由一个顶点集 V 和一个弧集 R 构成的数据结构。

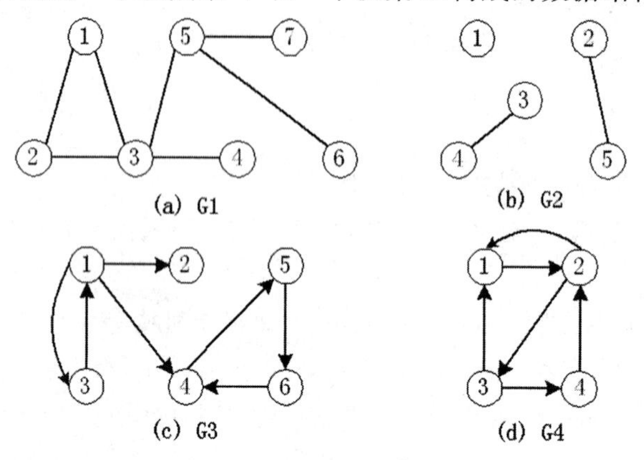

图 4-40 图结构

图中的数据元素称为顶点,V 是顶点的有穷非空集合。若两个顶点 V 和 W 之间的关系〈V,W〉∈R,则〈V,W〉表示从 V 到 W 的一条弧,且称 V 为弧尾(初始点),W 为弧头(终端点),此时的图称为有向图,如图 4-40 (c)和(d)所示。若有〈V,W〉∈R 则必有〈W,V〉∈R,则以无序对(V,W)代替这两个有序对,表示 V 和 W 的一条边,此时的图称为无向图,如图 4-40 (a)、(b)所示。

4.4.5 查找与排序

1.查找

在日常生活中,人们几乎每天都要进行"查找"(Search)工作。例如,在电话号码簿中查阅某单位或某人的电话号码;在字典中查阅某个词的读音和含义等。其中,电话号码簿和字典都可看成一张查找表(Search Table),查找表是由同一类型的数据元素(或记录)构成的集合。查找就是根据给定的某个值,在查找表中确定一个其关键字等于给定值的数据元素,若表中存在这样的数据元素,则称此查找是成功的;若表中不存在这样的元素,则称此查找是不成功的。

所谓关键字,就是数据元素中某个数据项的值,用它可以唯一标识一个数据元素,如考生的考号、学生的学号等。

作为查找对象的表,如果其存储结构不同,则查找方法一般也不同,但无论哪一种方法,其查找过程都是用给定值与关键字按照一定的次序进行比较的过程,比较次数的多少就是相应算法的时间复杂度,它是衡量一个查找算法优劣的重要指标。

对于一个查找算法的时间复杂度,既可以采用数量级的形式来表示,也可以采用平均查找长度(Average Search Length,ASL)来表示,即在查找成功的情况下,其平均比较次数

$$ASL = \sum_{i=1}^{n} P_i C_i$$

其中，n 为查找表的长度，即表中所包含的数据元素个数，P_i 为查找第 i 个元素的概率，若不特别声明，则认为是等概率查找，C_i 为查找第 i 个元素所需要的比较次数。

(1)顺序查找。

顺序查找是最常用的查找方法，其查找过程为：从第 1 个元素起，将给定值逐个与数据元素的关键字进行比较，若某个元素的关键字与给定值相等，则认为查找是成功的，否则，查找失败。

若给定值恰好是第 1 个元素的关键字，则只要进行一次比较，这是最好的情况；若给定值恰好是最后一个元素的关键字，则需要比较 n 次才能成功，这是最坏的情况。当查找的数据元素是第 i 个元素时，需要比较 i 次，考虑到每个元素都有相同的查找概率，即 $P_i = 1/n$，则查找成功的平均查找长度为$(n+1)/2$。

$$ASL = \sum_{i=1}^{n} P_i C_i = \sum_{i=1}^{n} \frac{1}{n} i = \frac{1}{n} \sum_{i=1}^{n} i = \frac{1}{n} \frac{n(n+1)}{2} = \frac{n+1}{2}$$

当顺序表中没有待查元素时，则需要比较 n 次，查找失败。

(2)折半查找。

若查找表是顺序存储的有序表，则可采用折半查找，也称二分法查找。

假设表中的关键字是按递增的顺序排列，则折半查找的实现方法是：

首先取整个有序表的中间元素 a_{mid} 的关键字与给定值 x 比较，若相等，则查找成功；

否则，若 a_{mid} 的关键字小于 x，则说明待查元素只可能落在表的后半部分中，接着只要在表的后半部分子表中查找即可；若 a_{mid} 的关键字大于 x，则说明待查元素只可能落在表的前半部分中，接着只要在表的前半部分子表中查找即可。

这样，经过一次关键字的比较，就缩小了一半的查找空间，重复进行下去，直到找到关键字为 x 的元素，或者表中没有待查元素(此时查找区间为空)为止。

例如，有 11 个元素的有序表，其关键字分别为：

(5,13,19,21,37,56,64,75,80,88,92)

现分别查找 21 和 85，则其查找过程如图 4 - 41 所示。

其中，指针 low 和 high 分别指示查找区间的下限和上限，指针 mid 指示查找区间的中间位置，即 mid=(low+high)/2。

	1	2	3	4	5	6	7	8	9	10	11
1	[5	13	19	21	37	56	64	75	80	88	92]
	↑low					↑mid					↑high
2	[5	13	19	21	37]	56	64	75	80	88	92
	↑low		↑mid		↑high						
3	5	13	19	[21	37]	56	64	75	80	88	92
				↑low	↑high						
				↑mid							

(a)查找 21 的过程，3 次比较查找成功

	1	2	3	4	5	6	7	8	9	10	11
1	[5	13	19	21	37	56	64	75	80	88	92]
	↑low					↑mid					↑high
2	5	13	19	21	37	56	[64	75	80	88	92]
							↑low		↑mid		↑high
3	5	13	19	21	37	56	64	75	80	[88	92]
										↑low	↑high
										↑mid	
4	5	13	19	21	37	56	64	75	80	[88]	92
										↑low	
									↑high		

(b)查找 85 的过程，4 次比较查找失败(high< low)

图 4 - 41　折半查找过程

折半查找的优点是查找速度快，缺点是查找前要先对表进行排序，并且表只能采用顺序结构存储。

2.排序

排序(Sorting)是算法设计中的一个重要操作，它的功能是将一个数据元素(或记录)的任意序列，重新排列成一个按关键字有序的序列。

为了查找方便，通常希望待查的表是按关键字排序的，例如电话号码簿、词典等，特别是在计算机中，有序的顺序表可以采用查找效率很高的折半查找算法，而无序的顺序表则只能进行顺序查找，其查找效率非常低。

设待排序的一组数据元素为$(R_1, R_2, \cdots, R_n)$，其相应的关键字分别为$(K_1, K_2, \cdots, K_n)$，现在要得到一个新的排列$(p_1, p_2, \cdots, p_n)$，使其相应的关键字满足如下的递增(或递减)关系：

$$K_{p_1} \leqslant K_{p_2} \leqslant \cdots \leqslant K_{p_n} \text{或} K_{p_1} \geqslant K_{p_2} \geqslant \cdots \geqslant K_{p_n}$$

则上述数据元素就成了一个按关键字线性有序的序列$(R_{p_1}, R_{p_2}, \cdots, R_{p_n})$，这样的运算过程称为排序。

排序是数据处理中经常使用的一种算法。由于待排序数据元素的数量有时候非常多，使得排序过程中需要用到的存储器会有不同，因而可将排序算法分为两类：①内部排序，待排序数据元素的数量不是很多，可以全部存放在内存中；②外部排序，待排序数据元素的数量非常多，以致内存一次不能容纳全部数据元素，在排序过程中需要使用外存来存放原始数据及排序中间结果。

内部排序的方法很多，但就其全面性能而言，很难设计出一种被认为是最好的方法，每一种方法都有其优缺点，适合在不同的情况下使用。

在此，介绍两种常用的排序方法，为操作方便起见，数据元素的存储结构采用顺序结构，且不失一般性，所有的排序方法均按照关键字递增顺序排列。

(1)冒泡排序。

将待考察数据元素的关键字与序列中所有需要进行考察的数据元素的关键字依次进行比较、处理的过程称为一趟排序。

冒泡排序法(Bubble Sort)就是每趟将相邻的两个元素的关键字两两进行比较，若满足升序顺序，则不进行处理，然后比较下两个元素；若不满足升序顺序，则交换这两个元素；直到比较完所有需要比较的元素。

这样，若有 n 个元素，则对于第 1 趟排序，总的比较次数为 n－1 次，并且，经过第 1 趟排序之后，最后的元素为具有最大关键字的元素。

对于第 2 趟排序，则只需考察前 n－1 个元素，因最后一个元素已确定为具有最大关键字的元素，总的比较次数减为 n－2 次，并且，经过第 2 趟排序之后，倒数第 2 个元素为具有次大关键字的元素。

以此类推，总共需要进行 n－1 趟排序，就可以把所有数据元素按照关键字递增的顺序排列好。

设待排序数据元素的关键字序列为(49,38,65,97,76,13,27,49)，则第 1 趟排序的过程如图 4-42 所示。

实际上，如果在某一趟排序过程中，如果没有发生数据元素的交换，则序列必定已有序了，此时，不再需要进行后续的扫描比较了，排序过程可以结束，以提高排序效率。

冒泡排序是最常用的排序方法，因其排序过程就像重的东西不断往下沉、而水泡不断往上升而得名。当数据元素的数量不是很多时，一般采用冒泡排序法。

初始状态	49	38	65	97	76	13	27	49
1	38	49	65	97	76	13	27	49
2	38	49	65	97	76	13	27	49
3	38	49	65	97	76	13	27	49
4	38	49	65	76	97	13	27	49
5	38	49	65	76	13	97	27	49
6	38	49	65	76	13	27	97	49
7	38	49	65	76	13	27	49	97
结果	38	49	65	76	13	27	49	97

图 4－42　冒泡排序中的第 1 趟排序过程

(2)选择排序。

选择排序法(Selection Sort)的实现过程是：

首先找出序列中关键字最小的数据元素，将其与第一个元素进行交换；然后，再在其余元素中找出关键字最小的元素，将其与第二个元素进行交换。依次类推，直到将序列中所有元素按关键字由小到大的顺序排列好为止。

设待排序数据元素的关键字序列为(49，38，65，97，76，13，27)，则每一趟排序后的序列状态如图 4－43 所示。

初始状态	49	38	65	97	76	13	27
第1趟	[**13**]	38	65	97	76	49	27
第2趟	[13	**27**]	65	97	76	49	38
第3趟	[13	27	**38**]	97	76	49	65
第4趟	[13	27	38	**49**]	76	97	65
第5趟	[13	27	38	49	**65**]	97	76
第6趟	[13	27	38	49	65	**76**]	97
结果	[13	27	38	49	65	76	**97**]

图 4－43　选择排序法

4.5　基本的算法思想与实现

4.5.1　累加、累乘算法

所谓累加、累乘就是若干数依次相加或相乘，得到最后的和或乘积。

累加、累乘算法是最基本的算法，很多问题都包含了累加或累乘，特别是有关统计学方面的问题。

1. 累加

大家都知道高斯算法。

一次数学课上，老师让学生练习算数。于是让他们一个小时内算出1＋2＋3＋4＋5＋6＋…＋100的得数。全班只有高斯用了不到20分钟给出了答案，因为他想到了用(1＋100)＋(2＋99)＋(3＋98)…＋(50＋51)，一共有50个101，所以50×101就是1加到100的得数。后来人们把这种简便算法称作高斯算法。

如果不用高斯算法，而是直接从1加到100，相信没有几个人能算出正确结果，因为我们人容易疲劳，特别是做枯燥乏味的重复性劳动，一疲劳就容易出错。计算机却善于做此类工作，不怕麻烦，不会疲劳，而且速度快。

算法很简单，设一个变量sum来存放和，其初值应该是0，然后应用循环结构不断地把1,2,…,100加到sum中，因为1,2,…,100是有规律的，每次增加1，因此，实现1＋2＋…＋100的C语言程序如下。

```
#include <stdio.h>
void main()
{
    int sum,i;
    sum=0;
    for(i=1;i<=100;i++)
        sum=sum+i;
    printf("1+2+…100=%d",sum);
    return;
}
```

稍加修改就能计算1＋2＋…＋n的值，C语言程序如下：

```
#include <stdio.h>
void main()
{
    int sum,i,n;
    scanf("%d",&n);
    sum=0;
    for(i=1;i<=n;i++)
        sum=sum+i;
    printf("累加和为:%d",sum);
    return;
}
```

其中，scanf("%d", &n)用来输入一个n。

2. 累乘

将若干个数连续相乘称为累乘，例如，求n的阶乘n!＝1×2×…×n。

需要注意，保存累乘结果的变量，其初值应该是1，而不是0。

此外，由于累乘的结果变化很大，例如，5!＝120，而10!＝3 628 800，在高级语言中，整数的表示都有一定的范围，因此，进行算法设计时，要注意累乘的对象和累乘结果的情况，例如，在C语言中，计算任意数的阶乘，就必须将累乘结果变量定义为双精度型，程序如下：

```
#include <stdio.h>
```

```
void main()
{
    int i,n;
    double fac;
    scanf("%d",&n);
    fac=1.0;
    for(i=1;i<=n;i++)
        fac=fac*i;
    printf("%d!=%f",n,fac);
    return;
}
```

3. 应用举例

【例 1】求和：$S=1-\frac{1}{2}-\frac{1}{3}+\frac{1}{4}-\frac{1}{5}-\frac{1}{6}+\cdots+\frac{1}{n}$，当 n=100 时的 S 值。

分析：

首先，若不考虑累加项的系数，则该公式中隐含一个数列，其通项为$\frac{1}{n}$；

其次，分析累加项系数的变化规律，每 3 项中第 1 项为正、后两项为负；

最后，分析如何用数学模型来描述累加项系数的变化规律，因为累加项系数变化的周期为 3，因此可取 n 整除 3 的余数作为判断条件，当余数为 1 时系数为 1，否则系数为 −1，从而得到如下所示的 C 语言程序。

```
#include <stdio.h>
void main()
{
    int n;
    double s;
    s=0;
    for(n=1;n<=100;n++)
    {
        if(n%3==1)
            s=s+1.0/n;
        else
            s=s-1.0/n;
    }
    printf("S=%f",s);
    return;
}
```

【例 2】斐波那契数列(Fibonacci Sequence)：已知数列的前两项为 0，1，以后各项都是其相邻的前两项之和，即 0，1，1，2，3，5，…求该数列前 30 项之和。

根据数学知识，问题化为：设数列为$\{a_1,a_2,\cdots,a_n\}$，且 $a_1=0$，$a_2=1$，求

$$S = \sum_{i=1}^{n} a_i$$

数列中的每一项数据都属于同一类,因此,应用数组来解决此问题应该很方便,数列的项数正好是数组的序号,即下标。

但需要注意,在C语言中,下标是从0开始的,所以,假设数列数组变量为a[30],则有:

a[0]=0,a[1]=1

从第3项开始有:

a[i]=a[i-2]+a[i-1] (i>=2)

a[29]为第30项,从而解决此问题的C语言程序可设计如下:

```
#include <stdio.h>
void main()
{
    int a[30],sum;
    a[0]=0;
    a[1]=1;
    sum=1;  //数列的前两项之和
    for(i=2;i<30;i++)
    {
        a[i]=a[i-2]+a[i-1];
        sum=sum+a[i];
    }
    printf("S=%d",sum);
    return;
}
```

4.5.2 枚举算法

枚举法也叫穷举法。在实际应用中,经常有一些问题可能有多种解,需要对问题的所有可能的答案一一列举,然后根据条件判断此答案是否合适,合适就保留,不合适就丢弃。如果通过人工来计算,则其工作量是巨大的,但如果用计算机来解决,那就轻而易举了。

例如,"韩信点兵"问题就是通过枚举法来解决的。

密码的暴力破解也是通过枚举法来实现的,假定你的密码是6位仅由0~9阿拉伯数字组合而成的数字串,则每位10个变化、最多需要10^6次试探即可破解,这对于计算机来说,非常容易,因此,我们设置密码时应该将密码设置为包含数字、大小写字母以及下划线、&等特殊符号的混合组合,增加组合数,提高破解难度。

1. 百鸡问题

【例3】百鸡问题:鸡翁一值钱五,鸡母一值钱三,鸡雏三值钱一。百钱买百鸡,问鸡翁、母、雏各几何?(我国古代算术——张丘建《算经》)

分析:本例意思为1只公鸡5元钱,1只母鸡3元钱,3只小鸡1元钱,现100元钱买100只鸡,则公鸡、母鸡、小鸡应各买多少只?

设公鸡、母鸡、小鸡各买x,y,z只,则有方程组成立:

$$\begin{cases} x+y+z=100 \\ 5x+3y+\dfrac{z}{3}=100 \end{cases}$$

若 x,y,z 取值不限定,则这个方程组有无数解,但由于在这里 x,y,z 有特定意义,均为非负的整数,因此其解是有限的,但可能有多个,必须采用枚举法得到。

下面采用逐步求精的方法来求解。

①因总共买 100 只鸡,则 x,y,z 均不应大于 100,因此可令 x,y,z 分别从 0 取到 100,测试哪一个组合满足方程组,则这一组数即为一组解:

```
for(x=0;x<=100;x++)
  for(y=0;y<=100;y++)
    for(z=0;z<=100;z++)
      if(x+y+z==100 && 5*x+3*y+z/3==100)
```

得到一组解,输出 x,y,z。

②考虑到总共 100 元钱,最多能买 100÷5=20 只公鸡,100÷3≈33 只母鸡,因此可以将 x,y 的循环终值分别改为 20 和 33。

③实际上,由方程组中的第 1 个方程知道,x,y 确定后,则 z 也确定了,z=100−x−y,因此可以省略 z 的循环。在程序设计中,循环会明显降低程序的效率,应尽量避免不必要的循环。

经过上述分析,得到 C 语言程序如下:

```
#include <stdio.h>
void main()
{
    int x,y;
    for(x=0;x<=20;x++);
    {
        for(y=0;y<=33;y++)
        {
            if(5*x+3*y+(100-x-y)/3.0==100)
                printf("%d,%d,%d",x,y,100-x-y);
        }
    }
    return;
}
```

得到 4 组解:

```
0    25    75
4    18    78
8    11    81
12    4    84
```

2. 水仙花数

【例 4】"水仙花数"是指这样的数,其各位数字的立方和等于该数本身,例如:$153=1^3+5^3+3^3$。编写程序,求 100 至 999 范围内的第二大水仙花数。

分析：

首先，该题仍然需要采用枚举法，列举 100 至 999 范围内所有的数；

然后，判断当前数是否满足“水仙花数”的条件；

最后，由于所要求的是第二大水仙花数，因此可以考虑两种处理方法：一种是循环变量从 100 递增至 999，并且在循环过程中，始终保存最近得到的两个水仙花数，则循环结束后，倒数第二个水仙花数即为所求；另一种是循环变量直接从 999 递减至 100，则第二次找到的水仙花数即为所求，显然第二种方法效率更高。

那么，如何判断一个数 n 是否是水仙花数呢？关键在于提取出每一位的数字。

在 C 语言中，对于除法运算，当除数与被除数都是整数时，相除的结果为整除，即结果只取整数部分，直接舍弃小数部分，并不进行四舍五入，如果除数与被除数有一个为带小数的，则结果保留小数部分。因此，根据数学知识，对一个三位数，在 C 语言中，从数学的角度来提取每一位数字的方法为：

```
a = n / 100;            // 百位
b = (n % 100) / 10;     // 十位
c = n % 10;             // 个位
```

因此，求 100 至 999 范围内的第二大水仙花数的 C 语言程序如下：

```
#include <stdio.h>
void main()
{
    int n,a,b,c,count;
    count=0;
    for(n=999;n>=100;n--)
    {
        a=n/100;            //百位
        b=(n%100)/10;       //十位
        c=n%10;             //个位
        if((a*a*a+b*b*b+c*c*c==n))
        {
            count=count+1
            if(count==2)
                printf("the second max is:%d",n);
        }
    }
    return;
}
```

4.5.3 递归算法

1. 递归的概念

可能大家小时候都听过这样的一个故事：从前有座山，山里有座庙，庙里有个老和尚，正在给小和尚讲故事呢！故事是什么呢？从前有座山，山里有座庙，庙里有个老和尚，正在给

小和尚讲故事呢！故事是什么呢？从前有座山，山里有座庙，庙里有个老和尚，正在给小和尚讲故事呢！故事是什么呢？……

这就是递归，递归是大自然与生活中普遍存在的一种现象，如图 4－44(a)所示冰晶以分形的形式出现；如图 4－44(b)所示，罗马花椰菜表面由许多螺旋形的小花所组成，小花以花球中心为对称轴成对排列，已经成为著名的分形几何模型，植物中的分形，可以使植物最大限度地暴露在阳光下，使氧气更高效地输送到植物，类似的还有菠萝、树及树叶等；如图 4－44(c)所示，当两面镜子相互之间近似平行时，镜中嵌套的图像是以无限递归的形式出现的。

在程序设计中，递归是模块化设计中嵌套调用的一种体现。所谓嵌套调用，就是一个程序模块调用另外一个程序模块，而该程序模块又调用其他程序模块的情形。特别地，当一个程序模块直接调用自身，或通过其他程序模块调用自身，这种现象就称为递归。直接调用自身时称为直接递归，而通过其他程序模块调用自身则称为间接递归，如图 4－45 所示。

(a)冰晶　(b)罗马花椰菜　(c)镜中像

图 4－44　大自然与生活中的递归现象

(a)直接递归　(b)间接递归

图 4－45　递归的两种形式

2. 递归的设计

【例 5】斐波那契数列(Fibonacci Sequence)：已知数列的前两项为 0，1，以后各项都是其相邻的前两项之和，即 0，1，1，2，3，5，…现求任意项 F(n)。

在 4.5.1 节中，应用数组来求斐波那契数列，现在从另一个角度，应用递归来求解。

根据斐波那契数列的定义，可以将其改写为如下形式：

$$F(n)=\begin{cases}0 & n=1\\ 1 & n=2\\ F(n-2)+F(n-1) & n\geqslant 3\end{cases}$$

因此，在 C 语言中，求斐波那契数列任意项 F(n)的程序模块可设计如下：

```
int F(int n);
{
    if(n==1)
        return 0;                        //F(1)
    else if(n==2)
        return 1;                        //F(2)
    else
```

```
        return F(n-2)+F(n-1);           //n>=3
    }
```

可以看出，应用递归方法，程序非常简洁明了。

【例 6】应用递归方法模拟汉诺塔问题的解决。

在第 1 章介绍了汉诺塔问题的解决思路：

①若只有 1 片黄金圆盘，则直接将其从 A 柱搬到 C 柱即可，记为 A→C。

②若有两片，则先把小的搬到 B 柱，即 A→B，然后把大的 A→C，再把小的 B→C。

③若有 3 片，则可先把上面的两片看作 1 片，把 C 柱作为辅助，实现 A→B，然后把最大的 A→C；再把 A 柱作为辅助，把看作 1 片的较小的两片实现 B→C。

④依此类推，若一共有 n 片(n>1)，则先把上面的 n-1 片看成 1 片，将其 A→B，然后把最大的 A→C，最后再把 B→C。

因此，设计模拟汉诺塔问题的 C 语言程序如下：

```
#include <stdio.h>
int sum=0;
void move(char cFrom,char cTo)
{
    sum++;
    printf("%c-->%c\n",cFrom,cTo);
}
void Hanoi(int n,char cFrom,char cMid,char cTo)
{
    if(n==1)
        move(cFrom,cTo);
    else
    {
        Hanoi(n-1,cFrom,cTo,cMid);
        move(cFrom,cTo);
        Hanoi(n-1,cMid,cFrom,cTo);
    }
}
void main()
{
    Hanoi(5,'A','B','C');
    printf("总搬动次数:%d",sum);
    return;
}
```

其中，Hanoi(int n, char cFrom, char cMid, char cTo)实现将 n 片圆盘从 cFrom 柱移动到 cTo 柱，使用 cMid 柱作为辅助；move(char cFrom, char cTo)实现将 1 片圆盘直接从 cFrom 柱移动到 cTo 柱；全局变量(在整个程序运行期间都有效)sum 计数总搬动次数。

程序运行结果如图 4-46 所示。

3. 递归的应用

递归算法一般用于解决 3 类问题：

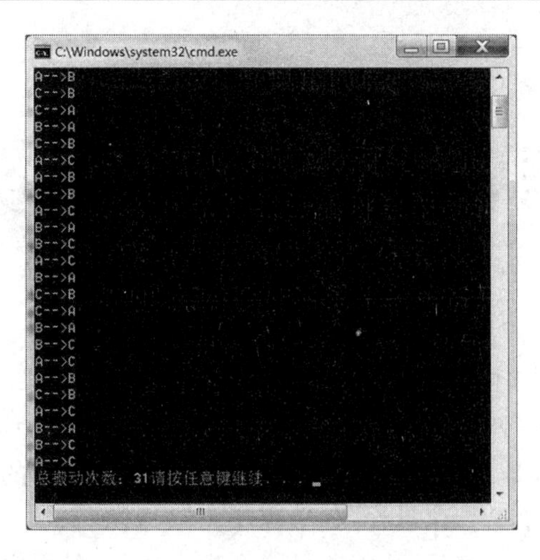

图 4-46　汉诺塔问题运行结果(n=5)

(1)数据的定义是按递归定义的。例如，递推数列(斐波那契数列)。

(2)问题解法按递归算法实现。

这类问题虽然本身没有明显的递归结构，但用递归求解比迭代求解更简单，如汉诺塔问题。

(3)数据的结构形式是按递归定义的。

如二叉树、广义表等，由于结构本身固有的递归特性，则它们的操作可递归地描述。

4. 递归的特点

(1)优点。

递归的最大优点，就是可以使代码更简洁清晰，逻辑性强，可读性高。

但要注意，设计递归算法时，必须有一个明确的递归结束条件，称为递归出口。例如，斐波那契数列的递归出口为：

```
if(n==1)
    return 0;
else if(n==2)
    return 1;
```

汉诺塔问题的递归出口为：

```
if (n == 1)
    move(cFrom, cTo);
```

(2)缺点。

由于程序模块的调用需要在调用发生时“保护现场”(保存当前的运行状态)，而在调用返回时“恢复现场”，就相当于我们正在做某件事的中途被别的突发事件打断了，转而去处理突发事件，当突发事件处理完之后，要回到刚才所做的事情当中，接着继续完成没有做完的工作。因此，程序模块的调用需要使用系统的堆栈支持，系统堆栈的一个主要作用就是专门用来“保护现场”和“恢复现场”，需要一大片存储空间。

递归是一种特殊的程序模块调用，因此，需要系统堆栈的支持，当递归层次(深度)太大时，需要耗费大量的系统堆栈空间，所以，应用递归算法来解题，其效率通常较低。

因此，在一些效率要求较高的场合，或者可能的递归深度非常大的场合，一般要将递归算法改写为非递归的算法来实现，例如，例 2 就是应用数组的方法来实现斐波那契数列各项的计算，避免了递归算法。

第 5 章　资源共享与信息安全

自 1946 年第一台通用电子计算机 ENIAC 诞生以来，计算机表现出了非常便捷和强大的计算能力，因而得到了快速的发展和广泛的应用，成了人类社会进入信息时代的标志。

早期的计算机资源都是独占式的，从内部的工作机理到外在的应用表现，莫不如此。例如，早期的操作系统采用单道程序设计，各个程序是顺序执行的，在某个程序运行时独占全部系统资源，只有该程序执行完了，才能让另一个程序执行，各程序间的执行关系为串行；当某个用户使用某台计算机时，那么该台计算机的主机及其所有外部设备均为该用户占用，别的用户不能使用。

我们知道，自然界中的很多资源都是非常宝贵的，如何发挥资源的最大利用率始终是我们孜孜以求的。图书馆就是一个典型的例子，图书馆的书籍可以供所有的合法用户借阅，只要该书籍在库且该用户的借阅量没有超量，从而实现了书籍资源的共享。

随着计算机应用能力的提高，越来越多的用户需要计算机的计算支持。然而，一方面，计算机资源非常宝贵，在计算机诞生之后的十几年间，全世界并没有多少台。例如，即使 1951 年 3 月发明的世界上最早的商用计算机 UNIVAC（商用意味着生产的目的是专门用来卖给别人、赚钱的），也只生产了 46 台，最后一台一直运行到 1969 年才退役，标志着第一代计算机的结束。因此，一般人想用计算机，并不是那么容易的。另一方面，随着计算机应用能力和应用范围的不断扩大，计算机所需要处理的数据量越来越大，而且，计算机的数据处理也不再局限于单机，而是需要计算机间数据的交换，或者需要多台计算机的协同处理。所有这些，都需要资源的共享，既需要硬件资源的共享，更需要软件资源（程序和数据）的共享。

那么，计算机是如何进行资源共享的呢？或者说，计算机是如何实现资源共享的呢？

计算机网络技术和数据库技术是实现资源共享的两大关键技术。通过本章的学习，我们将了解计算机网络与数据库的概念，了解网络的起源与发展，网络的实现技术及其应用，以及数据库如何聚数据成“库”，从而理解通过网络与数据库技术实现资源的共享，支撑着信息社会的实现，最后了解资源共享所带来的信息安全问题，在信息海洋中如何保护自己。

5.1　计算机网络

随着计算机应用的普及，人类社会对信息化、数据处理、资源共享等各种应用的需求，促使计算机技术、通信技术、多媒体技术结合发展，推动着计算机向群体化方向演进，这种演进的直接产物就是计算机网络。计算机网络的诞生使计算机体系结构发生了巨大变化。几十年来，计算机网络从简单到复杂，从最初的高深莫测到走向普通人的生活，为人类社会发展做出了巨大的贡献。

5.1.1　计算机网络的起源与发展

1. 计算机网络的起源——SAGE系统

1946年，世界上第一台通用电子计算机ENIAC诞生时，计算机技术与通信技术并没有直接的联系。

1951年，由于美国军方的需要，美国半自动地面防空系统(Semi - Automatic Ground Environment，SAGE)的研究开始了计算机技术与通信技术相结合的尝试。

SAGE是冷战时期美国一个著名的军工项目。看过施瓦辛格主演的《终结者》的人大概都还记得那里面的"天网"，SAGE就是天网的原型。

SAGE的起因是美国人对苏联核轰炸的恐惧。20世纪50年代初，苏联已经拥有了原子弹，并且其轰炸机的飞行打击半径可以到达美国所有的主要城市，因此，就有了使用轰炸机携带核弹头，跨过北极圈直接轰炸美国本土的可能。而当时美国理论上的防御办法就是用雷达监控，如果发现敌情，立即通知战斗机起飞拦截。

但是，当时美国的雷达部署不完备，技术比较落后，无法有效监控低空飞行。另外，美国边防雷达的通信方式是用高频无线电，靠地球大气层的电离层传播，如果有核爆的话，电离层受影响，雷达信号的传播也就会紊乱。此外，即便轰炸机进入领空被发现，如果预警时间太短，战斗机在短时间内上升不到轰炸机的高度，也阻止不了。当轰炸机扔下炸弹之后，重量减轻，返回时，战斗机的速度也追不上。而当苏联的轰炸机逼近美国领空时，可以首先探测到雷达信号，如果轰炸机随后改成低空飞行，就有可能绕过雷达监控，进入美国领空。所以，要想抵御苏联的核威慑，首先要部署严密的低空雷达监测网，改变雷达通信方式，缩短响应部署时间。

这些要求意味着好几个重要的技术需要攻关。于是，美国的北美防空指挥部把这个项目交给了麻省理工学院。麻省理工学院为了此项目，建立了林肯实验室，并将该项目命名为SAGE。

为了达到预期目标，首先，整个SAGE系统应该包括预警雷达网和其他相关数据源(战斗机部署、导弹部署等)以及能够接收和处理雷达监控信号并给拦截武器导航的高性能计算机。其防御步骤分8步：

(1)预警雷达发现敌机信号；

(2)敌机信号通过专用线路自动传输给指挥中心的高性能计算机；

(3)指挥中心处理信号数据；

(4)处理后，信息传输给空军基地、总指挥部和导弹基地；

(5)信息传输给其他临近指挥中心；

(6)指挥中心调配战斗机拦截；

(7)战斗机集结并拦截目标；

(8)拦截结果通知总指挥部，同时部署导弹作为后备防御。

这就是最早的计算机网络雏形。其中，步骤(2)是一个关键步骤，原因是预警雷达网和高性能计算机是分处不同地理位置的两个独立部分，并且，雷达采集的是模拟信号，必须将雷达采集到的模拟信号自动经专用线路远距离传输并转化为数字信号，才能被高性能计算机接收和处理。

传输线路可以是电话线或类似电话线的线路，传输的是模拟信号，但要实现模拟信号和数字信号的相互转化，就需要一个我们现在称之为“调制解调器”（Modulator and Demodulator，Modem）的设备，俗称“猫”。

Modem 起初就是为 SAGE 系统专门研制的，用来连接不同基地的终端、雷达站和指令控制中心与位于美国和加拿大的 SAGE 指挥中心。SAGE 运行在专用线路上。当然，当时两端使用的设备跟今天的 Modem 根本不是一回事，只具备 Modem 的基本功能，被称为收发器终端。收发器终端于 1954 年研制成功，开始了计算机与通信的结合。人们通过电话线路将收发器与远方的计算机连接起来，就可以实现数据的远距离传输。

不过，当 SAGE 于 1963 年建成、运行之时，苏联的洲际导弹技术已经成熟，可以直接将导弹打到美国，已经不需要用轰炸机来运核弹头了。

2. Internet 的前身——ARPA 网

1957 年，苏联发射了第一颗人造地球卫星 Sputnik，美国认为这是潜在的军事威胁，因而在 1958 年成立了美国高等研究计划局（Advanced Research Projects Agency，ARPA）（现称美国国防高级研究计划局）。

为了保证美国本土防卫力量和海外防御武装在受到苏联第一次核打击以后仍然具有一定的生存和反击能力，ARPA 认为有必要设计出一种分散的指挥系统。它由一个个分散的指挥点组成，当部分指挥点被摧毁后，其他点仍能正常工作，并且在这些点之间能够绕过那些已被摧毁的指挥点而继续保持联系。于是，ARPA 启动了 ARPANET（阿帕网）的建设，以便对这一构思进行验证。

1967 年，拉里·罗伯茨（Larry Roberts，如图 5-1 所示）出任 ARPA 信息处理处处长，开始全面负责 ARPA 网的筹建。经过近一年的研究，罗伯茨选择了一种名为接口信号处理机（Interface Message Professor，IMP，为路由器的前身）的技术，来解决网络间计算机的兼容问题，并首次使用了“分组交换”（Packet Switching）作为网间数据传输的标准。这两项关键技术的结合为阿帕网奠定了重要的技术基础，创造了一种更高效、更安全的数据传递模式。

图 5-1 阿帕网之父——拉里·罗伯茨

1969 年，罗伯茨实现了首个数据包通过阿帕网由加州大学洛杉矶分校（University of California Los Angeles，UCLA）出发，经过漫长的海岸线，完整无误地抵达斯坦福大学的实验室，从而把加州大学洛杉矶分校、加州大学圣塔芭芭拉分校、斯坦福大学以及位于盐湖城的犹他州州立大学的计算机主机连接起来。位于各个结点的大型计算机采用分组交换技术，通过专门的通信交换机和专门的通信线路相互连接。

阿帕网的建立，标志着计算机网络开始兴起。阿帕网所采用的分组交换技术及其网络结构和网络设计思想为后来的计算机网络打下了坚实的基础，成了因特网(Internet)的前身。

3. 计算机网络的发展

按照计算机网络技术的发展历程，网络的发展大致可以划分为四个阶段：

(1)第一阶段："终端—计算机"网络，即计算机网络的萌芽阶段。

20世纪60年代中期之前的第一代计算机网络是以单个计算机为中心的"终端—计算机"网络，是早期计算机网络的主要形式。

第一代计算机网络将一台计算机经通信线路与若干终端直接相连，如图5-2(a)所示。终端是一台计算机的外部设备，包括显示器和键盘，无CPU和内存，不具备自主处理数据的能力，只负责数据采集，将数据发送至中央主机。随着远程终端的增多，后来在主机前增加了前端机(Front End Processor，FEP)，如图5-2(b)所示。前端机承担了部分甚至全部的通信任务，让主机能够专门进行数据处理，从而提高数据处理的效率。集中器主要负责从终端到主机的数据集中收集及主机到终端的数据分发。

当时，人们把计算机网络定义为"以传输信息为目的而连接起来，实现远程信息处理或进一步达到资源共享的系统"，这样的通信系统已具备了网络的雏形。

第一代计算机网络的典型应用为20世纪60年代初的美国航空订票系统SABRE-1。该系统由一台中心计算机和分布在全美范围内的2 000多个终端组成，各终端通过电话线连接到中心计算机。

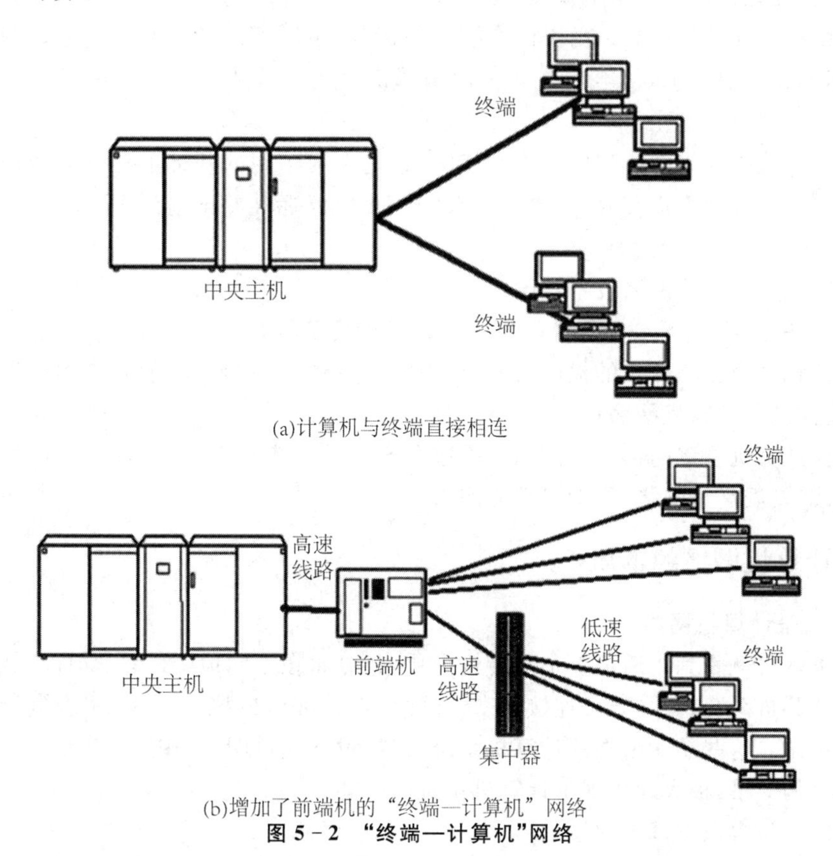

图5-2　"终端—计算机"网络

(2)第二阶段："计算机—计算机"网络，即计算机网络的形成阶段。

20世纪60年代中期至70年代，计算机网络由多个主机通过通信线路互联组成，主机之间不是直接用线路相连，而是由接口信息处理机(Interface Message Processor，IMP)转接后互联，如图5-3所示。

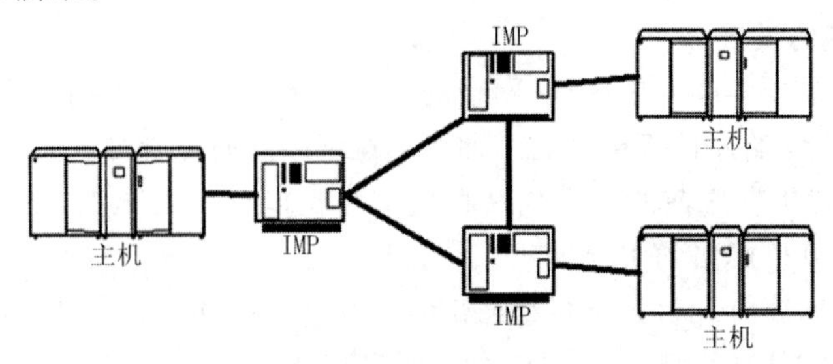

图5-3 “计算机—计算机”网络

IMP和它们之间互联的通信线路一起负责主机间的通信任务，构成通信子网。与通信子网互联的主机负责运行程序，提供资源共享，组成资源子网，从而形成了计算机网络的基本概念。

第二代计算机网络的典型应用为阿帕网，它标志着计算机网络的兴起，并为因特网的形成奠定了基础。

(3)第三阶段：网络互联互通阶段，即计算机网络发展的成熟阶段。

20世纪70年代末至90年代的第三代计算机网络是具有统一的网络体系结构并遵循国际标准的开放式和标准化的网络。

阿帕网兴起后，计算机网络发展迅猛，各大计算机公司相继推出自己的网络体系结构及实现这些结构的软硬件产品。由于没有统一的标准，不同厂商的产品之间互联很困难。为此，国际标准化组织在1984年正式颁布了“开放系统互连参考模型”国际标准，使计算机网络体系结构实现了标准化。

第三代计算机网络的典型应用为因特网，它是在阿帕网的基础上经过改造而逐步发展起来的。它对任何计算机开放，只要遵循TCP/IP协议标准并申请到IP地址，就可以接入因特网。

(4)第四阶段：高速网络技术阶段。

20世纪90年代初至今是计算机网络飞速发展的阶段。

随着信息高速公路计划的提出与实施，因特网在地域、用户、功能和应用等方面不断拓展，极大地促进了计算机网络技术的迅猛发展。

第四代计算机网络的特点是：互联、高速和智能化。表现在：①发展了以因特网为代表的互联网；②发展高速网络；③发展智能网络。

5.1.2 计算机网络的本质

1. 什么是计算机网络

计算机网络就是利用通信设备和传输介质，将分布在不同地理位置、功能不同的具有独立功能的计算机系统、终端设备连接起来，并配以功能完善的网络软件，实现资源共享与信息传输的系统。这些功能独立的计算机系统、终端设备通过网络，按照一定的通信协议实现资源与信息的共享，极大地扩展了计算机系统的功能。

上述定义包含以下基本内涵：

(1)构成：计算机网络是通过通信线路将分布在不同地理位置的多台独立计算机及专用

外部设备互联,并配以相应的网络软件所构成的系统。

(2)目的:建立计算机网络的主要目的是实现计算机资源的共享,使广大用户能够共享网络中的所有硬件、软件和数据等资源。

(3)协议:联网的计算机必须遵循全网统一的协议,以便为本地用户或远程用户提供服务。

2. 计算机网络的功能

计算机网络的主要功能是向用户提供资源的共享和数据的传输,而用户本身无须考虑自己以及所用资源在网络中的位置。其功能主要表现在以下几个方面:

(1)资源共享。

网络中的计算机不仅可以使用本机的资源,还可以使用网络中其他计算机的资源。

所谓"资源",指的是网络中所有的硬件、软件和数据等资源,包括各种软件服务、数据服务以及物理设备的服务,而"共享"指的是网络中的所有用户都能够部分或全部地享受这些资源。例如,某些地区或单位的数据库(如飞机机票、饭店客房等)可供全网使用;一些外部设备如打印机,通过网络可以使不具有这些设备的用户也能使用这些硬件设备。

如果不能实现资源共享,则各个部门或地区都需要有一套完整的软、硬件资源,这就大大地增加了全系统的投入。资源共享提高了网络的软、硬件的利用率,既降低了成本,又增强了网络中计算机的数据处理能力和信息安全。

这是计算机网络最主要的功能。

(2)数据通信。

通过网络可以实现终端与计算机、计算机与计算机之间的数据传递,包括文字信息、新闻消息、咨询信息、图片资料等,也可以实现各计算机之间高速可靠地传送数据,如传真、电子邮件、即时通信、上传下载、电子数据交换、远程登录、信息浏览等。利用这一特点,可将分散在各个地区的单位或部门通过计算机网络联系起来,进行统一的调配、控制和管理。

这是计算机网络最基本的功能。

(3)分布处理。

对大型综合性问题,可以进行分解,然后将各个部分分别交给不同的计算机进行处理,即通过网络将问题分散到多个计算机上进行分布式处理,从而可以充分利用网络资源,扩大计算机的数据处理能力,增强实用性,同时也可使各地的计算机通过网络资源共同协作,进行联合开发、研究等。

(4)提高计算机的可靠性。

在单机的情况下,计算机若有故障容易引起停机,不能提供服务,甚至损坏数据。将计算机连成网络后,网络中的计算机互为后备,这样,网络的可靠性就会极大地提高。当某一处计算机发生故障时,可由别处的计算机代为处理,还可以在网络节点上设置备用设备作为全网络公用后备,这样,整个计算机网络就不会由于某台设备出现故障而瘫痪,大大提高了计算机网络系统的可靠性和可用性。这对于金融、军事、航空等对可靠性要求较高的领域是至关重要的。

5.1.3 计算机网络的组成

从计算机网络的基本功能(逻辑)结构来说,可以把一个网络分成通信子网和资源子网两部分,如图 5-4 所示。

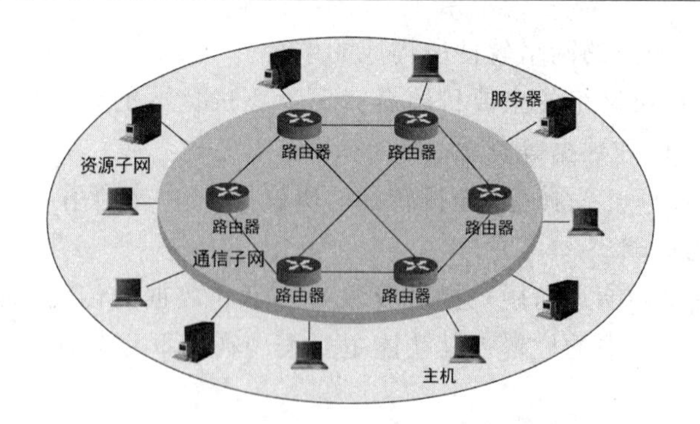

图 5-4 通信子网与资源子网

(1)通信子网。

通信子网由通信控制处理机、通信线路和其他通信设备组成,负责各设备之间的数据通信、数据加工和信息交换等通信任务。通信子网实现基本数据的传输,消除各种不同计算机技术之间的差异,保证分布在网络上的计算机之间的通信联系的畅通,从而向网络的高层提供信息传递的服务。

(2)资源子网。

资源子网由网络中的所有计算机、终端、I/O 设备以及各种软件资源和数据库组成,负责网络系统的数据处理业务,向网络用户提供各种网络资源和网络服务。

计算机网络系统是一个集计算机硬件设备、通信设施、软件系统及数据处理能力为一体的,能够实现资源共享的现代化综合服务系统。

在微观上,可以将一台独立的计算机系统看成一个内部网络,而计算机网络则相当于一个放大的计算机系统,因此,不同类型的计算机网络,尽管其组成各不相同,但都和计算机系统一样,包括网络硬件和网络软件这两个部分。

1. 计算机网络硬件

计算机网络硬件包括计算机硬件系统和各种终端设备、通信线路与通信设备,负责数据处理和数据转发,并为数据传输提供通道,是计算机网络中处理数据和传输数据的物质基础。硬件系统中设备的组成形式决定了计算机网络的类型。

(1)计算机系统。

计算机系统的主要功能是完成数据处理任务,并为网络内的其他计算机提供共享资源。

计算机系统一般包括计算机以及与计算机相连的各种外部设备,如智能终端、打印机等,以便更好地实现资源共享。其中,网络中的计算机一般分为两类:服务器(Server)和客户机(Client)。

服务器通常是一台速度快、存储量大的计算机,是网络资源的提供者,用于网络管理、运行应用程序、处理网络各客户机的信息请求。根据其作用不同,服务器又可分文件服务器、应用程序服务器、通信服务器、数据库服务器等。

其他连入网络的由服务器进行管理和提供服务的计算机都统称为客户机,其性能一般低于服务器。

(2)网络连接设备。

网络连接设备的主要功能是完成计算机之间的数据通信,包括数据的接收和发送。

网络连接设备一般包括网络适配器、调制解调器、交换机等。

(3)传输介质。

传输介质用于网络连接设备之间的通信连接。

常用的网络传输介质分为两类：有线和无线。其中，有线传输介质有同轴电缆、双绞线、光纤等；无线传输介质有无线电波、微波（地面微波、卫星微波）、红外线、激光等。

2. 计算机网络软件

计算机网络软件是指管理和控制网络工作以及提供网络服务的各种软件，能够帮助用户更方便地访问网络。

计算机网络软件主要包括以下两种：

(1)网络系统软件。

① 网络操作系统。网络操作系统是网络系统软件中的核心部分，负责管理网络中的软硬件资源，其功能的强弱与网络的性能密切相关。常用的网络操作系统有：Novell Netware、Windows NT、UNIX 和 Linux 等。

② 网络协议。网络协议是网络设备之间互相通信的语言和规范，用来保证两台设备之间进行正确的数据传送。网络协议规定了计算机按什么格式组织和传输数据，传输过程中出现差错该怎么办等规则。网络协议一部分是靠软件完成的，另一部分则靠硬件来完成。

(2)网络应用软件。

网络应用软件是指能够为网络用户提供各种服务的软件，它用于提供或获取网络上的共享资源，例如，浏览软件、传输软件、远程登录软件、电子邮件等。

5.1.4 计算机网络的体系结构

1. 网络协议

计算机网络中用于规定信息的格式以及如何发送和接收信息的一套规则称为网络协议(Network Protocol)或通信协议(Communication Protocol)。

计算机网络是一个由多个同型或异型的计算机系统及终端通过通信线路连接起来相互通信、实现资源共享的系统。为了实现计算机间的相互通信，必须对整个通信过程的各个环节制定规则或约定，例如：传输介质是怎样进行物理连接的？传送信息采用哪种数据交换方式？采用什么样的数据格式来表示数据信息和控制信息？网络如何知晓什么时间要传输数据？收发双方选用哪种同步方式？使用不同语言的网络实体，怎样才能相互通信？若传输出错则采用哪种差错控制方式？等等，这些都是由计算机网络协议来制定的。因此，计算机网络协议就是为了成功地进行网络中两个实体间数据通信而建立的规则、标准或约定。

正如一个中国人要和一个德国人交流，他们彼此不懂对方的语言，但他们都会讲英语，从而他们可以约定用英语进行交流，这样，英语就成了双方的通信约定。

一个网络协议主要由以下三个要素组成：语义(Semantics)、语法(Syntax)和时序(Timing Sequence)。

(1)语义是指交换的信息含义，即“讲什么”，包括用于协调与差错处理的控制信息。

(2)语法是指“如何讲”，即协议元素的格式，包括数据及控制信息的格式、编码和信号电平等。

(3)时序是指事件执行的顺序，即通信过程中通信状态的变化过程，包括速度匹配和排序等。

2. 层次化的网络体系结构

为了减少网络协议设计的复杂性，网络设计者并不是设计一个单一、巨大的协议来为所有形式的通信规定完整的细节，而是采用协议分层的方法，即把通信问题划分为许多个小问题，然后为每个小问题设计一个单独的实现方法。这样就使每个协议的设计、分析、编码和测试都比较容易。这与我们分析、解决问题所采取的自顶向下、逐步求精、模块化的分析方法是一致的。

为了便于理解协议分层的概念，我们以邮政通信系统为例进行说明，如图 5-5 所示。

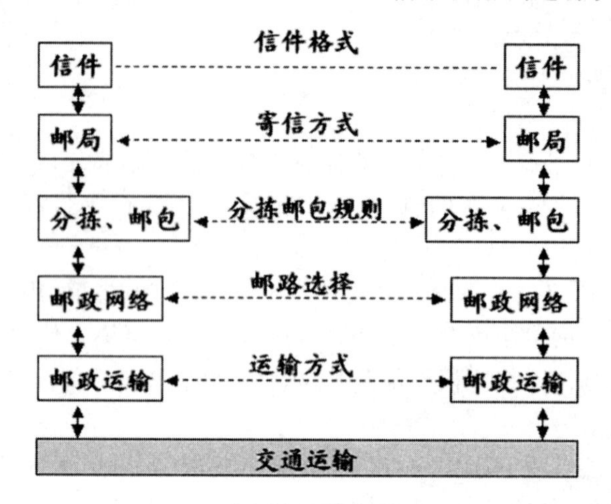

图 5-5 邮政通信系统

人们写信前对信件的格式和内容需要有个预先的共同约定，例如，采用一种双方都懂的语言文字写信，约定信件开头为对方称谓，其次为信件内容，最后是落款等。这样，收信方才能看懂信中的内容。信写好之后，必须将信封装并交邮局寄发，因此，寄信人和邮局之间也要有约定，例如，规定信封的写法。

邮局收到信后，首先进行信件的分拣和分类，然后交付有关运输部门进行运输，这时，邮局和运输部门也有约定，例如到站地点、包裹形式等。

信件运送到目的地后进行相反的过程，最终将信件送到收信人手中，收信人依照约定的格式才能读懂信件。

在计算机网络环境中，两台计算机的两个进程之间进行通信的过程与邮政通信的过程十分相似。为了减少计算机网络设计的复杂性，人们往往按功能将计算机网络划分为多个不同的功能层。

本质上，分层模型是指将通信问题分为几个小问题，每个小问题对应一层，即将协议按功能分成若干层，每层完成一定功能，并对其上层提供支持，每一层同时建立在其下层之上，即一层功能的实现以其下层提供的服务为基础，如图 5-6 所示。

整个层次结构中各个层次相互独立，每一层的实现细节对其上层是完全屏蔽的，每一层可以通过层间接口调用其下层的服务，而不需要了解下层服务是怎样实现的。协议分层的特点是灵活性强，实现每一层时只需保证为其上层提供规定的服务，至于如何实现本层功能、采用什么样的硬件或软件，则没有任何限制。

在分层结构中，一方面，每一层协议的基本功能都是实现与另外一个层次结构中对等实体间的通信，因此称之为“对等层协议”；另一方面，每层协议还要提供与之相邻的上层协议的服务接口。

网络的体系结构（Architecture）就是计算机网络各层次及其协议的集合。网络体系结构的描述必须包含足够的信息，使得开发人员可以为每一层编写程序或设计硬件。协议实

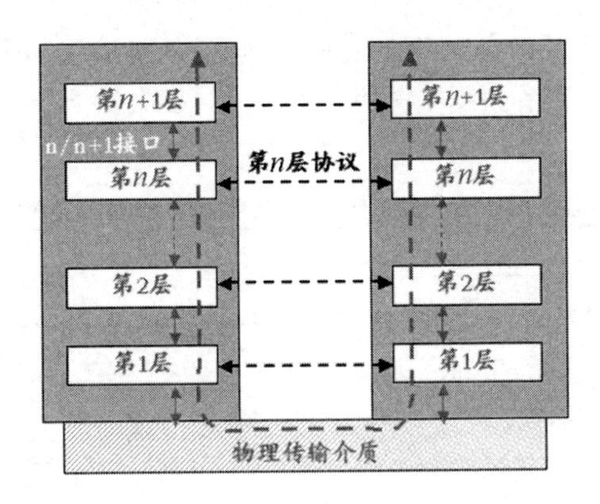

图 5－6　网络分层模型

现的细节和接口的描述都不是体系结构的内容，因此，体系结构是抽象的，只供人们参照，而实现则是具体的，由运行的计算机软件和硬件来完成。

3. OSI 与 TCP/IP 参考模型

根据网络体系结构分层的思想，国际标准化组织为网络的构建定义了两个参考模型，即 OSI 参考模型和 TCP/IP 参考模型。

(1)OSI 参考模型。

为了使计算机网络体系结构由初期的封闭式走向开放式，国际标准化组织经过多年努力，于 1984 年提出了开放系统互连基本参考模型(Open System Interconnection Reference Model, OSI/RM)，从此开始了有组织、有计划地制定一系列网络国际标准。

OSI 参考模型包括体系结构、服务定义和协议规范三级抽象，从体系结构方面规定了系统在分层、相应层对等实体的通信、标识符、服务访问点、数据单元、层操作、OSI 管理等方面的基本元素、组成和功能等。

OSI 参考模型分为 7 个层次，自下而上依次为物理层、数据链路层、网络层、传输层、会话层、表示层和应用层，如图 5－7 所示。

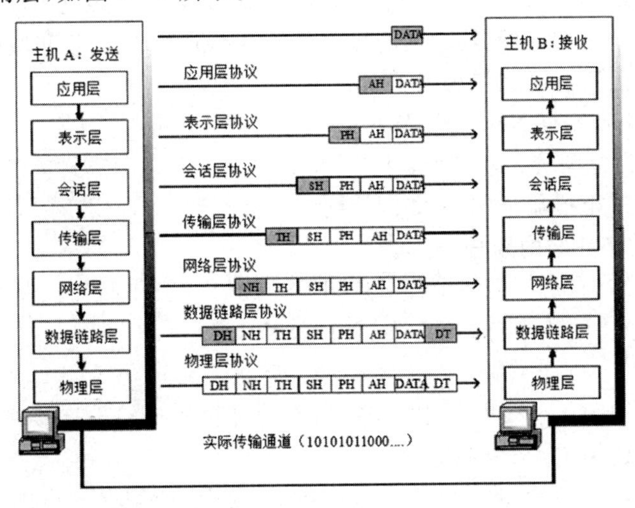

图 5－7　OSI 参考模型

(2)TCP/IP 参考模型。

传输控制协议/网际协议(Transmission Control Protocol/Internet Protocol，TCP/IP)是阿帕网及其后继因特网使用的参考模型。

TCP/IP 模型分为 4 个层次，自下而上依次为网络接口层、网络层、传输层和应用层。它与 ISO/OSI 模型的对应关系如图 5－8 所示。

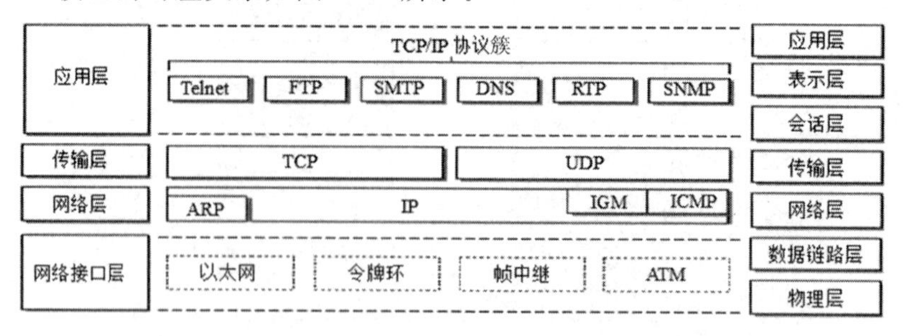

图 5－8 TCP/IP 参考模型及其与 OSI 的对应关系

在 TCP/IP 协议簇的各种协议中，TCP 和 IP 是最著名、最重要的协议，因此常用 TCP/IP 表示 Internet 所使用的整个 TCP/IP 协议簇，而并不是指 TCP 和 IP 这两个协议。

5.1.5 计算机网络的分类

计算机网络系统的分类方法很多，也各具特点。我们可以从不同的角度进行划分。

1. 按照网络的覆盖面划分

按照网络的覆盖面，可以将计算机网络分为局域网、城域网和广域网 3 种。

(1)局域网(Local Area Network，LAN)。

LAN 是指将有限的地理区域内的计算机、终端设备互连在一起所形成的网络，一般指分布于几公里范围内的网络。例如，把分散在一座楼、一个大院内的许多计算机连接在一起组成的网络，其特点是数据传输距离短、延迟小、速率高、可靠。

(2)城域网(Metropolitan Area Network，MAN)。

MAN 的覆盖范围就是城市区域，一般是在方圆 10～60 km 范围内，最大不超过 100 km。它的规模介于局域网与广域网之间，但在更多的方面较接近于局域网。

随着网络互联技术的发展，局域网的覆盖范围逐步扩大，以至于和城域网没有明显的区分了，因此，城域网的概念已经很少提了。

(3)广域网(Wide Area Network，WAN)。

WAN 连接地理范围较大，一般超过 100 km，用于实现远距离计算机的连接，常常是一个国家或是一个洲甚至覆盖全球，例如因特网就是全球最大的广域网。

2. 按照网络的拓扑结构划分

所谓网络拓扑结构，是指网络中各节点相互连接的方法和形式。常见的网络拓扑结构有总线型、星型、环型、网状型、树型等，如图 5－9 所示。

(1) 总线型结构。

总线型结构只用一条总线电缆把网络中所有的计算机或终端连接在一起，各工作站地位平等，无控制节点，如图 5－9(a)所示。

在这种结构中，单一节点的故障不会影响其他节点工作，其传递方向总是从发送信息的节点开始向两端扩散，如同广播电台发射的信息一样，因此又称广播式计算机网络。

总线型结构网络的优点是：结构简单，可扩充性好。其缺点是：容易出现瓶颈现象，维护难，分支节点故障查找难，不能保证信息的及时传送，不具有实时功能。

(2) 星型结构。

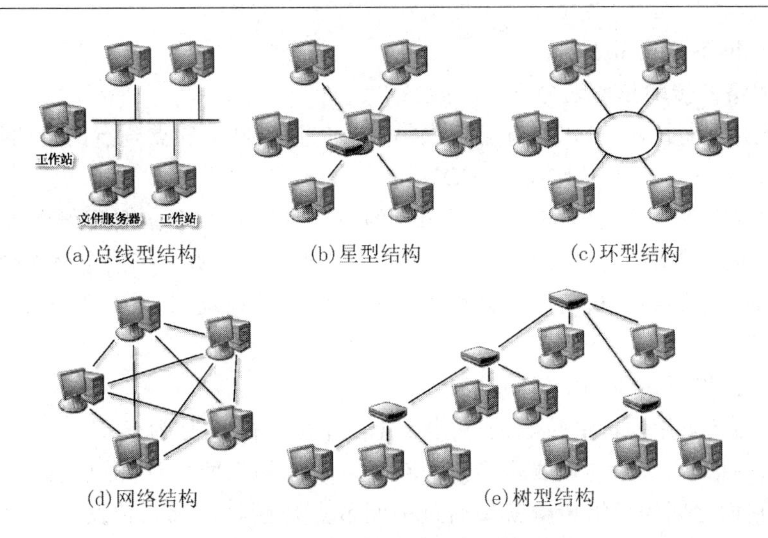

(a)总线型结构　(b)星型结构　(c)环型结构

(d)网络结构　(e)树型结构

图 5-9　计算机的网络拓扑结构

星型结构由中央节点和通过点到点链路连接到中央节点的各节点组成，如图 5-9(b)所示。

这种结构以中央节点为中心，因此又称为集中式网络。

星型结构网络的优点是：对外围节点要求较低，节点故障易于检测和隔离；单个外围节点故障不会影响全网，易于扩展和维护。其缺点是：对中心节点要求过高，一旦中心节点出现故障会危及整个网络；每个节点都要专用的通信线路，资源利用率低，成本高。

(3)环型结构。

环型结构由网络中若干节点通过点到点的链路首尾相连形成一个闭合的环，如图 5-9(c)所示。

在这种结构中，每台计算机都连着下一台计算机，而最后一台计算机则连着第一台计算机，采用非集中控制方式，各节点间无主从关系。环型结构网络采用的信息传输方式也是广播方式。

环型结构网络的优点是：结构简单。其缺点是：可靠性较低，当某一节点出现故障会引起通信中断。因此，在实际应用中一般采用双环结构提高可靠性。

(4) 网型结构。

网型结构网络上的每个工作站都至少有两条链路与网络中的其他工作站相连，网状结构的控制功能分散在网络的各个节点上，如图 5-9(d)所示。

在这种结构中，即使一条线路出现故障，通过迂回线路，网络仍能正常工作。因此，网型结构网络稳定性好、可靠性高，但网络控制往往是分布式的，比较复杂，对系统的管理、维护比较困难。

(5) 树型结构。

树型结构由星型结构演变而来，由多个星型网络按层次方式排列构成，形状像一棵倒置的树，如图 5-9(e)所示。

与星型结构相比，树型结构的通信线路总长度短，成本较低，节点易于扩充，寻找路径比较方便，但除了叶节点及其相连的线路外，任一节点或其相连的线路故障都会使系统受到影响。

树型结构的优点是：易于扩展和故障隔离。其缺点是：对根节点的依赖性太大，如果根发生故障，则全网不能正常工作。

3. 按照网络的传输技术划分

按照网络的传输技术，可以将计算机网络分为广播式网络和点到点网络两种。

(1)广播式网络(Broadcast Network)。

广播式网络仅有一条通信信道，被网络上的所有计算机共享。在网络上传输的数据单元(分组或包)可以被所有的计算机接收。在包中的地址段表明了该包应该被哪一台计算机接收。计算机一旦接收到包，就会立刻检查包中所包含的地址，如果是发送给自己的，则处理该包，否则就会丢弃。

(2)点到点网络(Point - to - Point Network)。

点到点网络所采用的传输技术是点到点通信信道技术，简称为 P2P。

在点到点网络中，每条物理线路连接一对计算机。如果两台计算机之间没有直接连接的线路，那么它们之间的分组传输就要通过中间节点来接收、存储、转发直至目的节点。连接多台计算机之间的线路结构一般比较复杂，因此，从源节点到目的节点可能存在多条路由，决定分组从通信子网的源节点到达目的节点的路由需要路由选择算法来计算。

5.1.6 数据通信基础

计算机网络涉及通信技术与计算机技术两个领域，数据通信技术是建立计算机网络系统的基础之一，因此，我们简单介绍有关通信技术的一些基础知识。

1. 数据

数据是进行各种统计、计算、科学研究或技术设计等所依据的数值(是反映客观事物属性的数值)，是表达知识的字符的集合。数据是信息的表现形式。

数据可以是连续的值，例如声音，称为模拟数据；也可以是不连续(离散)的值，例如成绩，称为数字数据。

数据通信就是指通过传输介质把数据从一个地方向另一个地方传送。数据在传送之前需要先经过编码转变为信号，才能在介质上传播。

2. 信息

信息是对数据的提炼，是完成从定量到定性的过程。

信息的来源可以是数据，也可以是信息本身，是对数据经过加工处理并可以对人类客观行为产生影响的数据表现形式。

3. 信号

信号指的是数据的电磁编码或电子编码。

和数据一样，信号也分为模拟信号和数字信号。模拟信号是指电信号的参量是连续取值的，其特点是幅度连续，如图 5 - 10(a)所示。常见的模拟信号有电话、传真和电视信号等。数字信号是离散的，从一个值到另一个值的改变是瞬时的，就像开启和关闭电源一样，如图 5 - 10(b)所示。数字信号的特点是幅度被限制在有限个数值之内。常见的数字信号有电报符号、数字数据等。

4. 信道

信道是指信息传输的通道，即信息进行传输时所经过的一条通路。一条传输介质上可以有多条信道(多路复用)。

与信号的分类相对应，信道可以分为用来传输数字信号的数字信道和用来传输模拟数

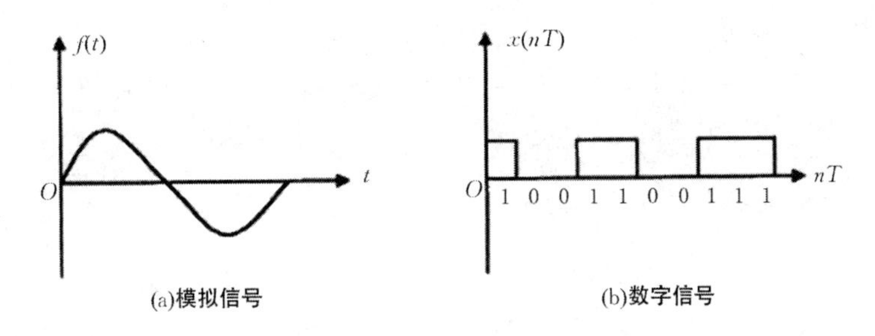

图 5-10　模拟信号与数字信号

据的模拟信道。数字信号经过数—模转换后可以在模拟信道上传输；模拟信号经过模—数转换后可以在数字信道上传输。

5. 数据通信中的技术指标

(1)数据传输率。

数据传输率是指单位时间内传输的信息量，可用“比特率”来表示。比特率是每秒钟传输二进制信息的位数，单位为“位/秒”，通常记作 bit/s(bps)。主要单位有 kbit/s、Mbit/s、Gbit/s，简称为 kbps、Mbps、Gbps。

(2)传输带宽。

带宽(Bandwidth)是指每秒传输的最大字节数，也就是一个信道的最大数据传输速率，单位也为“位/秒”(bit/s，bps)。

高带宽则意味着系统的高处理能力。不过，传输带宽与数据传输速率是有区别的，前者表示信道的最大数据传输速率，是信道传输数据能力的极限，而后者是实际的数据传输速率，像公路上的最大限速与汽车实际速度的关系一样。

(3)时延。

时延就是信息从网络的一端传送到另一端所需的时间。

(4)误码率。

误码率是指二进制数据位传输时出错的概率。它是衡量数据通信系统在正常工作情况下的传输可靠性的指标。

在计算机网络中，一般要求误码率低于 10^{-6}，若误码率达不到这个指标，可通过差错控制方法检错和纠错。

6. 数据传输方式

数据的传输方式分为并行、串行两种，如图 5-11 所示。

并行传输是指同时使用 n 条连接线来传输 n 个比特位，如图 5-11(a)所示。这种方式下，每个比特都使用专用的线路，而一组中的 n 个比特就可以在每个时钟脉冲从一个设备同时传输到另一个设备。其主要特点是传输速度快，但费用高，一般用于短距离传输。

而在串行传输中，比特是一个一个依次发送的，如图 5-11(b)所示，因此在两个通信设备之间传输数据只需要一条通信信道，而不是 n 条。其主要特点是传输范围广，成本低，但是速度较慢，常用于远距离传输。

7. 数据通信方式

数据通信有单工、半双工、全双工 3 种方式，如图 5-12 所示。

其中，单工通信方式只允许单方向发送数据，即数据由发送端传向接收端；半双工通信方式允许两个方向交替地而不能同时地传输数据；全双工通信方式则允许两个方向同时传输数据，因此，传输速度最快。

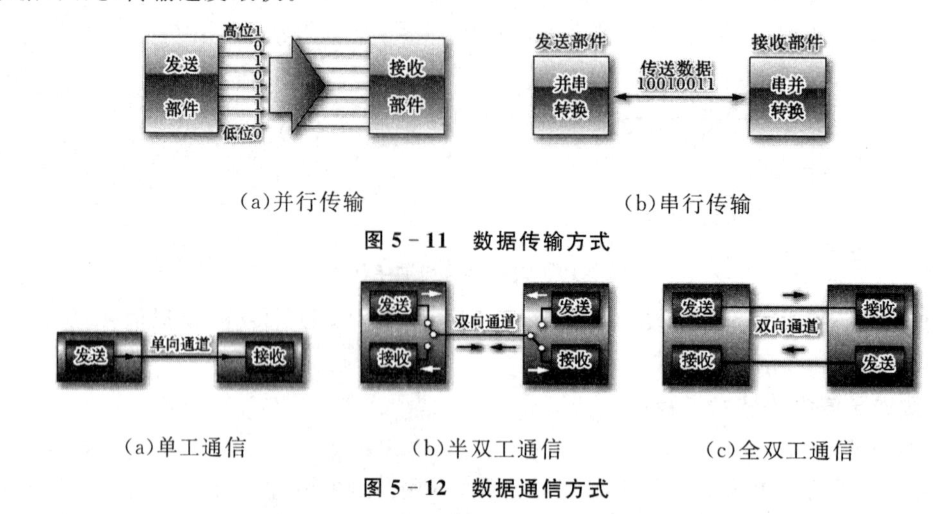

(a)并行传输 (b)串行传输

图 5-11 数据传输方式

(a)单工通信 (b)半双工通信 (c)全双工通信

图 5-12 数据通信方式

5.2 Internet

Internet，也称为国际互联网或因特网，它将世界各国、各地区、各机构的数以百万计的网络、上亿台计算机连接在一起，几乎覆盖了整个世界，是目前世界上覆盖面最广、规模最大、信息资源最丰富的计算机网络，同时也是全球范围的信息资源宝库。如果用户将自己的计算机接入 Internet，便可以足不出户，在无尽的信息资源宝库中漫游，与世界各地的朋友进行网上交流。企业可以通过 Internet 将自己的产品信息发布到世界各个国家和地区，消费者可以通过 Internet 了解商品信息，购买自己喜爱的商品。在当前，我们可以通过 Internet 提供的服务向社会、朋友等来发布、获取和传递信息。

5.2.1 Internet 的起源

1. Internet 的起源

Internet 起源于美国高等研究计划局于 1969 年组建的阿帕网，阿帕网最初只连接了美国西部的 4 所大学，是一个只有 4 个节点的实验性网络。但该网络被公认为是世界上第一个采用分组交换技术组建的网络，并向用户提供电子邮件、文件传输和远程登录等服务，是 Internet 的雏形。

1972 年，在美国华盛顿举行的第一届国际计算机通信会议上，决定成立 Internet 工作组，负责建立一种能保证计算机之间进行通信的标准规范，这就是所谓的通信协议。1973 年，美国国防部也开始研究如何实现各种不同网络之间的互联问题。1974 年，IP 协议(网际协议)和 TCP 协议(传输控制协议)问世，这两种协议定义了一种在计算机网络间传送报文(文件或命令)的方法，合称 TCP/IP 协议。随后，美国国防部决定向全世界无条件地免费提供 TCP/IP 协议，TCP/IP 协议是解决计算机网络之间通信的核心技术，这一技术的公开最终导致了 Internet 的大发展。

20世纪70年代中期,阿帕网发展到60多个节点,连接了100多台计算机主机,形成了覆盖世界范围的通信网络。

然而,在很长一段时间内,世界上除了使用TCP/IP协议的阿帕网,还有很多使用其他通信协议的各种网络。为了将这些使用不同通信协议的网络连接起来,美国人文特·瑟夫(Vinton G. Cerf,TCP/IP协议和互联网架构的联合设计者之一,与同事罗伯特·卡恩(Robert E. Kahn)一起获2004年图灵奖,一起被尊称为"互联网之父",如图5-13所示)提出一个想法:在每个网络内部各自使用自己的通信协议,在和其他网络通信时使用TCP/IP协议。这个设想最终导致了Internet的诞生,并确立了TCP/IP协议在网络互联方面不可动摇的地位。

(a)文特·瑟夫

(b)罗伯特·卡恩

图5-13 互联网之父

20世纪80年代中期,美国国家科学基金会(National Science Foundation,NSF)为鼓励大学和研究机构共享其非常昂贵的6台计算机主机,投资建立了基于TCP/IP协议的NSFNET。由于NSF的鼓励和资助,很多大学、政府资助甚至私营的研究机构纷纷把自己的局域网并入NSFNET中,从1986年至1991年,NSFNET的子网从100个迅速增加到3 000多个。NSFNET的正式营运以及与其他已有和新建网络的连接使其取代了ARPANET,成为Internet的基础。之后大量的PC机通过局域网连入Internet,到目前为止,连接到Internet上的网络已经过百万,主机上亿台,用户数以亿计,遍及全球180个国家和地区。

由此可见,Internet是由许许多多属于不同国家、部门和机构的网络互连起来的网间网。Internet不属于任何个人、企业和部门,也没有任何固定的设备和传输媒体。Internet是一个无所不在的网络,覆盖了世界各地的各行各业。任何运行Internet协议(TCP/IP协议)且愿意接入Internet的网络都可以成为Internet的一部分。Internet的用户可以共享Internet上无穷无尽的资源,也可以把自己的资源向Internet开放。总的来说,Internet为用户提供了丰富的信息资源、便利的通信服务以及快捷的电子商务。

2. Internet在中国的发展

1986年,北京市计算机应用技术研究所与德意志联邦共和国的卡尔斯鲁厄大学合作实施国际互联网项目——中国学术网(Chinese Academic Network,CANET)。1987年9月,CANET在北京市计算机应用技术研究所内正式建成中国第一个国际互联网电子邮件结点。随后,在国家科学技术委员会的支持下,CANET开始向我国的科研、学术、教育界提供Internet电子邮件服务。

1990年11月28日,中国正式注册登记了顶级域名cn。由中国互联网络信息中心

(China Internet Network Information Center,CNNIC)管理。1994 年 4 月 20 日,中国正式实现了与 Internet 的 TCP/IP 连接,通过美国 Sprint 公司连入 Internet 的 64 kbps 国际专线,开通了 Internet 的全功能服务。此事被中国新闻界评为 1994 年中国十大科技新闻之一。

1997 年 6 月,中国互联网络信息中心在北京正式成立,其宗旨是为我国互联网络用户服务,促进我国互联网络健康、有序地发展,属于非营利的发展和服务性机构。CNNIC 还定期在 http://www.cnnic.cn 发布《中国互联网络发展状况统计报告》。

1997 年 10 月,中国公用计算机互联网(ChinaNet)实现了与中国其他 3 个互联网络,即中国科技网(China Science Technology Network,CSTNET)、中国教育和科研计算机网(China Education and Research Network,CERNET)、中国金桥信息网(China Golden Bridge Network,CHINAGBN)的互联互通。

2000 年 5 月 17 日,中国移动互联网(China Mobile Network,CMNET)投入运行。2000 年 7 月 19 日,中国联通公用计算机互联网(Unicom Net,UNINET)正式开通。2001 年 12 月 31 日,中国联通 CDMA 移动通信网在全国 31 个省、自治区、直辖市开通运营,标志着中国移动通信技术的发展进入了一个新领域。2002 年 5 月 17 日,中国移动通信集团率先在全国范围内正式推出通用分组无线服务(General Packet Radio Service,GPRS)业务。2003 年 4 月 9 日,中国网通集团与中国电信集团的中国公用计算机互联网实施拆分,并推出"宽带中国 CHINA169"新的业务品牌。

至此,中国互联网已经形成规模,互联网应用走向多元化。互联网越来越深刻地改变着人们的学习、工作以及生活方式,甚至影响着整个社会进程。

3. Internet 的组成

从物理上看,Internet 是基于多个通信子网的网络。由于网络互连最主要的部件是路由器,Internet 也可以看作是用传输介质连接路由器形成的网络。

从逻辑上看,为了便于管理,Internet 采用了如图 5-14 所示的层次结构,即由主干网、次级网和园区网逐级覆盖。

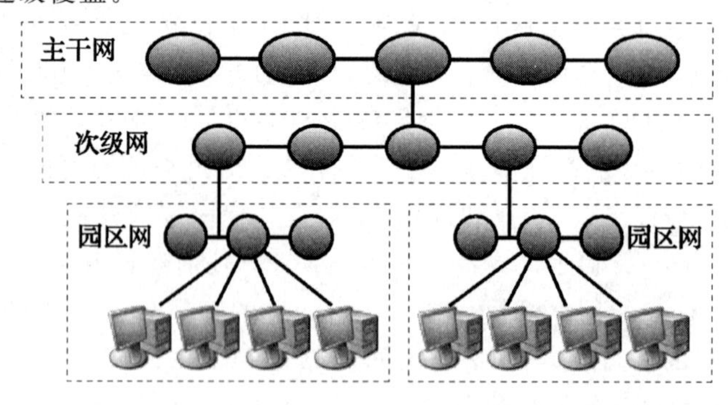

图 5-14 Internet 层次结构图

(1)主干网。

主干网由代表国家或者行业的有限个中心节点通过专线连接形成,覆盖到国家一级,连接各个国家的互联网络中心,如中国互联网络信息中心。

(2)次级网(区域网)。

次级网由若干个作为中心节点代理的次中心节点组成,如教育网各地区网络中心、电信网各省互联网络中心等。

(3)园区网(校园网、企业网)。

园区网直接面向用户的网络。

5.2.2　Internet的接入

1.服务供应商ISP

希望接入Internet的用户很多,但由于接入nternet需要租用国际信道,其成本对于一般用户是无法承担的。事实上,一台计算机要接入Internet,并非直接与Internet相连,而是通过某种方式与因特网服务供应商(Internet Service Provider,ISP)提供的服务器相连,通过它再接入Internet。所谓因特网服务供应商是向广大用户综合提供互联网接入业务、信息业务和增值业务的电信运营商。

目前,我国的三大基础ISP运营商为中国电信、中国移动、中国联通,除此之外,其他的ISP运营商基本上都是通过基础ISP运营商接入Internet的二级ISP。随着Internet在我国的迅速发展,越来越多的单位和个人都想得到Internet所提供的各项服务,因而提供Internet接入服务的ISP也越来越多,用户可以根据ISP所提供的入网方式、网络带宽、服务项目、收费标准以及管理措施等选择适合自己的ISP。

2.接入方式

用户计算机与ISP连接的方式有很多。

(1)按照组网结构。

按照组网结构的不同可分为两种:一种是单机直接与ISP连接;另一种是将计算机接入已经与ISP连接的局域网LAN,因为局域网的服务器已经连接到ISP的服务器上,因此,局域网中的每台计算机都可以通过局域网访问Internet资源。

(2)按照与ISP的连接方式。

按照与ISP连接方式的不同可分为两类:拨号入网和专线入网。

所谓专线入网是指ISP直接架设专用线路至用户,让用户接入Internet;而拨号入网则是指,用户需拨号至ISP,通过用户名和密码认证接入Internet。所有通过拨号入网的方式,均需要连接调制解调器。

(3)按照通信介质。

按照通信介质的不同可分为:公共交换电话网、综合业务数字网、非对称数字用户网、有线电视网以及无线接入等。其中,公共交换电话网、综合业务数字网、非对称数字用户网、有线电视网上网均需要使用调制解调器。

公共交换电话网(Public Switch Telephone Network, PSTN)是一种常用旧式电话系统,即我们日常生活中常用的电话网。

综合业务数字网(Integrated Service Digital Network,ISDN)是对传统电话网进行数字化改造,成为集电话、传真、数字通信等业务于一体的综合业务网。与PSTN拨号服务不同的是,ISDN为用户提供端到端的数字通信线路,不仅传输速率高,而且传输质量可靠,可以提供高品质的语音、传真、可视图文、可视电话等多项业务,并且电话、上网、传真业务可以同时进行。

非对称数字用户网(Asymmetric Digital Subscriber Line,ADSL)运行在普通电话线路(双绞线)上,但由于采用了新的调制解调技术,使得从ISP到用户的传输速率(下行速率)可以达到8Mb/s,而从用户到ISP的传输速率(上行速率)将近1 Mb/s。这种非对称的特性非常适合那些需要从网上下载大量信息,而用户向网络上传的信息较少的应用,如Internet网上冲浪、远程访问、视频点播等。

传统的有线电视网(Community Antenna Television, CATV)是指以光缆、电缆为主要传输媒介传送电视节目的信息系统。随着光纤传输技术、数字通信技术以及计算机技术的迅速发展,CATV已经发展成为综合业务宽带网络,不仅传输广播电视节目,而且可以提供多媒体数据广播和数据通信等业务。

无线接入(Wireless)是指从交换节点到用户终端之间,部分或全部采用了无线技术,是目前非常广泛的一种接入方式,既可达到建设计算机网络系统的目的,又可让设备自由安排和移动。在公共开放的场所、企业内部或家庭,无线网络一般会作为已存在有线网络的一个补充方式,装有无线网卡的计算机通过无线手段能够方便地接入互联网或无线局域网(Wireless Local Area Network,WLAN)。Wi-Fi(Wireless Fidelity)是当今使用最广的一种无线接入方式。Wi-Fi是一种允许电子设备连接到一个WLAN的技术,实际上就是把有线网络信号转换成无线信号,供支持该技术的相关电脑、手机、PDA等接收,例如在家里,如果有有线网络,则只要接一个无线路由器,就可以把有线信号转换成Wi-Fi信号。

3. 局域网

所谓局域网,就是指在地理范围较小的某个区域内把各种计算机、外围设备等相互连接起来构成的计算机网络,实现资源的共享。

局域网的研究始于20世纪70年代,随着计算机硬件、网络设备价格的下降以及计算机网络软件的日渐丰富,计算机局域网技术得到了快速发展。20世纪80年代是局域网迅猛发展的年代,先后推出了Novell和LAN Manager等性能优异、极具代表性的局域网络。到了20世纪90年代,由于集线器(Hub)技术的发展,局域网的发展更上了一个台阶,出现了交换式以太网、高速局域网和虚拟局域网,在速度、带宽等指标方面有了很大进展,性能更优,应用更广。例如,以太网从传输率为10 Mbps发展到100 Mbps的高速以太网和1 000 Mbps的千兆以太网以及正推出的万兆以太网(10 Gbps)。

(1)局域网的特点。

局域网一般具有以下特点:

①覆盖地理范围比较小。其覆盖范围可以是几十米到几万米,一般分布在一幢建筑物内或相邻的几幢建筑物中,而不是城市与城市或国家与国家之间。

②数据传输速率高。支持高速数据通信,目前已达到10 Gbps。传输方式一般采用基带传输,传输距离较短。

③误码率低。由于采用了高质量的通信设备和传输介质进行近距离的通信,从而降低了通信误码率,可靠性较高。

④多采用广播式通信。在局域网中各站是平等关系而不是主从关系,可以进行广播(一站发,所有站收)或组播(一站发,多站收)。

⑤局域网一般为一个单位或部门所独有,而不是公共的或者商用的公共服务设施。

⑥以计算机为主体,包括终端及各种计算机外围设备。

⑦结构灵活,组网成本低,易于建立、管理和扩展。

⑧是一种数据通信网络。

(2)局域网的类型。

目前常见的局域网类型有以太网(Ethernet)、光纤分布式数据接口(Fiber Distributed Data Interface,FDDI)、异步传输模式(Asynchronous Transmission Mode,ATM)、令牌环

网(Token Ring)、交换网(Switching)等，它们在拓扑结构、传输介质、传输速率、数据格式等方面都有许多不同。

①以太网。以太网是最早的局域网，也是目前最常见、最具有代表性的局域网。最早的以太网是由美国施乐公司(Xerox)建立的。

以太网技术发展很快，从共享型以太网发展到交换型以太网，并出现了全双工以太网，致使整个以太网系统的带宽成十倍、百倍地增长，其传输率自20世纪80年代的10 Mbps发展到现在的10 Gbps，以太网支持的传输介质从最初的同轴电缆发展到现在的双绞线和光纤。

以太网可分为标准以太网(10 Mbps)、快速以太网(100 Mbps)、千兆以太网(1 000 Mbps)和10 G以太网等。

②FDDI网络。光纤分布式数据接口是目前成熟的局域网技术中传输速率最高的一种。这种传输速率高达100 Mbps的网络技术所依据的标准是ANSI X3T9.5。该网络具有定时令牌协议的特性，支持多种拓扑结构，传输介质为光纤。

使用光纤作为传输介质具有多种优点：

· 较长的传输距离，相邻站间的最大长度可达2 km，最大站间距离为200 km；

· 具有较大的带宽，FDDI网络的设计带宽为100 Mbps；

· 具有对电磁和射频干扰抑制能力，在传输过程中不受电磁和射频噪声的影响，也不影响其他设备；

· 光纤可防止传输过程中被分接偷听，也杜绝了辐射波的窃听，因而是最安全的传输介质。

③ATM网络。随着人们对集话音、图像和数据为一体的多媒体通信需求的日益增加，特别是为了适应今后信息高速公路建设的需要，人们又提出了宽带综合业务数字网(B-ISDN)这种全新的通信网络的实现需要一种全新的传输模式，即异步传输模式。

ATM是目前网络发展的最新技术，它采用基于信元的异步传输模式和虚电路结构，从根本上解决了多媒体的实时性及带宽问题。实现面向虚链路的点到点传输，它通常提供155 Mbps的带宽。它既汲取了话务通信中电路交换的"有连接"服务和服务质量保证，又保持了以太网、FDDI等传统网络中带宽可变、适于突发性传输的灵活性，从而成为迄今为止适用范围最广、技术最先进、传输效果最理想的网络互联手段，也是现今唯一可同时应用于局域网、广域网两种网络的技术，它将局域网与广域网技术统一。

4. 通信介质

局域网的常用通信介质有双绞线、光纤和微波等。

(1)双绞线。

双绞线由8根不同颜色的具有绝缘保护层的铜线分成4对绞合在一起，如图5-15所示，然后通过RJ45接头(俗称水晶头)与通信设备相连，如图5-16所示。

双绞线成对扭绞的主要原因是尽可能减少电磁辐射与外部电磁干扰的影响。

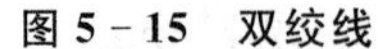

图 5－15 双绞线

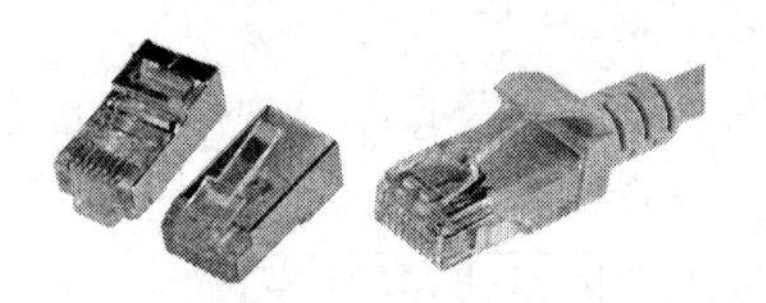

图 5－16 RJ45 接头

根据双绞线有无屏蔽层可分为非屏蔽双绞线(Unshielded Twisted Pair，UTP)和屏蔽双绞线(Shielded Twisted Pair，STP)两大类：

①UTP 无金属屏蔽材料，只有一层绝缘胶皮包裹，价格相对便宜，组网灵活。除某些特殊场合(如受电磁辐射严重、对传输质量要求较高等)在布线中使用 STP 外，一般情况下都采用 UTP。常见的有三类、五类、超五类及最新的六类线，最常用的为五类线。

②STP 外面由一层金属材料包裹，以减小辐射，防止信息被窃听，同时具有较高的数据传输速率，但价格较高，安装也比较复杂。

EIA/TIA 的布线标准中规定了两种双绞线的线序 568A 与 568B：

①标准 568A：绿白－1，绿－2，橙白－3，蓝－4，蓝白－5，橙－6，棕白－7，棕－8；

②标准 568B：橙白－1，橙－2，绿白－3，蓝－4，蓝白－5，绿－6，棕白－7，棕－8。

根据双绞线制作方式可分为直通线和交叉线两种。

交叉线是指一端按照 568A 标准，另一端按照 568B 标准，即一端线序从左边起为：绿白－绿－橙白－蓝－蓝白－橙－棕白－棕，另一端线序从左边起为：橙白－橙－绿白－蓝－蓝白－绿－棕白－棕，如图 5－17 所示。目前，大部分情况下采用交叉线。

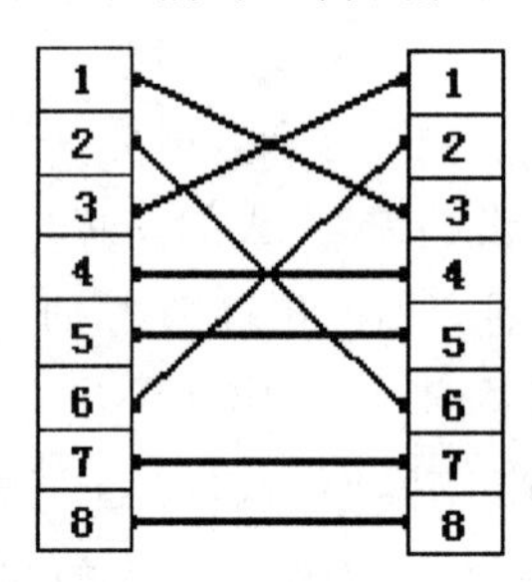

图 5－17 交叉双绞线接法

(2)光纤。

光纤的完整名称叫作光导纤维，如图 5－18 所示，用纯石英以特别的工艺拉成细丝，其直径比头发丝还要细。光束在光导纤维内传输，信号不受电磁的干扰，传输稳定，因而具有性能可靠、质量高、速度快、线路损耗低、传输距离远等特点，适于高速网络和骨干网。已在现代通信网络中得到了越来越广泛的应用。

光纤一般分为单模光纤和多模光纤。单模光纤的纤芯直径很小，通常在 4～10 μm 范围内，同波长的光只能以一种模式在纤芯中传输；多模光纤的直径较大，一般为 50～75 μm，同波长的光能以多种模式在纤芯中传输。

光纤的连接需要光纤收发器和光纤连接器。

光纤收发器是一种将双绞线电信号和光信号进行互换的以太网传输媒体转换单元，在很多地方也被称之为光电转换器(Fiber Converter)或光纤模块，如图 5－19 所示。在发送端将电信号转换成光信号，通过光纤传送后，在接收端再把光信号转换成电信号。

图5-18　光纤

光纤连接器是光纤与光纤之间的连接设备，以便延长光缆的传输距离。光纤连接器把光纤的两个端面精密对接起来，以使发射光纤输出的光能量能最大限度地耦合到接收光纤中去，并使由于其介入光链路而对系统造成的影响减到最小。

光纤与通信设备之间通过光纤接口连接，光纤接口是用来连接光纤线缆的物理接口，如图5-20所示，其原理是，光从光密介质进入光疏介质时会发生全反射。通常有SC、ST、FC等几种类型。

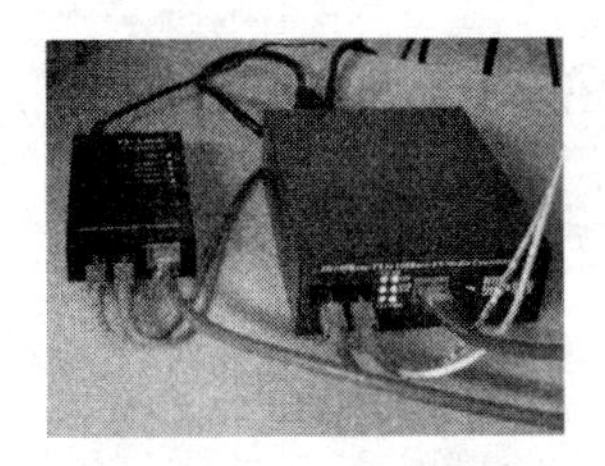

图5-19　光纤收发器

图5-20　光纤接口

(3)微波。

微波通信系统有两种形式：地面系统和卫星系统。由于微波在空间是直线传播，而地球表面是一个球面，因而其传播距离受到限制。为了实现远距离传输，必须在一条无线通信信道的两个终端之间增加若干个中继站，中继站起信号放大的作用。

5. 连接设备

局域网的常用连接设备有调制解调器、网卡、中继器、集线器、交换机和路由器等。

(1)调制解调器(Modem)。

调制解调器俗称“猫”，如图5-21所示，它是一个通过电话拨号接入Internet的必备硬件设备。

通常计算机处理的是“数字信号”，而在电话线上传输的是“模拟信号”。调制解调器的作用就是当计算机发送信息时，将计算机内部的数字信号转换为电话线上传输的模拟信号，然后通过电话线传送出去；接收信息时，把电话线上传来的模拟信号转换成数字信号再送给计算机，供其接收和处理。

随着互联网技术的进步和提高，通过电话线来上网的用户已经越来越少了，因而调制调解器的使用也逐渐减少了。另一方面，现在的调制调解器功能也增强和扩大了，例如，有的调制调解器集成了路由的功能，有的还具有无线路由的功能。

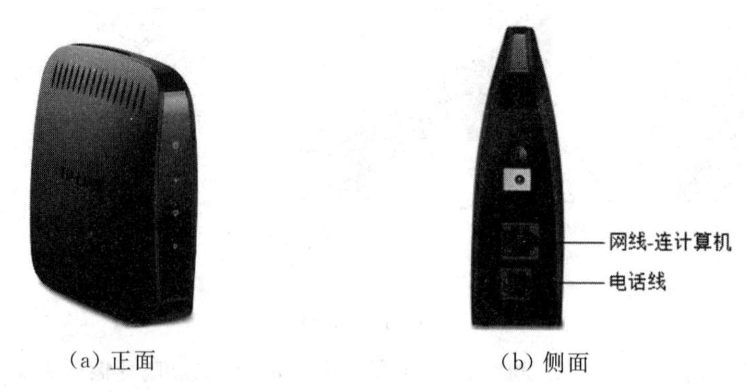

(a) 正面 (b) 侧面

图 5-21 调制解调器(Modem)

(2)网络适配器(NIC)。

网络适配器也称网络接口卡(Network Interface Card, NIC),简称网卡,如图 5-22 所示。

网卡的作用是将计算机与通信设施相连接,将计算机的数字信号转换成通信线路能够传送的信号。大多数情况下,网卡直接安装在计算机主板上的多功能插槽中,现在,也有很多主板集成了网卡。

图 5-22 网卡

(3)中继器(Repeater)。

中继器是最简单的网络互联设备,它的作用是对网络电缆上传输的信号经过放大和整形后再发送到与之相连的其他网段上。因此,中继器可以想象成一个网络信号的放大器。

中继器只能连接同种类型的局域网段,由中继器连接的各网段仍属于一个网络系统,因而可以延长网络的传输距离。

(4)集线器(Hub)。

集线器的主要功能是对接收到的信号进行再生整形放大,以扩大网络的传输距离,同时把所有节点集中在以它为中心的节点上,因此,集线器是一种多口的中继器,如图 5-23(a)所示,其优点是当某条传输介质发生故障时,不会影响到其他的节点。

集线器主要用于星型与树型网络拓扑结构中,采用级联方式,如图 5-23(b)所示,以 RJ45 接口与各主机相连,实现共享网络的组建,组网灵活,是解决从服务器直接到桌面最经济的方案。

在交换式网络中,集线器直接与交换机相连,将交换机端口的数据送到桌面。

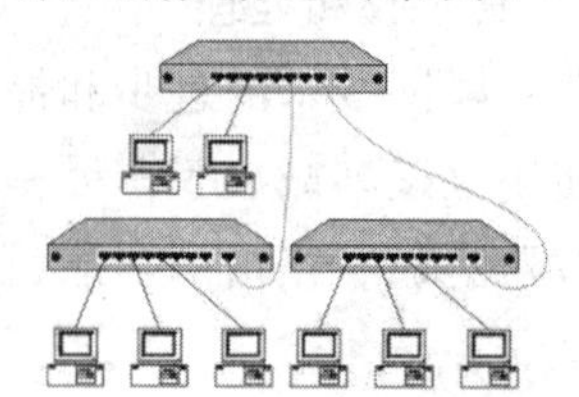

(a) 集线器 (b) 集线器级联组网

图 5-23 集线器

(5)交换机(Switch)。

Switch意为"开关",是一种用于电(光)信号转发的网络设备,在外观上,与集线器非常相似,如图5-24所示。

图5-24　交换机

但交换机与集线器有本质的不同:

①集线器是将信号收集放大后传输给所有其他端口,即传输线路是共享的。

②当信号发送到交换机时,交换机并不是简单地将信号放大、重新定时并向整个网络发送出去,而是先查看这个信号的目标节点,然后直接将这个信号发给目标节点(而不是向整个网络广播),从而大大提高了网络的利用率,而且交换机还允许多个节点同时通信,进一步提高网络的速度。因此,交换机能够选择目标端口,在很大程度上减少冲突(Collision)的发生,为通信双方提供了一条独占的线路,从而具有"开关"的作用,为接入交换机的任意两个网络节点提供独享的电信号通路。

常见的交换机有以太网交换机、光纤交换机等。

交换机可以级联或堆叠,如图5-25所示是某学校通过交换机级联对学生公寓进行组网的一个示例。整个网络采用分布式三层交换构架,由网络管理中心布线到学生公寓,对学生公寓进行管理。第一级交换机采用两台交换机冗余方式连接,这样,当其中一台交换机出现故障无法继续工作时,另一台交换机可以继续工作,从而确保网络不致中断,使整个网络继续正常运转。每个学生公寓设置一台核心交换机(第二级交换机),然后每个楼层设置两台交换机(第三级交换机)。

(6)路由器(Router)。

当网络规模较大时,通过集线器或交换机组建的网络中,信息在传输过程会出现碰撞、堵塞的情况。为了解决这些问题,可以将一个较大的网络划分为一个个小的子网或网段,在一个子网中,一台主机发出的信息只能发送到本子网上的其他主机,而其他子网的成员收不到这些信息或广播帧。采用子网划分后,可有效地抑制网络上的广播风暴,增加网络的安全性,使管理控制集中。

路由器可以将处于不同子网、网段的计算机连接起来,让它们自由通信。另外,目前的网络有很多种结构类型,且不同网络所使用的协议、速率也不尽相同。当两个不同结构的网络需要互联时,也可以通过路由器来实现。路由器可以使两个相似或不同体系结构的局域网段连接到一起,以构成一个更大的局域网或一个广域网。

例如,如图5-26所示为电信光纤宽带入户的一个示例,光纤传输的光信号经光猫(光调制调解器)转换为电信号后接入无线路由器,无线路由器组建一个子网,电脑可通过双绞线连入无线路由器,电脑和其他智能设备(手机、PDA等)也可通过Wi-Fi连入无线路由器。

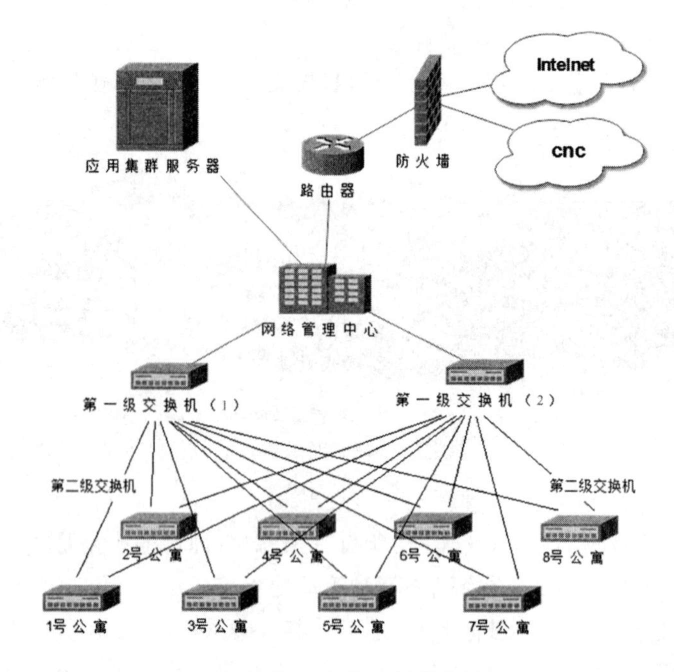

图 5－25　交换机级联组网

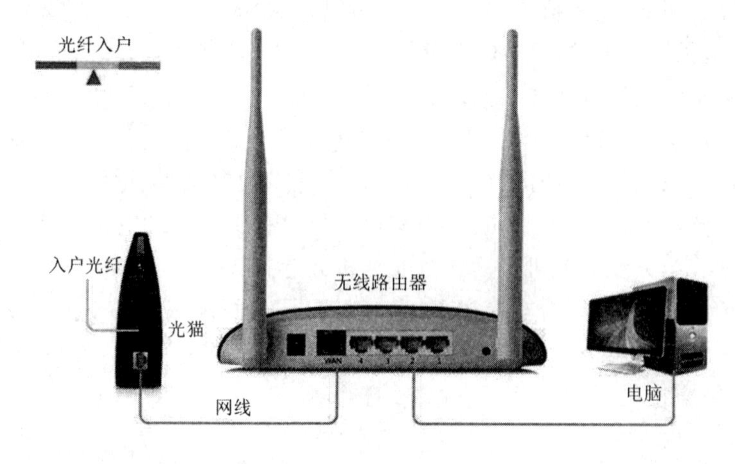

图 5－26　电信光纤宽带入户

5.2.3　Internet 地址

我们知道，使用邮政通信，要知道对方的通信地址；使用电话通信，要知道对方的电话号码。其中，邮政通信地址、电话号码都必须是唯一的，否则就会引起歧义，无法进行通信。在 Internet 中通信也是如此，通信的计算机都需要有一个唯一的地址。

在 Internet 网络中，具有独立工作能力的计算机称为主机。Internet 中的主机数量非常多，为了唯一地标识每一台主机，每一台主机都必须有一个唯一的地址，这个地址就称为 Internet 地址。

Internet 地址有两种形式：IP 地址和域名地址。

1. IP 地址

目前 Internet 广泛使用的 IP 地址格式是 IPv4（IP 第 4 版本），由 32 位二进制数（4 个字节)组成,如 11000000 10101000 00000000 00000001。为了表示方便,我们将每个字节用一个十进制数(0～255)来表示,每个十进制数之间用小数点分开,这样表示的 IP 地址称为点分十进制(Dotted Decimal)地址,例如,上面的二进制 IP 地址所对应的点分十进制 IP 地址为:192.168.0.1。

IP 地址的一般格式为:类别码+网络标识+主机标识。

其中,类别码用于区分网络或 IP 地址的类型,网络标识用于识别一个逻辑网络,而主机标识用于识别网络中一台主机的一个连接。只要两台主机具有相同的网络标识,不管它们位于何处,都属于同一个逻辑网络,但如果两台主机的网络标识不同,那么,即便它们并排放置在同一个房间,也分属于不同的逻辑网络。

根据类别码取值的不同,IP 地址共分为 A,B,C,D,E 5 种类型,其中 A,B 和 C 类地址为基本的 IP 地址。

(1)A 类地址。

A 类地址的格式如下:

0	网络标识(7 位)	主机标识(24 位)

A 类地址的第一位为"0",网络标识长度为 7 位,其中 0 和 127 保留,用于特殊目的,因此,Internet 中允许有 126 个不同的 A 类网络;主机标识长度为 24 位,因此,每个 A 类网络的主机地址数可高达 $2^{24}-2$(约 1 670 多万)个。A 类 IP 地址范围是 1.0.0.0～126.255.255.255,通常分配给拥有大量主机的大型网络,如一些大公司(如 IBM 公司)和 Internet 的主干网络。

(2)B 类地址。

B 类地址的格式如下:

10	网络标识(14 位)	主机标识(16 位)

B 类地址的前两位为"10",网络标识长度为 14 位,允许有 $2^{14}-2$(16 382)个不同的 B 类网络;主机标识长度为 16 位,每个 B 类网络的主机地址数为 $2^{16}-2$(65 534)个。B 类 IP 地址范围是 128.0.0.0～191.255.255.255,通常分配给主机数量较多的一些国际性大公司与政府机构的网络,如区域网。

(3)C 类地址。

C 类地址的格式如下:

110	网络标识(21 位)	主机标识(8 位)

C 类地址的前 3 位为"110",网络标识长度为 21 位,允许有 $2^{21}-2$(200 多万)个不同的 C 类网络;主机标识长度为 8 位,每个 C 类网络的主机地址数最多为 $2^{8}-2$(254)个。C 类 IP 地址范围是 192.0.0.0～223.255.255.255,通常分配给主机数量较少的一些小公司与普通的研究机构等的网络,如校园网,一些大的校园网也可以拥有多个 C 类地址。

(4)D 类地址。

D 类地址的格式如下:

1110	多址广播地址(28 位)

D类地址的前4位为“1110”，没有网络标识，D类IP地址范围是224.0.0.0～239.255.255.255。D类IP地址不标识网络，而是用于其他特殊用途，如多址广播(Multicasting)，目前的视频会议等应用都采用多址广播技术进行传输。

(5)E类地址。

E类地址的前4位为“1111”，暂时保留以便于实验和将来使用，E类IP地址范围是240.0.0.0～255.255.255.255。

Internet还规定了一些特殊的IP地址：

(1)主机标识为“0”的IP地址，如202.197.1.0，不分配给任何主机，仅用于表示某个网络的网络地址；

(2)主机标识为全“1”的IP地址，如202.197.1.255，不分配给任何主机，用作广播地址，如果该网络具有广播功能，则对应分组传递给该网络中的所有节点；

(3)32位全“0”的IP地址0.0.0.0表示本机地址；

(4)32位全“1”的IP地址255.255.255.255称为有限广播地址，用于本网广播，它将广播限制在最小的范围内，通常由无盘工作站启动时使用，希望从网络IP地址服务器处获得一个IP地址；

(5)IP地址127.0.0.1称为回送地址，常用于本机上软件测试和本机上网络应用程序之间的通信地址。

IP地址由国际组织按级别统一分配，机构或用户在申请入网时必须获取相应的IP地址，IP地址必须全网唯一。最高一级IP地址由国际网络信息中心(Network Information Center，NIC)负责分配，其职责是分配A类IP地址、授权分配B类IP地址的组织并有权刷新IP地址。分配B类IP地址的国际组织有3个：ENIC负责欧洲地区，InterNIC负责北美地区，APNIC负责亚太地区。我国的Internet地址由工业和信息化部信息通信管理局或相应网管机构向APNIC申请。C类IP地址由地区网络中心向国家级网管中心(如CHINANET的NIC)申请分配。

2. 子网掩码

一般来说，一个单位获取IP地址的最小单位是C类地址，一个C类网络号可以容纳254台主机。有的单位拥有足够多的IP地址却没有那么多的主机入网，造成IP地址浪费；有的则不够用，造成IP地址紧缺。为此，需要缩小网络的地址空间，在实际应用中，通常采用子网掩码屏蔽原有的网络标识部分，而获得一个范围较小的、实际的网络地址，称为子网地址。子网掩码也是32位二进制数值，分别对应IP地址的32位二进制数值。正常情况下子网掩码地址为：网络标识为全“1”，主机标识为全“0”。因此有：

(1)A类地址网络的子网掩码地址为：255.0.0.0；

(2)B类地址网络的子网掩码地址为：255.255.0.0；

(3)C类地址网络的子网掩码地址为：255.255.255.0。

将子网掩码与IP地址进行“与”运算，就可以区分一台计算机是否在本地子网。默认网关地址指定了本地子网中路由器的IP地址，当发送数据的目的主机不在本地子网中时，就不直接向目的主机发送数据，而是将数据发送到默认网关。

3. 域名地址

Internet中的每台入网主机都拥有一个全网唯一的IP地址，用户直接使用IP地址就可以访问Internet上的任意一台主机。但是由于IP地址是一串没有规律的数字，用户不易记忆,使用很不方便。为此,Internet 定义了一套有助于记忆的域名系统(Domain Name System,DNS)。

所谓域,指的就是一个范围,一个域内可以容纳许多主机。Internet 的域名系统是一种层次结构,首先,DNS 把整个 Internet 划分成多个域,称为顶级域,并为每个顶级域规定了一个国际通用的自然语言名称,称为顶级域名。然后,在每个顶级域内,再划分二级域,依此类推。

顶级域的划分方式有两种:一种是按组织模式划分为 7 个域,如表 5-1 所示。另一种是按地理模式划分,每个申请加入 Internet 的国家都可以向 NIC 注册一个顶级域名,如表 5-2 所示。

表 5-1　顶级域名分配(按组织模式)

顶级域名	组织	顶级域名	组织
com	商业机构	mil	军事机构
edu	教育机构	net	网络服务机构
gov	政府机构	org	非营利性组织
int	国际组织		

表 5-2　顶级域名分配(按地理模式)

顶级域名	国家或地区	顶级域名	国家或地区	顶级域名	国家或地区
aq	南极洲	hr	克罗地亚	pe	秘鲁
ar	阿根廷	hu	匈牙利	ph	菲律宾
at	奥地利	id	印度尼西亚	pl	波兰
au	澳大利亚	ie	爱尔兰共和国	pt	葡萄牙
be	比利时	il	以色列	ro	罗马尼亚
br	巴西	in	印度	ru	俄罗斯
ca	加拿大	ir	伊朗	sa	沙特阿拉伯
ch	瑞士	is	冰岛	se	瑞典
cl	智利	it	意大利	sg	新加坡
cn	中国	jp	日本	th	泰国
co	哥伦比亚	kr	韩国	tn	突尼斯
de	德国	lt	立陶宛	tr	土耳其
dk	丹麦	lv	拉脱维亚	ua	乌克兰
eg	埃及	mx	墨西哥	uk	英国

续表

顶级域名	国家或地区	顶级域名	国家或地区	顶级域名	国家或地区
es	西班牙	nl	荷兰	us	美国
fi	芬兰	no	挪威	uy	乌拉圭
fr	法国	nz	新西兰	yu	南斯拉夫
gr	希腊	pa	巴拿马	za	南非

NIC 将顶级域的管理权分派给指定的管理机构，各管理机构再将其管理的域划分为二级域，并将二级域的管理权分派给其下属的管理机构，如此下去，形成层次化的域名结构，如图 5－27 所示。每一个在 Internet 上使用的域名都必须向所属层次的管理机构注册，只有注册过的域名才能使用。由于管理机构是逐级授权的，所以各级域名都得到 NIC 的最终认可，成为 Internet 上的正式域名。

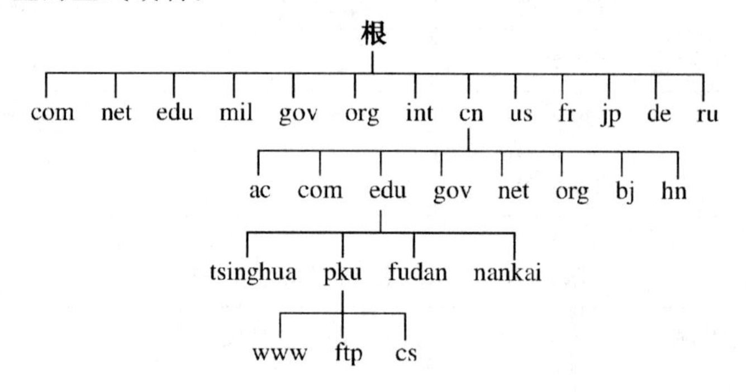

图 5－27 Internet 层次化的域名结构

中国注册登记的顶级域名 cn 由中国互联网络信息中心 CNNIC 管理。CNNIC 将 cn 域按组织模式或地理模式（所在省份和地区）划分成多个二级域，如表 5－3所示。其中二级域名 edu 的管理权由 CNNIC 授予 CERNET 网络中心，各大学和教育机构可以向 CERNET 网络中心申请注册三级域名，如 pku 代表北京大学，tsinghua 代表清华大学。这两个三级域名的管理权由 CERNET 网络中心授予北京大学和清华大学。北京大学可以继续划分四级域，并将四级域名分配给其下属各学院或主机，如 eecs 代表信息科学技术学院。

在域名系统下，一台主机的域名地址由主机名加上它所属各级域的域名共同组成，以主机名开头，顶级域名在最右边，各级域名从右向左排列，之间用小数点隔开。例如 cn→edu→pku 域下的 www 主机的域名地址为：www. pku. edu. cn。因为域名地址的各部分都具有一定的意义，用户记忆起来更方便，所以用户常使用域名地址来访问 Internet 上的主机。但 Internet 的通信软件必须使用 IP 地址发送和接收数据，当用户使用域名地址进行通信时，必须首先将域名地址映射成 IP 地址，这个过程称为域名解析或地址解析。Internet 设置了一系列的域名服务器，与域名结构相对应，域名服务器也构成树型的层次结构，如图 5－28 所示。每台域名服务器的数据库中记录了它所管辖域内的所有主机的域名地址与 IP 地址的映射信息以及根域名服务器和上一级域名服务器的 IP 地址，并以客户/服务器模式（C/S 模式）响应客户端的请求。

表5-3　我国二级域名分配

划分方式	二级域名	组织或省份(地区)	二级域名	组织或省份(地区)
按组织模式划分	ac	科研机构	gov	政府部门
	com	工商、金融等企业	net	网络信息中心和运行中心
	edu	教育机构	org	各种非营利性的组织
按地理模式划分	bj	北京市	xj	新疆维吾尔自治区
	tj	天津市	xz	西藏自治区
	sh	上海市	js	江苏省
	cq	重庆市	zj	浙江省
	hl	黑龙江省	fj	福建省
按地理模式划分	ln	辽宁省	hb	湖北省
	jl	吉林省	hn	湖南省
	nm	内蒙古自治区	jx	江西省
	he	河北省	sc	四川省
	sn	陕西省	gz	贵州省
	sx	山西省	yn	云南省
	sd	山东省	gd	广东省
	ha	河南省	gx	广西壮族自治区
	ah	安徽省	hi	海南省
	qh	青海省	tw	台湾省
	nx	宁夏回族自治区	hk	香港特别行政区
	gs	甘肃省	mo	澳门特别行政区

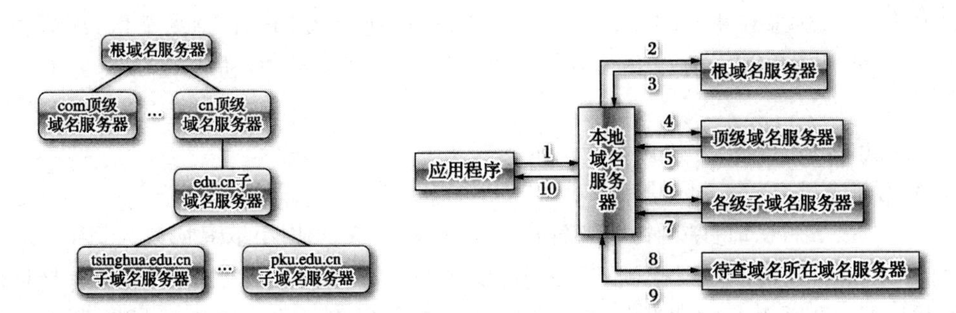

图5-28　域名服务器的层次结构　　　　**图5-29　域名解析过程图**

域名解析通常采用自顶向下逐级解析的算法,如图5-29所示。

当用户通过某应用程序使用域名地址访问Internet上的某台主机时:

(1)首先,应用程序要与系统配置的本地域名服务器进行通信,请求域名解析;

(2)本地域名服务器访问根域名服务器,返回顶级域名服务器的IP地址;

(3)本地域名服务器访问顶级域名服务器,返回下级子域名服务器的IP地址;

(4)逐级解析,直到最后一级域名服务器返回待访问主机的 IP 地址;

(5)本地域名服务器将该 IP 地址返回给应用程序;

(6)应用程序获得 IP 地址后,与相应的主机进行通信。

在 Internet 中,一台主机可以有多个域名,要使 Internet 用户能够访问到它,必须进行域名注册,并在所在域的域名服务器上登记,进行主机的域名地址和 IP 地址的映射。如果主机的 IP 地址改变,只要修改本地域名服务器的数据库,不会影响对该主机的访问。

4. IPv6

IPv6 是 Internet Protocol Version 6 的缩写。IPv6 是为了解决目前 IPv4 地址短缺问题而由互联网工程任务组(Internet Engineering Task Force,IETF)设计的用于替代 IPv4 的下一代 IP 协议。

IPv6 的 IP 地址长度增加到了 128 位(16 个字节),就像电话号码升位一样,将大大增加可用 IP 地址资源。

IPv4 技术的最大问题是网络地址资源有限。从理论上讲,IPv4 可编址 1 600 万个网络、40 亿台主机,但采用 A,B,C 三类编址方式后,可用的网络地址和主机地址的数目大打折扣,以至 IP 地址已于 2011 年 2 月 3 日分配完毕。其中北美占有 3/4,约 30 亿个,而人口最多的亚洲只有不到 4 亿个,中国截止到 2010 年 6 月 IPv4 地址数量达到 2.5 亿个,落后于 4.2 亿网民的需求。地址不足,严重地制约了中国及其他国家互联网的应用和发展。

一方面是地址资源数量的限制,另一方面是随着电子技术及网络技术的发展,计算机网络将进入人们的日常生活,可能身边的每一样东西都需要接入因特网。在这样的环境下,IPv6 应运而生。单从数量级上来说,IPv6 所拥有的地址数量是 IPv4 的约 8×10^{28} 倍,达到 2^{128}(算上全零的)个。这不但解决了网络地址资源数量的问题,同时也为除电脑外的设备接入因特网在地址数量限制上扫清了障碍。

5.2.4 Internet 协议

连入 Internet 的网络和计算机必须遵守一致的协议,即 TCP/IP 协议。其中 TCP 指传输控制协议(Transmission Control Protocol),IP 指网际协议(Internet Protocol)。但实际上,TCP/IP 协议并非仅指 TCP 和 IP 两种协议,确切地说,TCP/IP 是一个协议集,包含了上百种计算机通信协议。协议集的命名表明了 TCP 协议和 IP 协议在协议集中的重要地位。

下面简单介绍 TCP/IP 协议集中最重要的几个协议。

1. IP 协议

IP 协议是 Internet 的基础协议,目前在 Internet 上广泛使用的 IP 协议为 IPv4。

由 IP 协议控制传输的数据单元称为 IP 数据报。IP 协议对 IP 数据报格式有严格的规范,IP 数据报由报头和报文两部分组成,其中报文是上层需要传输的数据内容;报头是为了正确传输数据而加上的一些控制信息,如版本号、报头长度、生存周期、报头校验和、源站 IP 地址和目的站 IP 地址等,如图 5-30 所示。

其中:

(1)版本号:数据报对应的 IP 协议版本号,不同 IP 协议版本规定的数据报格式不同,IPv4 的版本号为 4。

(2)报头长度:包括报头长度和总长度,报头长度以 32 位双字节为单位,指出数据报报

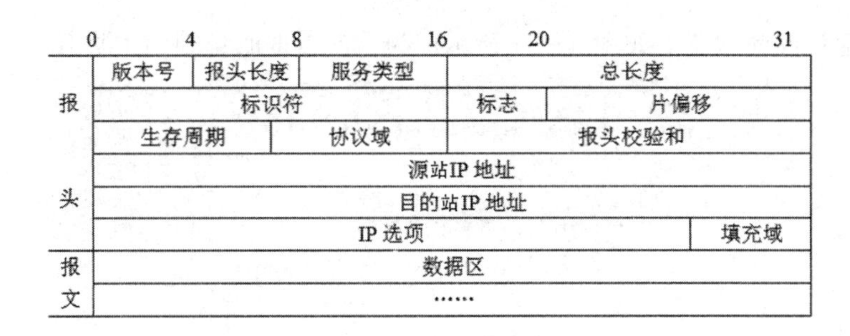

图 5－30　IP 数据报格式

头的长度；总长度以 8 位字节为单位，指出整个 IP 数据报报头＋报文的总字节数。

(3)生存周期：由源主机设置生存周期值如 64，每经过一个路由就减 1，直到为 0 时，数据报被取消传送，以避免由于路由选择错误而造成的传输死循环。

(4)协议域：指明数据区数据的格式，由上层协议(TCP 或 UDP)决定。

(5)报头校验和：是根据 IP 头部计算得到的校验和码，用于保证报头数据的完整性。

(6)源站 IP 地址和目的站 IP 地址：分别表示数据报发送方和接收方的地址。

(7)IP 选项和填充域：用来定义一些选项，如记录路径、时间戳等。

IP 协议为上层用户提供不可靠的、无连接的、尽力的数据报投递服务。

2. TCP 协议和 UDP 协议

Internet 的传输控制层协议有两个：TCP 协议和 UDP 协议。

TCP 协议在 IP 协议提供的服务基础上，提供可靠的、面向连接的、全双工数据流的投递服务。

与 TCP 协议不同，UDP 协议直接利用 IP 协议进行 UDP 数据报的传输，因此 UDP 提供的是不可靠的、无连接的数据报投递服务。当使用 UDP 协议传输信息流时，用户应用程序必须负责解决数据报丢失、重复、排序、差错确认等问题。

由于 UDP 不需要建立连接，比 TCP 简单、灵活，常用于少量数据的传输，如 DNS、一些流媒体的应用等。TCP 则适用于可靠性要求很高，但实时性要求不高的应用，如文件传输协议 FTP、超文本传输协议 HTTP、简单邮件传输协议 SMTP 等。

5.2.5　Internet 应用

1. 万维网

WWW(World Wide Web)简称为 Web，中文常译为“万维网”或“环球网”。它是目前 Internet 上最方便、最受用户欢迎的信息服务形式。

WWW 是以 Internet 为依托，以超文本标记语言 HTML 与超文本传输协议(HyperText Transfer Protocol，HTTP)为基础，向用户提供统一访问界面的 Internet 信息浏览系统。它采用超文本和超媒体的信息组织方式，并将信息之间的链接扩展到整个 Internet 上。

WWW 其实是由许许多多分布在世界各地的 Web 站点(或称网站)构成的。在 Web 站点的 Web 服务器上存储了可以在 Internet 上发布的各种各样的信息，这些信息是以网页的形式存储和传送的。网页又被称为 Web 页，当用户访问 Web 站点时，由 Web 服务器传送过来的第一个网页称为主页(Homepage)。通常，主页起导航的作用，在主页中有对该 Web 站点的内容说明，并包括指向该网站其他网页或其他相关 Web 站点的超级链接，以帮助用户轻松方便地访问和浏览。如图 5-31 所示即为访问百度时见到的主页。

图 5-31 百度的主页

WWW 是目前 Internet 上发展最快、应用最广的信息浏览机制,大大促进了 Internet 的发展。WWW 已不是传统意义上的物理网络,而是在超文本和超媒体基础上形成的信息网络。

(1)超文本与超级链接。

超文本(Hypertext)与传统的文本有较大的区别。普通的书刊和计算机上普通文档中的文本都属于线性结构,也就是说人们在阅读它们时通常是按顺序读下去的。超文本则不同,它是一种非线性结构,在制作超文本时可将其素材按其内部的联系划分成不同层次的信息单元,然后通过创作工具或超文本制作语言将其组织成一个文件。在这种超文本文件中,某些文字、符号或图形起着"热链接(Hotlink)"或"超级链接(Hyperlink)"的作用,为了区别于一般的文字,它们通常采用下划线、高亮度或特殊颜色显示,当鼠标指针移至其上并单击时,屏幕显示的内容就会迅速跳转到该文本被链接的另一处或另一个被链接的文档。

超媒体(Hypermedia)进一步扩展了超文本所链接的信息类型。用户不仅能通过单击"超级链接"从一个文本跳转到另一个文本,而且可以激活一段声音,显示一幅图像,甚至播放一段动画或视频。

目前,超文本与超媒体的界限已相当模糊,通常所指的超文本一般也包括超媒体的概念。

(2)HTML。

超文本标记语言(HyperText Markup Language,HTML),是一种专门用于创建 Web 超文本文档的编程语言,它能告诉 Web 浏览程序如何显示 Web 文档(即网页)的信息,如何链接各种信息。使用 HTML 语言可以在其生成的文档中含有其他文档,或者含有图像、声音、视频等,从而形成超文本、超媒体文档。其实,超文本文档本身并不真正含有其他的文档或以上所说的这些多媒体数据,它仅仅含有指向这些文档或多媒体信息的指针,这些指针就是通常所说的超级链接。通过这些指针甚至可以将存放在世界各地 Web 服务器上不同类型的信息链接在一起,形成一个信息网 Web。

(3)WWW 工作过程。

WWW 服务系统采用客户机/服务器(C/S)工作模式,由 3 个部分组成:浏览器、Web 服务器和超文本传输协议 HTTP。在 Internet 上有数以百万计的 Web 服务器,以 Web 页的形式保存了各种各样丰富的信息资源。如图5-32所示，用户通过客户端应用程序——浏览器，向Web服务器提出请求，Web服务器将被请求的Web页发送给浏览器，浏览器将接收到的Web页以一定的格式显示给用户，浏览器和Web服务器之间使用HTTP协议进行通信。

图5-32　WWW工作过程

(4)URL地址。

Internet上的每一个信息资源都有一个统一的、全网唯一的地址，称为统一资源定位符(Uniform Resource Locator，URL)地址。URL地址的格式如下：

协议类型://主机地址/文件路径

①“协议类型”表示采用什么协议访问哪类资源，以便浏览器决定用什么方法获得资源，例如：

http://表示采用超文本传输协议HTTP访问WWW服务器。

ftp://表示通过文件传输协议FTP访问FTP服务器。

②“主机地址”表示要访问的主机的IP地址或域名地址；

③“文件路径”表示信息在主机中的路径和文件名，如果缺省文件路径，则表示定位于Web服务器的主页。

(5)WWW浏览器。

WWW浏览器是WWW服务系统中的客户程序。在WWW服务系统中，浏览器负责接收用户的请求，利用HTTP协议将用户的请求发送到WWW服务器，并且负责对返回的请求页面进行解释，然后显示在用户的屏幕上。

世界上第一个WWW浏览器是1993年初问世的Mosaic，随后WWW浏览器技术迅速发展。现代的浏览器软件功能非常强大，除了可以浏览WWW服务器上的Web页面，还可以访问Internet上其他服务器的资源，如FTP服务器、电子邮件服务器等。

简单地说，浏览器的功能就是资源请求和资源解释。由于采用多种通信方式，请求的资源类型各不相同，浏览器由一系列客户单元、一系列解释单元和一个控制单元组成。客户单元接收用户的键盘或鼠标输入，并调用其他单元完成用户的指令；解释单元负责资源的解释和显示；控制单元是浏览器的核心，负责协调和管理客户单元和解释单元。

目前最流行的浏览器软件主要有Internet Explorer(简称IE)、Chrome和百度、360、QQ浏览器等。

2. 电子邮件(E-Mail)

电子邮件服务是目前Internet上使用频繁的服务之一。与传统的通信方式相比，E-Mail具有快速、经济、简便、不要求通信双方都在线以及支持群发和多媒体等优点。

电子邮件服务采用客户机/服务器工作模式。在Internet中有大量的电子邮件服务器

（简称邮件服务器），它的作用类似于邮局，接收用户或从其他邮件服务器发来的邮件，并根据收件人的不同将邮件分发到各自的电子邮箱。用户要想使用邮件服务器发送或接收邮件，必须向其申请一个账号，包括用户名和密码。一旦用户拥有了账号，邮件服务器就会为他开辟一个存储邮件的空间，称为邮箱，作用类似于邮政信箱。

电子邮件的收发过程如图 5-33 所示。

图 5-33　电子邮件收发过程

每个用户邮箱都有一个全网唯一的邮箱地址，也称为电子邮件地址或 E-Mail 地址，由两部分组成：前一部分是用户在邮件服务器申请的用户名，后一部分是邮件服务器的主机名或域名，中间用“@”分隔，如 honeymary@hotmail.com。Internet 上有许多提供免费电子邮箱的网站，只要通过简单的注册，就可以获得一个不错的免费邮箱。如果想享受质量更高、更可靠、容量更大的邮箱服务，可以选择收费邮箱。

一个用户可以申请多个邮箱，比如一个用于工作联系，一个用于私人交往等。

3. 文件传输

文件传输是 Internet 提供的一项基本服务，通过 Internet，可以把文件从一台计算机传送到另一台计算机。文件传输服务必须遵循文件传输协议（File Transfer Protocol，FTP）。FTP 采用客户机/服务器工作模式，用户计算机称为 FTP 客户机，远程提供 FTP 服务的计算机称为 FTP 服务器，它通常是信息服务提供者的计算机。

通过 FTP 进行文件传输与两台计算机的物理位置、连接方式以及所使用的操作系统无关。在 Internet 上有许多 FTP 服务器，里面提供了许多有用的资源和免费软件，用户只要在本地计算机上安装、运行 FTP 客户程序，如 IE，CuteFTP 等，就可以完成两台计算机之间的文件传输。

通过 FTP 从远程计算机上获取文件称为下载（Download）；将本地计算机上的文件复制到远程计算机上称为上传（Upload）。FTP 的工作过程如图 5-34 所示。

图 5-34　FTP 工作过程

4. 网上交流

随着网络时代和信息时代的到来，网上交流的方式越来越多，除了电子邮件以外，还有腾讯 QQ、微信、BBS、微博等，为人们的工作、学习、生活带来了极大的便利。

（1）腾讯 QQ。

腾讯 QQ（简称“QQ”）是腾讯公司开发的一款基于 Internet 的即时通信（Instant Messaging，IM）软件。腾讯 QQ 支持在线聊天、视频聊天以及语音聊天、点对点断点续传文件、共享文件、网络硬盘、自定义面板、QQ 邮箱等多种功能，并可与移动通信终端等多种通信方式相连。

(2)微信。

微信(WeChat)是腾讯公司于 2011 年初推出的一款快速发送文字和照片、支持多人语音对讲的手机聊天软件。用户可以通过手机或平板电脑快速发送语音、视频、图片和文字。微信提供公众平台、朋友圈、消息推送等功能,用户可以通过"摇一摇""搜索号码""附近的人""扫二维码"方式添加好友和关注公众平台,同时微信将内容分享给好友以及将用户看到的精彩内容分享到微信朋友圈。

微信支持多种语言,支持 Wi-Fi 无线局域网,2G、3G 和 4G 移动数据网络,iOS 版、Android 版、Windows Phone 版等手机操作系统。

目前,QQ、微信是亚洲地区用户群体最大的移动即时通讯软件。

(3)BBS。

电子公告板(Bulletin Board System,BBS)是 Internet 上的一种电子信息服务系统。它拥有公告、讨论区、阅读新闻、下载软件、上传数据以及与其他用户在线对话等功能,每个用户都可在上面发布信息或提出看法。后来,BBS 泛指网络论坛或网络社群。

国内曾经著名的 BBS 有北大未名 BBS、水木清华 BBS 等。

(4)微博。

微博是微型博客(MicroBlog)的简称,即一句话博客,是一种通过关注机制分享简短实时信息的广播式的社交网络平台,用户可以通过 Web、WAP 等各种客户端组建个人社区,更新信息,并实现即时分享。

微博作为一种分享和交流平台,更注重时效性和随意性。微博更能表达出每时每刻的思想和最新动态,而博客则更偏重于梳理自己在一段时间内的所见、所闻、所感。因微博而诞生出微小说这种小说体裁。

最早最著名的微博是美国的 Twitter,是微博类的鼻祖。

5. 电子商务与电子政务

(1)电子商务。

顾名思义,电子商务(Electronic Business)是指在 Internet 上进行的商务活动。狭义的电子商务也称作电子交易(Electronic Commerce),主要指利用 Internet 提供的通信手段在网上进行的交易。这里所说的电子商务是广义的,除电子交易以外,还包括利用 Internet 进行的全部商业活动,如市场分析、原材料查询与采购、产品展示、订购、储运以及客户联系等,这些商务活动可以发生于企业内部、企业之间及企业与消费者之间,据此可将电子商务划分为 3 类:

①企业内部电子商务:即通过企业内部网 Intranet 完成企业内部的信息共享、工作流程管理、资金调度管理等商务活动;

②企业与企业之间的电子商务:即所谓的 B2B(Business to Business),不同企业之间通过网络连接起来,完成重要的商务交易,包括合同洽谈、购买、资金转账等;

③企业与消费者之间的电子商务:即所谓的 B2C(Business to Consumer),也就是通常所说的网上购物,企业、商家可充分利用电子商城提供的网络基础设施、支付平台、安全平台、管理平台等共享资源,有效地、低成本地开展自己的商业活动。

(2)电子政务。

所谓电子政务,是指政府机构为了适应经济全球化和信息网络化的需要,应用现代信息和通信技术，将政务处理和政务服务的各项职能通过网络技术进行集成，在 Internet 上实现政府组织结构和工作流程的优化重组，超越时间、空间与部门分隔的限制，全方位地向社会提供优质、规范、透明的管理和服务，以实现提高政府管理效率、精简政府管理机构、降低政府管理成本、改进政府服务水平等目标。

电子政务的主要模式有 3 种：

①政府间的电子政务(Government to Government，G2G)；

②政府对企业的电子政务(Government to Business，G2B)；

③政府对公民的电子政务(Government to Citizen，G2C)。

电子政务是现代政府管理手段的重大变革，在电子政务建设中，网络是基础，安全是关键，应用是目的。

我国于 1999 年启动政府上网工程，2001 年提出电子政务建设。总的来说，推进电子政务的发展能够促进政府职能的转变，增强推行政令的时效性，提高政府工作的效率，促进政务公开和廉政建设，促进决策的民主化和科学化，节约大量人力和财力。

5.3 数据库技术

在计算机诞生后的初期，计算机主要应用于科学计算，数据量较少。随着社会的进步和计算机的发展，计算机的应用越来越普及，产生了大量的数据，为了有效地管理各类数据，提高数据的共享程度，数据库技术应运而生，从而进一步推动了计算机在各个应用领域中的应用。目前，数据处理已成为计算机应用的主要方面之一。

5.3.1 数据库基础

随着社会信息化程度的越来越高，我们每天产生的数据量越来越大，例如，微信、QQ 聊天记录，银行交易记录，网店购物记录，食堂餐饮消费记录，等等。同时，我们每天也获取越来越多的信息，例如，上网看新闻，微信、QQ 聊天以及查看各种其他信息，等等，如图 5 - 35 所示为查看当前的实时火车票信息。

仔细琢磨一下，这些数据或信息有一个共同点，那就是，它们存放在哪里我们并不知道，其实我们也根本就不需要关心它们存放在哪里，当我们需要查看信息的时候，一打开它就“来”了，我们填写相关内容之后，一点击【提交】或【确认】之类的按钮就把相关数据保存起来了。

要做到这一点，毫无疑问，网络功不可没，没有网络一切免谈，实际上，我们现在的生活基本上已经离不开网络了。然而，还必须要有另外的一个非常重要的技术支撑着，那就是数据库技术。

所谓数据库(DataBase，DB)，就是按照数据结构来组织、存储和管理数据的仓库，它产生于 20 世纪 60 年代后期，是在计算机应用对数据共享的强烈需求背景下产生的。数据库最主要的功能和目的就是提供数据的共享。

通过数据共享，才能随时随地将我们产生的数据保存下来；通过数据共享，才能随时随

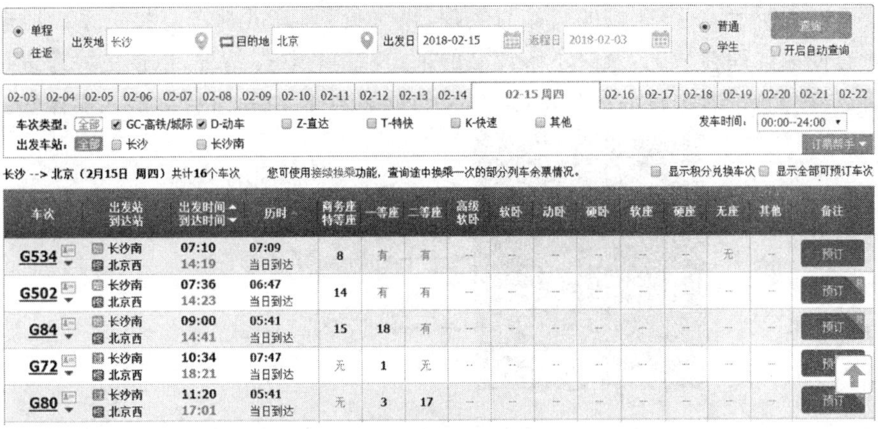

图 5－35　12306 网站的实时火车票信息

地将我们需要查看、能够查看的信息“调”出来。

1. 数据与信息

数据与信息是计算机数据处理中的两个基本概念。

数据是用于记录客观事物状态的物理符号，可以是数字、字符、图像、声音或其他能够表达客观事物状态的任意符号。为了能够让计算机来处理这些数据，首先，必须采用合适的编码方法把它们转换为二进制表示形式并输入到计算机中保存起来，例如 ASCII 码、汉字编码、位图图像编码、MP3 编码等。例如，临床医学专业的何芳同学，学号为 2007190188，性别为女，并有照片，那么，这里的“临床医学”“何芳”“2007190188”“女”以及照片都是数据。

信息是数据所包含的意义。信息是经过加工处理并对人类社会实践和生产活动产生决策影响的数据。不经过加工处理的数据只是一种原始材料，对人类活动产生不了决策作用，它的价值只是在于记录了现实世界的客观事实。只有经过提炼、加工处理后，原始数据才会发生质的变化，给人们以新的知识和智慧，并进一步影响和指导人类社会实践和生产活动。

数据与信息既有区别，又有联系。数据是信息的载体和表现形式。

数据是用于表示信息的，但并非任何数据都能表示信息；信息是加工处理后的数据，是数据所表达的内容。另一方面，信息不会随表示它的数据形式的变化而改变，它是反映客观现实世界的知识；而数据则具有任意性，用不同的数据形式可以表示同样的信息。

例如，一个城市的天气预报情况是一条信息，而描述该信息的数据形式可以是文字、图像或声音等。在不需要严格区分时，数据与信息可以统一。

2. 数据处理

数据处理是指将数据转换成信息的过程。它包括对数据的收集、存储、分类、计算、加工、检索和传输等一系列活动。其基本目的是从大量杂乱无章的、难以理解的数据中整理出对人们有价值、有意义的数据（即信息），为决策提供理论依据。

例如，某企业的产品月生产和销售数量记录了产品的产销情况，属于原始数据，对这些数据进行分析和处理之后，可以获得相关信息，是“供过于求”还是“供不应求”，从而可以为制定或调整下一步的生产计划提供决策支持。

3. 数据库的建立

所谓数据库，可以简单地理解为数据的仓库。既然是数据的仓库，那么，我们可以将其与现实生活中的仓库比较一下。

如图5-36所示，一个商场的商品与经理、销售员、采购员都有直接关系。经理需要掌握商场所有商品的库存情况，及时了解商品的采购和销售具体情况，以便更好地进行经营管理；销售员将商品售出，进行商品出库操作；采购员采购商品后，进行商品入库操作。

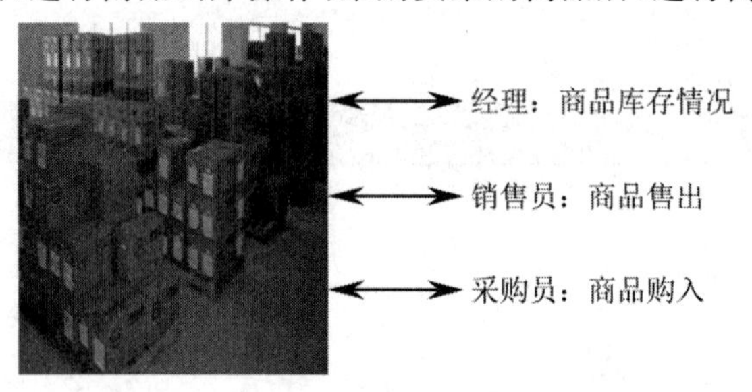

图5-36 商场商品与相关人员间的关系

如果没有仓库管理员，那么，会带来如下一系列的问题：

(1)仓库里的商品没有人来管理，会一团糟，不会像图5-36中那样，分门别类，码放整齐。即使一开始已经整理好了，但每当商品出库、入库时，销售员和采购员都必须在出库、入库后要保持仓库商品的整齐性。

(2)经理如果要了解库存情况，需要跑到仓库来盘存。

(3)销售员卖出商品时，需要到仓库中找到该商品并出库，因为不熟悉仓库情况，也许要找半天。

(4)采购员把商品采购回来后，要把各种商品放到相应的地方，同样，因为不熟悉仓库情况，也许要忙乎一天。

(5)为了保证账目的正确性，每当商品出库、入库时，销售员和采购员都必须认真进行登记。

(6)必须默认经理、销售员、采购员的工作都是认真的，且正确无误的，否则，账目就会出错。

由此可见，如果没有仓库管理员，工作就会非常烦琐，效率非常低下，并且不能保证账目的准确性。

怎么办呢？只要设置仓库管理员，则业务流程就变成了如图5-37所示，这样一来，问题就简单多了：

(1)如果经理想要库存情况，只要跟仓库管理员说一下就行，马上就可以得到。

(2)如果销售员销售商品，只需把销售清单给仓库管理员，仓库管理员就会快速地把商品找到并进行出库。

(3)如果采购员采购商品，只需把采购清单及商品交给仓库管理员，等仓库管理员清点正确后就可以不用管了，仓库管理员会进行登记并把商品存放到正确的位置。

实际上，这也是模块化设计的思想，仓库管理员、经理、销售员、采购员等各司其职，仓库管理员提供一个接口，对内管理好仓库，对外满足经理、销售员、采购员等相关人员的请求，从而使得整个工作不但做得更好，而且效率更高。

数据库管理技术就像仓库管理技术一样，如图5-38所示，数据库相当于仓库，数据库管理系统(DataBase Management System，DBMS)就是仓库管理员，不论哪个应用程序需要什么样的数据请求(读取、修改、添加)，只需要把要求告诉数据库管理系统就行。

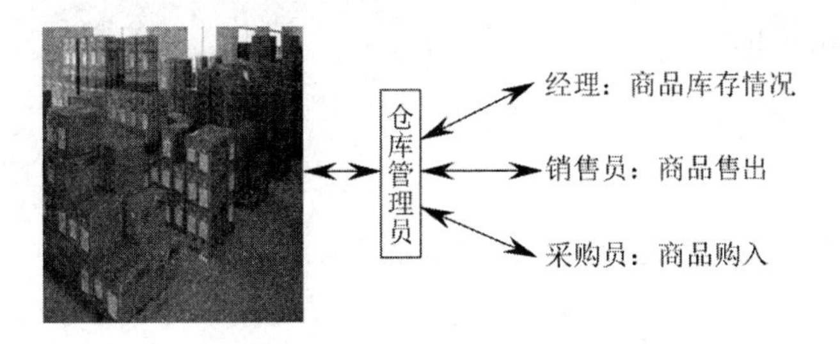

图 5 - 37　添加仓库管理员后的业务流程

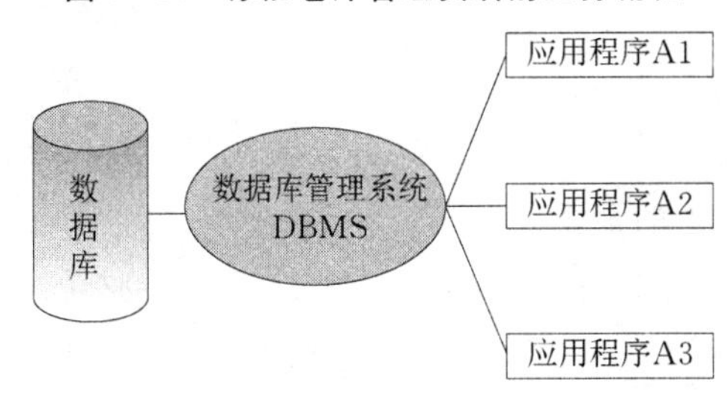

图 5 - 38　数据库 - 数据库管理系统 - 应用程序间的关系

4. 数据管理技术的发展

数据管理技术是指对数据进行分类、组织、编码、存储、检索和维护的技术，它是数据处理的中心问题，也是数据库系统的核心任务。随着计算机软硬件技术的不断发展和人们需求的不断扩大，数据管理技术在不断地发展，从低级到高级、从简单到逐步完善，经历了人工管理、文件管理和数据库管理等发展阶段。

(1)人工管理阶段。

在计算机诞生后的 10 多年中，计算机主要应用于科学计算，需要处理的数据也相对较少，一般不需要长期保存数据。在硬件方面，没有磁盘等直接存取的外存储器，只有卡片、纸带、磁带等存储设备。在软件方面，没有操作系统，也没有对数据进行专门管理的软件。

在这个阶段，数据从属于程序，如图 5 - 39 所示，数据和程序不具有独立性，对数据的管理是由程序员个人考虑和安排的，他们既要设计算法，又要考虑数据的组织和输入、输出。

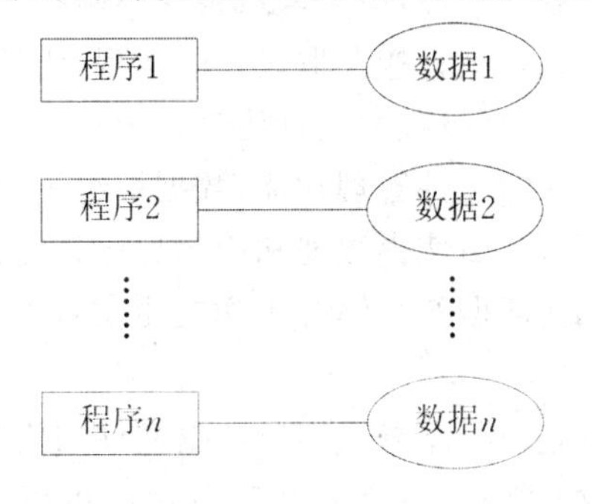

图 5 - 39　数据从属于程序

数据依附于处理它的应用程序，有很多弊端：一方面数据不能实现共享而无法被其他程序使用；另一方面数据结构的变化会导致应用程序的修改，同时应用程序的修改也可能导致数据结构的变化，二者相互依赖。

例如，以下为两个 C 语言程序，分别求 10 个数据之和与最大值。

```
/* 程序 1:求 10 个数之和 */
```

```
#include <stdio.h>
main()
{
    int i,s;
    int a[10]={66,55,75,42,86,77,96,89,78,56};
    s=0;
    for(i=0;i<10;i++)
        s=s+a[i];
    printf("%d",s);
}
/*程序2:求10个数中的最大值*/
#include <stdio.h>
main()
{
    int i,s;
    int a[10]={66,55,75,42,86,77,96,89,78,56};
    s=a[0];
    for(i=1;i<10;i++)
        if(s<a[i]) s=a[i];
    printf("%d",s);
}
```

在这两个程序中,所要处理的数据和程序是一体的,数据不能自由修改,一旦需要修改,则程序也必须修改。

(2)文件管理阶段。

20世纪50年代后期至60年代中后期,人们对计算机处理能力提出了更高的要求,不仅要进行科学计算,还要进行数据管理,应用领域也在不断扩大。

在硬件方面,随着磁盘等大容量直接存取设备的出现,为计算机系统管理数据提供了物质基础;在软件方面,操作系统和高级程序设计语言的出现,又为数据管理提供了技术支持。

在这个阶段,利用操作系统的文件管理功能,数据被组织成文件,如图5-40所示,应用程序被设计成从文件读取数据,从而使得数据和应用程序开始具有了一定的独立性,在一定程度上减轻了程序员的工作量(数据的存储等工作交由文件管理来完成),也使数据具有了一定的共享能力。

采用文件的形式之后,相应的程序只要知道数据文件的格式,就可以从该数据文件中读取数据并进行处理,如图5-41所示,两个C语言程序都可以读取数据文件Data.dat中的10个数,然后分别对它们进行求和和求最大值。如果需要计算另外10个数的和或最大值,则只需要修改Data.dat文件中的数据就可以了,并不需要修改程序。

然而,由于采用文件形式管理的数据并没有统一的组织方法,也没有统一的管理机构,因而数据所具有的独立性和共享能力是有限的。一个数据文件,也许只有相关几个应用程序才了解其数据结构,才能对它进行存取并实现共享,并不是所有应用程序都能对它进行存取。因此,当数据量和使用数据的用户越来越多时,文件管理系统便不能更有效地适应使用

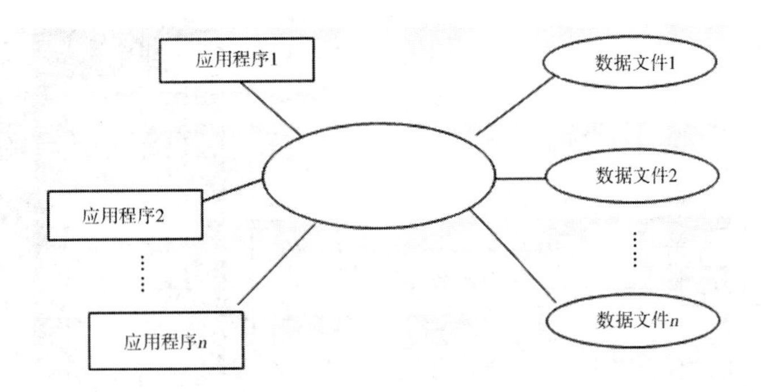

图 5-40　数据被组织成文件

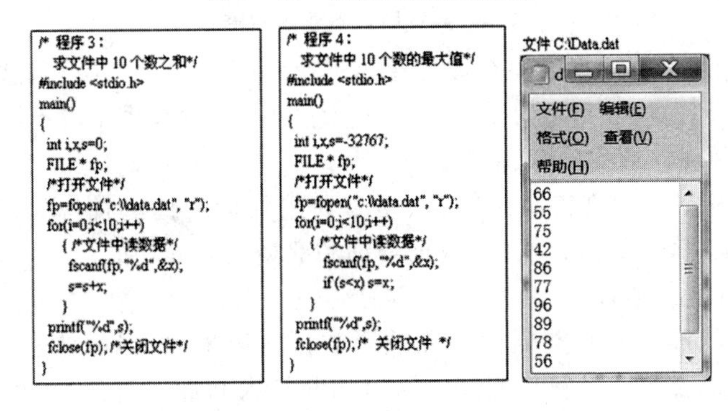

图 5-41　从数据文件中读取数据

数据的需要了，存在着数据独立性差、数据冗余度大、缺乏对数据的统一管理机制等缺陷。

例如，如图 5-41 所示，如果现在想计算 20 个数的和，那么就要修改程序了，仅修改数据文件是不行的。

(3)数据库管理阶段。

从 20 世纪 60 年代后期开始，利用计算机进行数据处理的规模和应用范围越来越大，数据量急剧增加，数据共享要求更高，已有的数据管理技术和手段已经不能满足需求的发展。

在硬件方面，大容量磁盘问世，存储空间不再是主要矛盾；在软件方面，为解决多用户、多应用程序共享数据的需求，数据管理在文件系统的基础上发展到数据库系统。

在数据库管理阶段，数据被组织成库，然后由数据库管理系统(DBMS)来对数据进行统一的控制和管理，如图 5-42 所示，把所有相关应用程序中所使用的数据汇集起来，按统一的数据模型，以记录为单位、以文件的方式存储在数据库中，为各个应用程序提供方便、快捷的查询和修改等服务。

在数据库管理模式中，应用程序和数据库之间保持了高度的独立性，数据具有完整性、一致性和安全性，并具有充分的共享性，有效地减少了数据冗余。

如图 5-42 所示，假设现在仍要计算某些数的和与最大值，则只要把相应的数据准备好，然后通过下面的两条命令，就可以方便地得到相应数据的和与最大值：

①求和：SELECT sum(Num) FROM Data；

②求最大值：SELECT max(Num) FROM Data。

采用这种方法，可以方便地求得任意多个数的和与最大值，连程序都不用编。

DBMS 提供的这个接口称为结构化查询语言(Structured Query Language，SQL)。

SQL 是由美国国家标准协会(American National Standards Institute，ANSI)于 1986 年

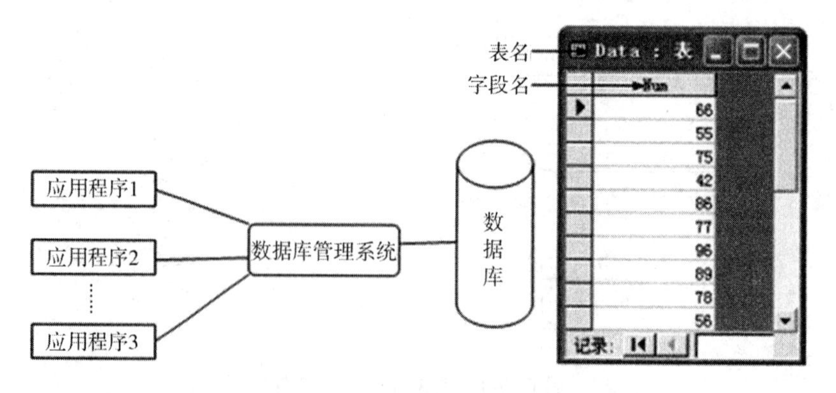

图 5-42 DBMS 管理数据

10 月公布的，随后 SQL 就被当作关系数据库的工业标准语言。1987 年，这个标准被国际标准化组织（ISO）批准为国际标准，并在这个基础上进行了补充，从而使不同的关系数据库之间实现了数据库操作的一致性和可移植性。

SQL 是一种功能强大、语言结构简洁、易学易用的标准化语言，总共只定义了 9 个命令，分别用于完成数据定义、数据操纵、数据查询和数据控制等功能。

（4）现代数据库管理阶段。

20 世纪 70 年代提出关系数据模型和关系数据库以来，数据库技术得到了蓬勃发展。但随着计算机技术的发展及计算机应用的需求不断扩大和深入，占主导地位的关系数据库已不能满足新的应用领域的需求。例如，在实际应用中，除了需要处理数字、字符数据的简单应用外，还需要存储并检索更复杂的数据，如多媒体数据、工程图纸和地理信息系统数据等。对于这些复杂的数据，关系数据库已经无法实现对它们的管理，从而促使数据库技术不断向前发展，涌现出了许多不同类型的数据库系统，成为未来数据库系统的发展方向。

①分布式数据库系统。分布式数据库系统是指在地理上分布在计算机网络的不同节点，逻辑上属于同一个的数据库系统，它不同于将数据存储在服务器上供用户共享存取的网络数据库系统。分布式数据库系统不仅支持局部应用，存取本地节点或另一节点的数据，而且支持全局应用，可同时存取两个或两个以上节点的数据。

例如，我国铁路、民航的客票发售和预订系统就是典型的分布式数据库系统。分布式数据库系统是数据库技术与计算机网络技术、分布处理技术相结合的产物。

②面向对象数据库系统。面向对象数据库系统是将面向对象的模型、方法和机制与先进的数据库技术有机结合而形成的新型数据库系统。它是从关系模型中脱离出来的，强调在数据库框架中发展类型、数据抽象、继承和持久性。

③多媒体数据库系统。多媒体数据库系统是数据库技术与多媒体技术相结合的产物。在许多数据库应用领域中，涉及大量的多媒体数据，如图像、声音、视频等，这与传统的数字、字符等格式的数据有很大的不同。

④Web 数据库系统。Web 数据库系统是随着 Internet 技术的产生和广泛应用，为了适应 Internet 上信息资源的复杂性和不规范性，在关系数据库的基础上增加面向对象成分以增加处理多种多样的复杂数据类型的能力，增加各种中间件技术以扩展 Internet 应用能力的数据库系统。

⑤数据仓库。随着信息技术的高速发展，数据库应用的规模、范围和深度不断扩大，一般的事务处理已不能满足应用的需求，需要在大量数据、信息的基础上提供决策支持，数据仓库（Data Warehouse，DW）的兴起满足了这一需求。数据仓库提供决策支持，涉及三方面

的技术内容:数据仓库技术、联机分析处理技术和数据挖掘技术。

⑥并行数据库。并行数据库是并行技术和数据库技术的结合。它充分利用多处理器平台的并行能力,通过多种并行性(查询间并行、查询内并行和操作内并行),在联机事务处理和决策支持应用环境中提供快速的响应时间和较高的事务吞吐量。

5. 数据库系统的组成

数据库系统(DataBase System,DBS)是指引进了数据库之后的计算机系统,它是把有关计算机硬件、软件、数据和人员组合起来为用户提供信息服务的系统。因此,数据库系统是由计算机硬件、计算机软件、数据库和相关人员组成的具有高度组织性的总体。

(1)计算机硬件。

计算机硬件是数据库系统的物质基础,是存储数据库及运行数据库管理系统的硬件资源,主要包括主机、存储设备、输入/输出设备以及计算机网络环境。

(2)计算机软件。

数据库系统中的软件包括操作系统、数据库管理系统及数据库应用系统等。

数据库管理系统是数据库系统的核心软件。它提供数据定义、数据操纵、数据维护、数据库管理和控制以及通信等功能,如表5-4所示,对数据库中的数据资源进行统一管理和控制,将用户、应用程序与数据库中的数据相互隔离,其功能的强弱是衡量数据库系统性能优劣的主要指标。

表5-4　DBMS的功能

功能	功能描述
数据定义	定义和刻画数据库的逻辑结构,描述数据之间的联系,实现数据库和索引的建立、修改、删除
数据操纵	实现对数据库的查询、插入、更新、删除等基本操作
数据维护	实现初始数据的输入,数据的转存、再组织,数据库的维护与性能监视及故障后的系统恢复等
数据库管理和控制	高度统一数据库的运行和使用,保证数据的安全性、完整性和并发性
通信	提供数据库与操作系统的联机处理接口以及与远程作业输入的接口

DBMS功能的强弱随系统而异,大系统功能较强、较全;小系统功能较弱、较少。目前比较流行的数据库管理系统有MySQL、SQL Server、Oracle、Sybase、Access等。

数据库应用系统是指系统开发人员利用数据库系统资源开发出来的,面向某一类实际应用的应用软件系统。它分为两类:管理信息系统(Management Information System,MIS)和开放式信息服务系统。无论是哪一类系统,从实现技术角度而言,都是以数据库技术为基础的计算机应用系统。

例如,教务管理系统就是一个典型的MIS系统。

(3)数据库。

数据库(DB)是指数据库系统中按照一定的方式组织的、存储在外部存储设备上的、能为多个用户共享的、与应用程序相互独立的相关数据集合。它不仅包括描述事物的数据本身,而且还包括相关事物之间的联系。

数据库中的数据往往不是像文件系统那样,只面向某一项特定应用,而是面向多种应用,可以被多个用户、多个应用程序共享。其数据结构独立于使用数据的程序,对于数据的增加、删除、修改和检索由 DBMS 进行统一管理和控制,用户对数据库进行的各种操作都是通过 DBMS 实现的。

(4)数据库系统的相关人员。

数据库系统的相关人员主要有三类:最终用户、数据库应用系统开发人员和数据库管理员。

最终用户是指通过数据库应用系统提供的用户界面使用数据库的人员,他们一般对数据库知识了解不多。

数据库应用系统开发人员是指开发数据库应用系统的相关人员,包括系统分析员、系统设计员和程序员等。

数据库管理员(DataBase Administrator,DBA)是指数据管理机构的人员,他们负责对整个数据库系统进行总体控制和维护,以保证数据库系统的正常运行。

综上所述,数据库中包含的数据是存储在存储介质上的数据文件的集合;每个用户均可使用其中的数据,不同用户使用的数据可以重叠,同一组数据可以为多个用户共享;DBMS 为用户提供对数据的存储组织、操作管理功能;用户通过 DBMS 和应用程序实现对数据库系统的操作与应用。

5.3.2 数据库原理

1. 数据抽象与转换

现实生活中,我们经常遇到表格,如图 5-43 所示,既有规则的,也有不规则的。

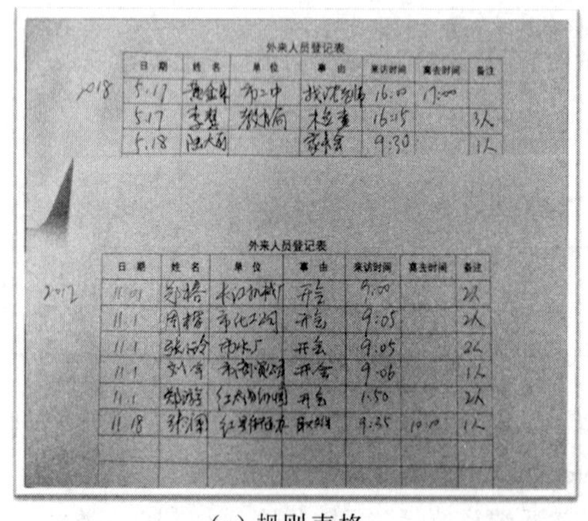

(a) 规则表格

(b) 不规则表格

图 5-43 现实生活中的表格

首先,我们要对这些表格进行抽象,寻找适合于计算机来组织和管理的表示方式。以"外来人员登记表"为例,如图 5-43(a)所示,我们发现,这是一个规则表格,每一行登记一个访客,其中,每个访客需要登记日期、姓名、单位、事由、来访时间、离去时间、备注等信息,如表 5-5 所示。

表 5－5　外来人员登记表

日期	姓名	单位	事由	来访时间	离去时间	备注
2012.11.1	郑游	红太阳幼儿园	开会	13:50	16:20	2 人
2012.11.18	张澜	红星街道办	取文件	9:35	10:10	1 人
…						

如图 5－43(b)所示"消防志愿者注册登记表"则相对复杂一些，这是一个不规则表格。但是我们注意到，每个志愿者需要填写一张表格，也即一张表格对应一个志愿者，每个志愿者具有姓名、性别、出生年月、照片等很多信息。如果将每个志愿者需要填写的信息罗列出来，那么，也可以将它们组织成一个如表 5－5 所示的表格。在这个表中，每个志愿者只需填写一行。只是，在现实生活中，设计一个这么"宽"或"长"的表格，一方面不好印刷，另一方面也不美观，填起来很不方便，但对于计算机来说，这却不是问题，因为在数据库中，表格是"虚"的，我们既看不到也摸不着，无论这个表格有多"宽"或多"长"，都无所谓，只要我们将输入数据的界面设计得美观、实用、符合我们的日常习惯就行。

通过这样的抽象之后，我们就可以将表 5－5 的内容输入到计算机中，例如，我们可以使用 Access 创建一个数据库，再创建一个"外来人员登记表"，输入数据，如图 5－44 所示。

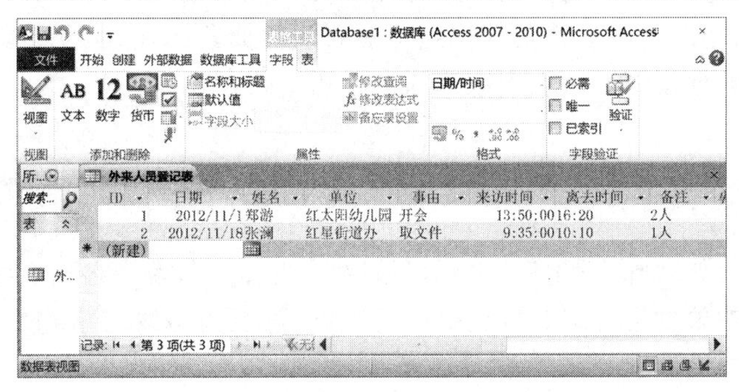

图 5－44　"外来人员登记表"在计算机中的表示

2. 数据描述

计算机数据处理的对象是现实生活中的客观事物，如何用数据来描述、解释现实世界，运用数据库技术来表示、处理客观事物及其相互关系，需要采取相应的方法和手段。

(1)数据描述的 3 个层次。

从上面数据的抽象和转换过程我们可以看到，数据的描述分为 3 个层次，将现实世界中的客观事物转换为机器世界(计算机)中的数据，需要经过两个转换，如图 5－45 所示。

现实世界是存在于人脑之外的客观世界，我们要把客观存在的事物以数据的形式存储到计算机中，首先要理解和认识现实世界中客观事物的特征，从观测中抽象出描述客观事物的信息，再对这些信息进行整理、分类和规范，进而将规范化的信息数据化，最终通过数据库系统来存储、处理。这个逐级抽象的过程如图 5－46 所示。

信息世界是现实世界在人们头脑中的反映，是对客观事物及其联系的一种抽象描述。客观事物在信息世界中称为实体(Entity)，反映事物间关系的模型称为实体模型或概念模型。概念模型的表示方法很多，目前较常用的是实体-联系模型(Entity－Relationship Model)。

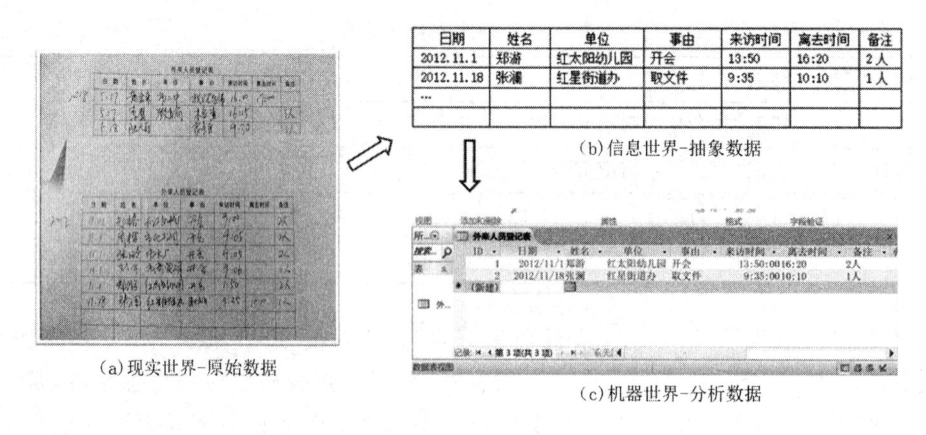

日期	姓名	单位	事由	来访时间	离去时间	备注
2012.11.1	郑游	红太阳幼儿园	开会	13:50	16:20	2人
2012.11.18	张澜	红星街道办	取文件	9:35	10:10	1人
…						

(a)现实世界-原始数据

(b)信息世界-抽象数据

(c)机器世界-分析数据

图 5-45　数据描述的 3 个层次

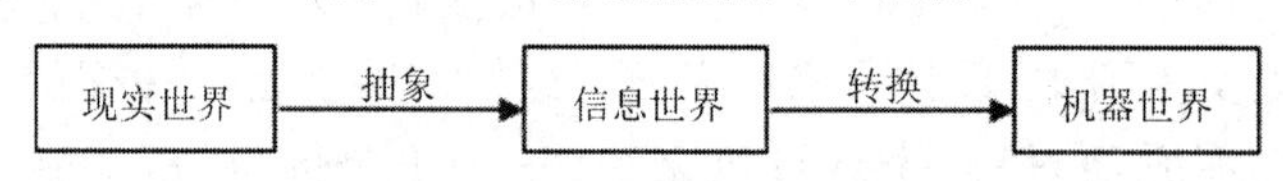

图 5-46　逐级抽象的过程

机器世界是信息世界中的信息数据化后对应的产物。现实世界中的客观事物及其联系，在数据世界中以数据模型来描述。

客观事物是信息之源，是设计、建立数据库的出发点，也是使用数据库的最后归宿。概念模型和数据模型是对客观事物及其相互关系的两种抽象描述，实现了数据描述 3 个层次间的对应转换，而数据模型是数据库系统的核心和基础。

(2)实体描述。

从数据处理的角度来看，现实世界中的客观事物称为实体，它是现实世界中任何可区分、可识别的事物。

实体可以指人，如教师、学生等；也可以指物，如书、仓库等。它不仅可以指能触及的客观对象，也可以指抽象的事件，如演出、足球赛等，还可以指事物与事物之间的联系，如学生选课、客户订货等。

在图 5-43 所示的示例中，一个来访事件是一个实体，一个志愿者也是一个实体。

对于一个实体，可以从以下几个方面进行描述：

①属性。每个实体肯定具有一定的特征(性质)，这样才能和其他的实体进行区分。例如，学生的学号、姓名、性别、专业等都是“学生”实体具有的特征，足球赛的比赛时间、地点、参赛队、举办单位等都是“足球赛”实体的特征。

实体的特征称为属性，一个实体可用若干属性来描述。每个属性都有特定的取值范围，即值域，例如，“学生”实体的“性别”属性的值域为(男，女)。

②属性型和属性值。属性型就是属性名及其取值类型，属性值就是属性在其值域中所取的具体值。

例如，“学生”实体中的“姓名”属性，其属性名为“姓名”，取值类型为字符，因此，“姓名：字符”为其属性型，而“何芳”是属性“姓名”的一个属性值。

③实体型和实体值。实体型就是实体的结构描述，通常是实体名与该实体所有属性型的集合。具有相同属性的实体，属于同一类的实体，有相同的实体型。

实体值是指一个具体的实体所具有的值，是属性值的集合。

例如，“学生”实体的实体型是：

学生{
　　学号:字符
　　姓名:字符
　　性别:字符
　　出生日期:日期
　　是否团员:逻辑
　　所在学院:字符
　　所学专业:字符
}

对应地,一个具体的学生“何芳”,其实体值是:

(2007190188,何芳,女,09/21/85,是,医学院,临床医学)

④实体集。同一个实体型的若干实体构成的集合称为实体集,例如,一个专业的所有学生,或一个学院的所有学生,等等。

例如,“外来人员登记表”的实体描述如图 5－47 所示。

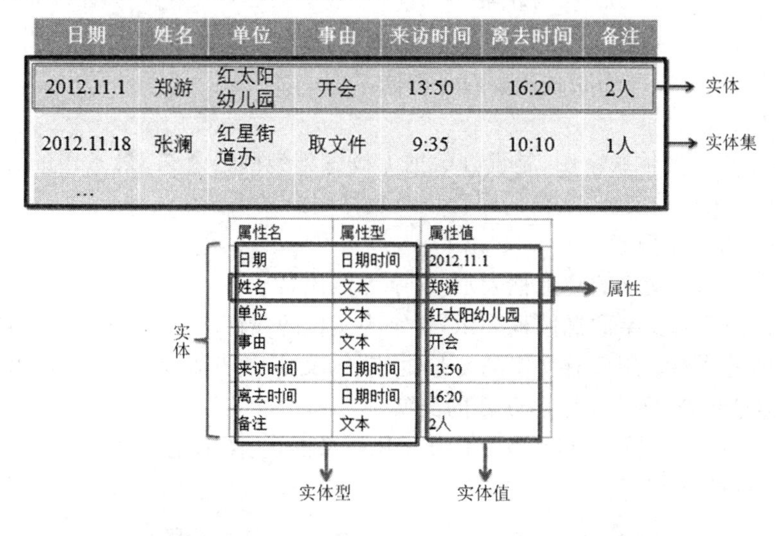

图 5－47　“外来人员登记表”的实体描述示意图

(3)实体间的联系。

客观世界中的事物并不是孤立存在的,事物之间总是存在这样或那样的关联。通过抽象,在信息世界中,我们可以用实体间的联系来描述这些关联。

例如,图书和出版社之间的关联关系为:一个出版社可以出版不同的书籍,但由于版权关系,一本书只能在一个出版社出版。

实体间的联系是指一个实体集中可能出现的每一个实体与另一实体集中多少个具体实体存在联系。实体之间有各种各样的联系,归纳起来有 3 种类型:一对一联系、一对多联系和多对多联系,如图 5－48 所示。

①一对一联系(1∶1)。如果对于实体集 A 中的每一个实体,实体集 B 中有且仅有一个实体与之联系,反之亦然,则称实体集 A 与实体集 B 具有一对一联系。

例如,一所学校只有一个校长,一个校长只能在一所学校任职,校长与学校之间的联系是一对一的联系。

②一对多联系(1∶n)。如果对于实体集 A 中的每一个实体,实体集 B 中有多个实体与

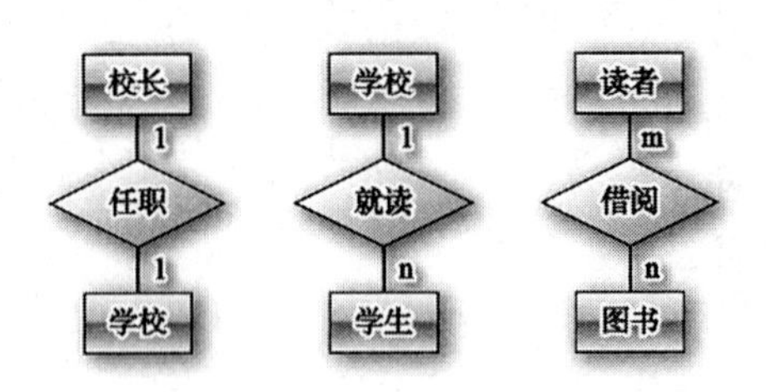

图 5-48 实体间的联系

之联系；反之，对于实体集 B 中的每一个实体，实体集 A 中至多只有一个实体与之联系，则称实体集 A 与实体集 B 有一对多的联系。

例如，一所学校招收许多学生，但一个学生只能就读于一所学校(同一种类型的学习)，所以学校和学生之间的联系是一对多的联系。

③多对多联系(m∶n)。如果对于实体集 A 中的每一个实体，实体集 B 中有多个实体与之联系，而对于实体集 B 中的每一个实体，实体集 A 中也有多个实体与之联系，则称实体集 A 与实体集 B 之间有多对多的联系。

例如，一个读者可以借阅多本图书，任何一本图书可以被多个读者借阅(在不同的时间)，所以读者和图书之间的联系是多对多的联系。

(4)E-R 模型。

E-R 模型也称实体联系图，是设计数据库概念模型的最著名、最常用的方法。它通过简单的图形方式来反映实体、实体的属性以及实体间的联系。

E-R 图中有三个要素：

① 实体。用标有文字的矩形框表示，文字为实体名。

② 属性。用标有文字的椭圆框表示，文字为实体的属性名，并用连线与实体连接起来。

③ 实体间的联系。用标有文字的菱形框表示，文字为实体间的联系名，并用连线将菱形框与实体连接起来，在线上注明联系的类型。

如图 5-49 所示，图书借阅系统中的 E-R 模型图，该图描述了读者和图书两个不同的实体及它们之间的联系。

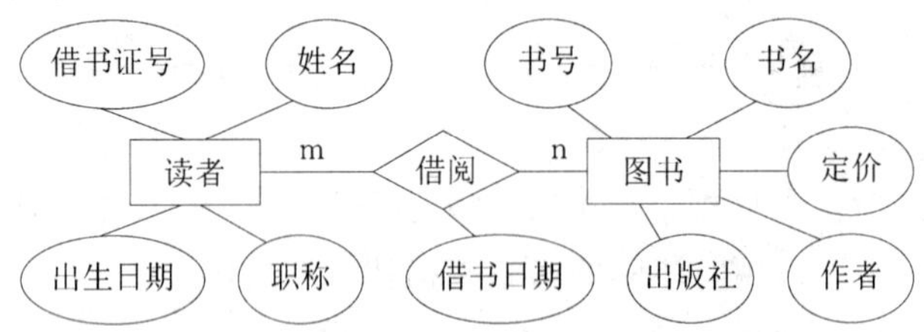

图 5-49 图书借阅系统中的 E-R 模型图

需要注意的是，联系可以具有属性，例如，读者与图书的借阅关系中，利用“借书日期”属性，来说明“借阅”关系发生时的特征。

3. 数据模型

数据库中的数据模型是从现实世界到机器世界的一个中间层次，能够抽象现实世界中事物以及事物之间的联系。

数据库中存储了大量的数据，不仅存储了各种实体，而且存储了各个实体间的联系。通常将实体与实体之间的联系抽象成一定的结构，这种结构用数据模型来描述，因此，数据模型是指数据库中实体与实体之间联系的抽象描述，即数据结构。

数据模型不同，描述和实现的方法也不同，相应的支持软件即数据库管理系统DBMS也不同。在数据库系统中，常用的数据模型有层次模型、网状模型和关系模型3种。

(1)层次模型。

层次模型用树形结构来表示实体及其之间的联系。在这种模型中，数据被组织成由“根”开始的一棵倒立的“树”，每个实体由“根”开始沿着不同的分支存放在不同的层次上。树中的每一个结点代表实体型，连线则表示它们之间的关系。层次模型有如下两个特点：

① 有一个结点没有父结点，这个结点即根结点。

② 其他结点有且仅有一个父结点。

事实上，许多实体间的联系本身就是自然的层次关系。如一个单位的行政机构、一个家庭的世代关系等。如图5-50所示是“学校”实体的层次模型。

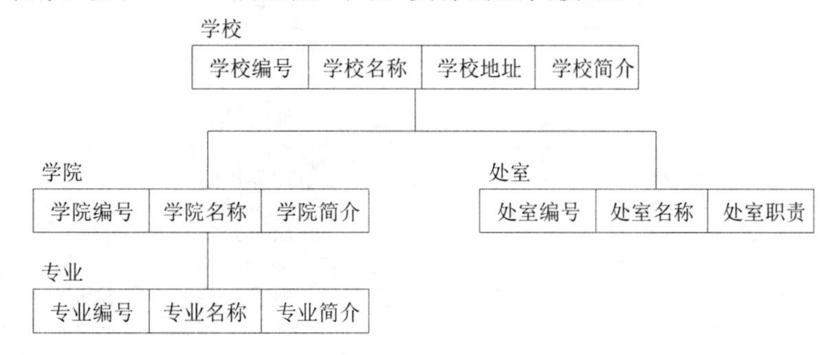

图5-50　层次模型

层次模型具有层次清晰、构造简单、易于实现等优点，能够方便地表示“一对一”和“一对多”的实体联系，但不能直接表示“多对多”的实体联系，必须先将其分解为几个“一对多”的联系之后，才能表示出来。因而，对于复杂的数据关系，实现起来较为麻烦。

采用层次模型来设计的数据库称为层次数据库。最早出现的DBMS就是层次模型的，如IBM公司的IMS系统(Information Management System)，这是世界上最早出现的大型数据库管理系统。

(2)网状模型。

网状模型通过以实体为结点的有向图来表示各实体及其之间的联系。其特点是：

① 可以有一个以上的结点没有父结点。

② 至少有一个结点有多于一个的父结点。

例如，“教学”实体的网状模型，如图5-51所示。

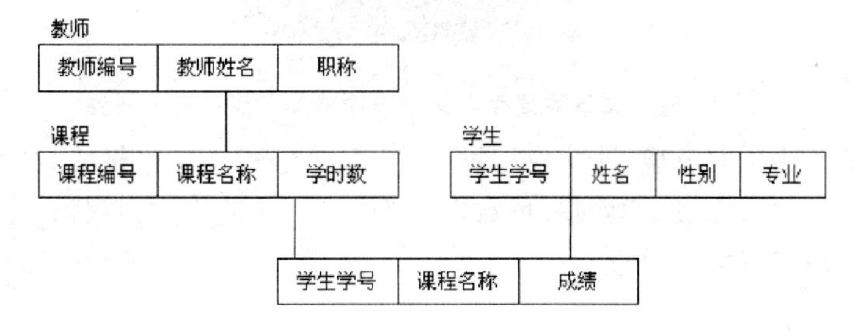

图5-51　网状模型

由于树形结构可以看成是有向图的特例，因此网状模型要比层次模型更复杂，它可以直接表示“多对多”的联系，但实现困难。实际上，一些已实现的网状数据库管理系统中仍然只允许处理“一对多”联系。

以上两种数据模型,各实体之间的联系是用指针实现的,其优点是描述清晰、检索速度快。但是,当实体的数目较多、联系较复杂时,指针管理非常复杂、实现非常困难。

(3)关系模型。

关系模型与层次模型、网状模型相比有着本质的差别,它是用一个二维表格来表示实体及其之间的联系。

在关系模型中,实体集被看成一个二维表,每一个二维表称为一个关系。每个关系均有一个名字,称为关系名。例如,表5-6就是一个“学生”关系。

表5-6 学生基本情况——关系模型

学号	姓名	性别	出生日期	团员否	所在学院	所学专业	备注
2007190188	何芳	女	09/21/85	是	医学院	临床医学	
2007201010	罗章平	男	04/22/86	是	外国语学院	英语	
2007010129	刘亮	男	07/12/86	是	计算机学院	软件工程	
2007020311	夏清	女	01/10/87	否	体育学院	运训	
2007110210	张冠	男	12/10/87	否	新闻学院	新闻	

关系模型由IBM公司的埃德加·弗兰克·科德(Edgar Frank Codd,如图5-52所示)于1970年首次提出,为关系数据库技术奠定了理论基础,他由此获得了1981年的图灵奖。

图5-52 关系数据库之父——埃德加·弗兰克·科德

虽然关系模型比层次模型、网状模型发展晚,但是它建立在严格的数学理论基础上,因此,它是目前比较流行、比较成熟的一种数据模型。自20世纪80年代以来,新推出的数据库管理系统几乎都支持关系模型。

5.3.3 关系数据库

1. 关系模型

(1)关系模型的基本概念。

"外来人员登记表"的关系模型,如图 5-53 所示。

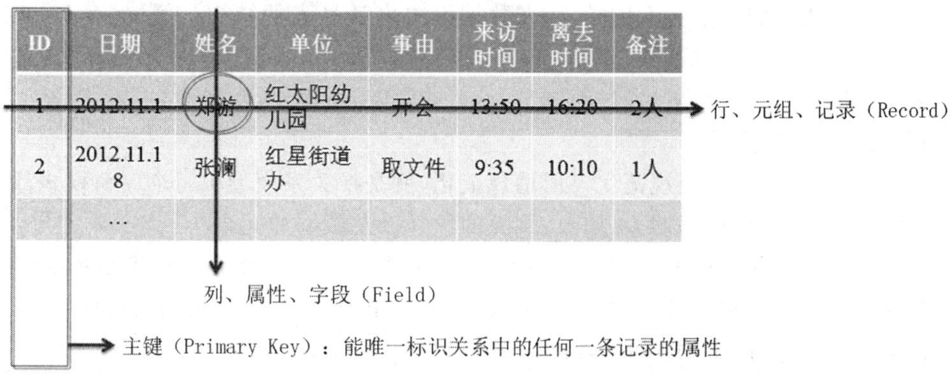

图 5-53　"外来人员登记表"关系模型示意图

① 关系。一个关系就是一个二维表。

通常将一个没有重复行、重复列的二维表看成一个关系,每个关系都有一个关系名。

在数据库中,一个关系对应于一个表(Table),关系名则对应于表名。

② 元组。二维表的每一行在关系中称为一个元组,描述一个实体。

在数据库中,一个元组对应表中的一条记录(Record)。

③ 属性。二维表的每一列在关系中称为一个属性,每个属性都有一个属性名,属性值则是对应某个元组属性的取值。

在数据库中,一个属性对应表中的一个字段(Field),属性名对应字段名,属性值对应于各个记录的字段值。

④ 关键字。关系中能唯一区分、确定不同元组的属性或属性组合,称为该关系的一个关键字(Key)。单个属性组成的关键字称为单关键字,多个属性组合的关键字称为组合关键字。

需要强调的是,关键字的属性值不能取"空值",所谓"空值"就是"不知道"或"不确定"的值,因为"空值"无法唯一地区分、确定元组。

例如,表 5-6 中的"学号"属性可以作为单关键字,因为,在同一所学校,学号是不允许相同的。而"姓名"及"出生日期"等则不能作为关键字,因为完全有可能会出现重名或出生日期相同的学生。

⑤ 主关键字。关系中能够成为关键字的属性或属性组合可能不是唯一的。例如,如果在表 5-6 中还有一个"身份证号"的属性,则"学号"和"身份证号"都是关键字。

在一个关系的所有关键字中只能选择一个关键字作为该关系的主关键字(Primary Key),简称主键。

在关系数据库中,每个表必须具有一个主关键字,如果没有,则必须额外定义一个属性作为主关键字。如图 5-53 所示,"外来人员登记表"中没有主关键字,因此,要额外定义一个属性 ID 作为主关键字,ID 被定义为一个自动编号字段,随记录的增加自动递增,取不重复的正整数值。

⑥ 外部关键字。关系中的某个属性或属性组合在本关系中不是主关键字,但如果在另一个关系中是主关键字,则称此属性或属性组合为本关系的外部关键字(Foreign Key)。

关系之间的联系是通过外部关键字实现的。

⑦ 关系模式。对关系的描述称为关系模式,其格式为:

关系名(属性名 1,属性名 2,……属性名 n)

关系既可以用二维表格描述,也可以用数学形式的关系模式来描述。

一个关系模式对应一个关系的结构,在数据库中也就是表的结构。例如,表5-6所示的关系,其关系模式可以表示为:

学生(学号,姓名,性别,出生日期,团员否,所在学院,所学专业,备注)。

(2)关系的基本特点。

在关系模型中,关系必须规范化。所谓规范化,就是指关系模型中每个关系模式都必须满足一定的规则,以避免数据插入、修改、删除的异常以及数据的冗余。

这些规则就是范式。根据应用要求的不同,关系数据库中的关系必须满足一定级别的范式。目前关系数据库有6种范式:第一范式(1NF)、第二范式(2NF)、第三范式(3NF)、第四范式(4NF)、第五范式(5NF)和第六范式(6NF)。

满足最低要求的范式是第一范式。在第一范式的基础上进一步满足更多要求的称为第二范式,其余范式依次类推。一般说来,数据库只需满足第三范式就可以了。

根据第三范式的要求,关系具有以下基本特点:

① 属性不可再分割。这是最基本的要求,即第一范式要求,关系必须是一个二维表,每个属性值必须是不可分割的最小数据单元,即表中不能再包含表。

② 在同一关系中不允许出现相同的属性名。

③ 关系中不允许有完全相同的元组。

这是第二范式要求,即必须要有主关键字,如图5-53所示,"外来人员登记表"增加了ID属性作为主关键字。

④ 在同一关系中元组的次序无关紧要。任意交换两行的位置并不影响数据的实际含义。

⑤ 在同一关系中属性的次序无关紧要。任意交换两列的位置也并不影响数据的实际含义,不会改变关系模式。

其中,④和⑤进一步说明了,在数据库中,数据是看不见摸不着的,我们关心的主要是它们的逻辑关系,而不太注重它们的物理位置关系,实际上,数据库中的数据最终呈现在用户面前的物理位置关系,可以通过索引、投影等运算以及界面的设计重新进行布置。

2. 关系数据库

以关系模型建立的数据库就是关系数据库。一个关系数据库中包含若干个关系。

在数据库管理系统中,一个关系数据库通常保存为一个数据库文件,其中包含若干个表,每个表对应于一个关系。表由表结构与若干条数据记录组成,表结构对应于关系模式,表中的每一个字段对应于关系模式的一个属性。

作为示例,如图5-54所示给出了教学管理数据库中的学生、课程和选课3个表。

通常,一个学生可以选修多门课程,一门课程也可以被多个学生选修,所以学生和课程之间的联系是"多对多"的关系。为了减少数据冗余,更好地描述这种关系,通过选课表把"多对多"的关系分解为两个"一对多"关系,选课表在这里起一种连接或纽带的作用,如图5-55所示。

3. 关系运算

在关系数据库中查询用户所需要的数据时,需要对关系进行一定的关系运算。关系运算主要有选择、投影和连接3种。

(1)选择。

学号	姓名	性别	出生日期	团员否	入学成绩	所在学院	所学专业	备注
2007010129	刘亮	男	1986/7/12	✓	581	计算机学院	软件工程	
2007020311	夏清	女	1987/1/10		550	体育学院	运训	
2007110210	张希	男	1987/12/10		520	新闻学院	新闻	
2007110211	陈娇	女	1986/12/9		515	新闻学院	新闻	
2007120108	陈智	男	1986/11/14	✓	564	文学院	汉语言文学	
2007120207	李小香	女	1987/1/8	✓	567	文学院	中文秘书	
2007190188	何芳	女	1985/9/21	✓	586	医学院	临床医学	
2007190201	王思颖	女	1988/3/25		571	医学院	药学	
2007201010	罗章平	男	1986/4/22	✓	578	外国语学院	英语	

课程号	课程名	学分
01	计算机基础	4
02	大学英语	4
03	高等数学	3
04	软件工程	2
05	汉语言文学	2
06	法学基础	2
07	新闻学	2
08	美学概论	2
		0

学号	课程号	成绩
2007010129	01	88
2007010129	03	85
2007010129	04	86
2007110211	01	78
2007110211	05	70
2007190188	01	95
2007190188	02	90
2007190188	03	88
2007201010	01	90
2007201010	02	86
2007201010	03	83

图 5-54　教学管理数据库中的学生、课程和选课表

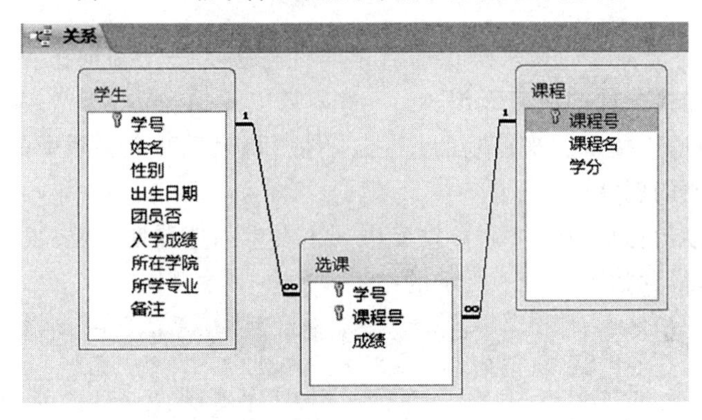

图 5-55　学生、课程和选课表之间的关系

选择运算(Selection)是从关系中选取符合指定条件的元组的操作。

用逻辑表达式指定选择条件,选择运算能够选取符合指定条件的所有元组。选择运算的结果构成关系的一个子集,是关系中的部分元组,其关系模式不变。

例如,从图 5-54 所示的学生关系中选取所有女生的记录,得到如图 5-56 所示的结果。

选择运算

学号	姓名	性别	出生日期	团员否	入学成绩	所在学院	所学专业	备注
2007190188	何芳	女	1985/9/21	✓	586	医学院	临床医学	
2007020311	夏清	女	1987/1/10		550	体育学院	运训	
2007110211	陈娇	女	1986/12/9		515	新闻学院	新闻	
2007120207	李小香	女	1987/1/8	✓	567	文学院	中文秘书	
2007190201	王思颖	女	1988/3/25		571	医学院	药学	
					0			

图 5-56　选择运算

(2)投影。

投影运算(Projection)是从关系中选取若干个属性的操作。

投影运算从关系中选取若干属性形成一个新的关系,新关系的关系模式中的属性个数比原关系少,或者排列顺序不同,同时,新关系中的元组数量也可能会减少。因为,排除了一些属性后,特别是排除了原关系中的关键字属性后,可能会出现一些相同的元组,而关系中不允许有相同的元组存在,因此,投影运算的结果会将重复元组删除。

例如,从学生关系中选取学号、姓名、性别、入学成绩和所学专业,得到如图5-57所示的结果。

投影运算

学号	姓名	性别	入学成绩	所学专业
2007010129	刘亮	男	581	软件工程
2007020311	夏清	女	550	运训
2007110210	张希	男	520	新闻
2007110211	陈娇	女	515	新闻
2007120108	陈智	男	564	汉语言文学
2007120207	李小香	女	567	中文秘书
2007190188	何芳	女	586	临床医学
2007190201	王思颖	女	571	药学
2007201010	罗章平	男	578	英语
*			0	

图5-57 投影运算

(3)连接。

连接运算(Join)是将两个关系模式的若干属性拼接成一个新的关系模式的操作,新关系中,将包含满足连接条件的所有元组。

连接过程是通过连接条件来控制的,连接条件中将出现两个关系中的公共属性名,或者具有相同语义、可比的属性。

例如,利用连接运算从教学管理数据库中列出女生的选课情况,要求列出姓名、学号、性别、课程名和成绩,得到如图5-58所示的结果。

连接运算

学号	姓名	性别	课程名	成绩
2007190188	何芳	女	计算机基础	95
2007190188	何芳	女	大学英语	90
2007190188	何芳	女	高等数学	88
2007110211	陈娇	女	计算机基础	78
2007110211	陈娇	女	汉语言文学	70
*				

图5-58 连接运算

在该操作中,需要利用连接运算,连接运算的条件是学生表的学号等于选课表的学号以及选课表的课程号等于课程表的课程号。此外,要列出女生的选课情况,所以要同时进行选择运算,而列出姓名、学号、性别、课程名和成绩等数据项,又要用到投影运算。

4. 完整性约束

关系完整性是为保证数据库中数据的正确性和相容性,对关系模型提出的某种约束条件或规则。完整性通常包括实体完整性、参照完整性和用户自定义完整性(又称域完整性),其中实体完整性和参照完整性,是关系模型必须满足的完整性约束条件。

(1)实体完整性。

实体完整性是指关系的主关键字不能取"空值"。

一个关系对应于现实世界中的一个实体集。现实世界中的实体与实体之间是可相互区分、识别的,也即它们应该具有某种唯一性的标识。

在关系模式中，主关键字起唯一性标识作用，因此，主关键字中的属性（称为主属性）不能取空值，否则，表明关系模式中存在着不可标识的实体（因空值是“不确定”的），这与现实世界的实际情况相矛盾，这样的实体就不是一个完整实体。

所以，按照实体完整性要求，主属性不能取空值，如果关键字是多个属性的组合，则所有的主属性均不能取空值。

例如，图 5－54 中学生表的学号为主关键字，因此，学号字段不能为空值，否则就无法对应某个具体的学生。

（2）参照完整性。

参照完整性是定义建立关系之间联系的主关键字与外部关键字之间引用的约束条件。

关系数据库中通常都包含多个存在相互联系的关系，关系与关系之间的联系是通过公共属性来实现的。所谓公共属性，它是一个关系 R（称为被参照关系或目标关系）的主关键字，同时又是另一关系 K（称为参照关系）的外部关键字。

如果参照关系 K 中外部关键字的取值，要么与被参照关系 R 中某元组主关键字的值相同，要么取空值，那么，在这两个关系间建立关联的主关键字和外部关键字引用，符合参照完整性规则要求。如果参照关系 K 的外部关键字也是其主关键字，根据实体完整性要求，主关键字不得取空值，因此，参照关系 K 外部关键字的取值实际上只能取相应被参照关系 R 中已经存在的主关键字值。

在教学管理数据库中，如果将选课表作为参照关系，学生表作为被参照关系，以“学号”作为两个关系进行关联的属性，则“学号”是学生关系的主关键字，是选课关系的外部关键字。选课关系通过外部关键字“学号”参照学生关系，如图 5－59 所示。

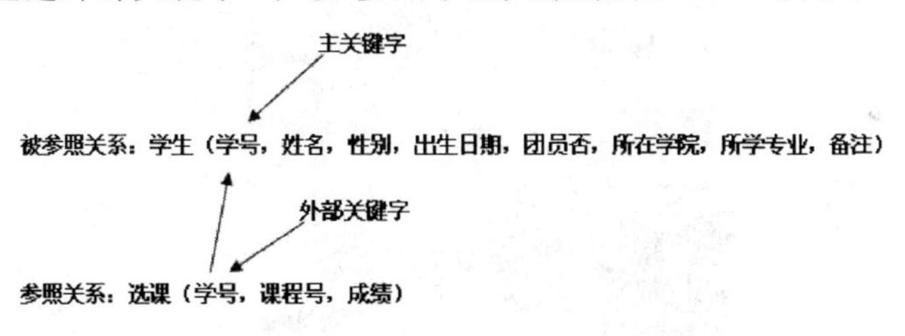

图 5－59　参照关系与被参照关系

（3）用户自定义完整性。

实体完整性和参照完整性适用于任何关系型数据库系统，主要是对关系中主关键字和外部关键字的取值必须有效而做出的约束。用户自定义完整性则是根据应用环境的要求和实际的需要，对某一具体应用所涉及的数据提出约束性条件。

这一约束机制一般不应由应用程序提供，而应由关系模型提供定义并检验。用户自定义完整性主要包括字段有效性约束和记录有效性约束。

5.4　信息安全

信息技术（Information Technology，IT）是一把双刃剑，一方面，信息技术的快速发展让我们的生活变得越来越方便，越来越美好，例如：

即时通信：微信革完短信的命，又要革电话的命了；

信息搜索："度娘"成了百度搜索的萌化形象，有事请问度娘，意指如有不了解的知识都可以通过百度搜索获得；

网上购物：出现了网络新名词"剁手"；

电子支付：支付宝、微信等支付手段非常方便，并且已经普及了；

……

另一方面，我们自己的大量个人信息也暴露在网上了，那么，我们的个人信息安全吗？

答案是否定的。

5.4.1 谁动了我的奶酪？

因特网的迅猛发展，为人们提供了方便、自由和无限的财富。政治、军事、经济、科技、教育、文化等各个方面都越来越网络化，并且逐渐成为人们生活、娱乐的一部分。可以说，信息时代已经到来，信息已成为物质和能量以外维持人类社会的第三资源，它是未来生活中的重要介质。但随着互联网应用的普及和人们对互联网的依赖程度越来越高，互联网的安全问题也日益凸显。恶意程序、各类钓鱼和欺诈继续保持高速增长，同时黑客攻击和大规模的个人信息泄露事件频发。与各种网络攻击大幅增长相伴的，是大量网民个人信息的泄露与财产损失的不断增加，如图 5-60 所示。

图 5-60 个人信息泄露

根据公开信息，2011 年至今，已有 11.27 亿个用户隐私信息被泄露。包括基本信息、设备信息、账户信息、隐私信息、社会关系信息和网络行为信息等。人为倒卖信息、PC 电脑感染、网站漏洞、手机漏洞是目前个人信息泄露的 4 大途径。个人信息泄露危害巨大，除了个人要提高信息保护的意识以外，各个国家也都在积极推进保护个人信息安全的立法进程。

2014 年 8 月，多家快递网站因存在漏洞遭黑客入侵，大量个人信息在网络上被层层转卖。事后警方从犯罪嫌疑人电脑中共查获了 1 400 万条个人信息，购买这些全部信息仅需花费 1 000 余元。

2014 年 9 月好莱坞"艳照门"再次爆发，有外国黑客利用苹果公司的 iCloud 云盘系统的漏洞，非法盗取了众多全球当红女星的裸照，继而在网络论坛发布，一时间震惊了全球。这些照片引发了网友的窥私欲，然而这类照片毕竟都是明星们的私房照，属于她们的隐私权范围。

2014 年 12 月，乌云漏洞平台公开了一个关于导致智联招聘 86 万个用户简历信息泄露的漏洞，据称通过该漏洞可获取用户姓名、地址、身份证、户口等各种信息。

2015年1月，知名微博“互联网的那点事”发布消息称，机锋论坛2 300万个用户数据泄露，包含用户名、邮箱、加密密码在内的用户信息在网上疯传。涉及数据总数多达4亿多条，远超此前的中国铁路客户服务中心网站等泄漏事件。

2015年8月，威锋技术组发布微博称发现了Apple商店后台存在漏洞，20万个左右的iCloud信息被盗。

2015年10月，据国外媒体报道，英国宽带服务提供商TalkTalk表示，该公司网站日前所遭受的网络攻击可能导致其400多万个客户的个人数据被盗，这可能是英国史上最大规模的数据泄漏事件之一。

2016年9月，雅虎宣布有至少5亿个用户账户信息被黑客盗取，盗取内容包括用户的姓名、电子邮件地址、电话号码、生日、密码等，甚至还包括加密或未加密的安全问题及答案。

2016年10月，乌云漏洞平台发布的新漏洞显示，网易用户数据库疑似泄露，事件影响到网易163、126邮箱过亿条数据，泄露信息包括用户名、密码、密码密保信息、登录IP以及用户生日等。

2016年8月21日，山东高考女生因入学前被诈骗电话骗走上大学的费用9 900元，伤心欲绝，郁结于心，最终导致心脏骤停，虽经医院全力抢救，但仍不幸离世。2016年8月26日，公安部发布A级通缉令，公开通缉此案中诈骗、侵犯公民个人信息的在逃犯罪嫌疑人。2018年2月1日，此案件入选“2017年推动法治进程十大案件”。

2017年3月，公安部破获了一起盗卖公民信息的特大案件，50亿条公民信息遭到泄漏，而嫌疑犯是京东网络安全部员工，长期监守自盗，与黑客相互勾结，为黑客攻入网站提供重要信息，包括在京东、QQ上的物流信息、交易信息、个人身份等等。

这些事件让人深思，如图5-61所示，在互联网日益发达的时代，每个人的隐私权都存在安全隐患。互联网数据安全究竟该何去何从？要知道，不论普通大众，还是政客、明星甚至是黑客，在大范围的数据泄露面前，谁都不可能独善其身。

图5-61　个人隐私被窃

5.4.2　信息安全的攻与防

信息泄露事件频发背后，是互联网地下黑色产业链的日益壮大，黑客用技术手段对企业网络系统进行攻击，将获得数据中的用户信息拿到“黑市”上贩卖，并根据数据内容的价值，为其标注不同的价格。据称,10 000 条用户数据就能卖到几百至上千元不等的价格,而这也成了黑客攻击网站、信息系统,获得信息数据的最大驱动力。

信息安全问题日益成为当前全社会的重大热点问题。

相信大家小时候都喜欢看经典的迪士尼动画片《猫和老鼠》,该片描绘了一对水火不容的冤家(汤姆和杰瑞)之间的猫鼠战争:汤姆是一只常见的家猫,它有一种强烈的欲望,总想抓住与它同居一室却难以抓住的老鼠杰瑞,它不断地努力驱赶这位讨厌的房客,但总是遭到失败。

虽然动画片中的故事情节是导演设计的,但正所谓"道高一尺,魔高一丈",信息安全中的攻与防,始终没有停止过较量,而且也必将一直持续下去。如何确保信息的安全,不让其丢失与泄露,是一个斗智斗勇、没有硝烟的战场。Windows 系列操作系统及其他应用软件的安全补丁不断推出,以堵住发现的各种安全漏洞或隐患,然而,新的攻击技术不断提高,新的安全漏洞不断被发现,新的安全事件不断出现。杜绝信息的丢失与泄露是不可能的,关键在于我们如何提高信息安全的防护技术,尽量减少信息(特别是关键信息)的丢失与泄露,尽可能将损失降到最低。

"未知攻,焉知防",就像警察抓小偷,如果想要更好、更快捷地抓到小偷,首先就要摸透小偷的心思以及小偷的各种行为表现、惯常作案方法和手段,因此,为了更好地做好信息安全防范工作,首先就必须要有信息安全意识,培养信息安全思维,了解各种可能的攻击方法和手段。

1. 何谓信息安全

信息安全是指信息系统(包括硬件、软件、数据、人、物理环境及其基础设施)受到保护,不会因为偶然的或者恶意的原因而遭到破坏、更改、泄露,系统连续可靠正常地运行,信息服务不中断,最终实现业务的连续性。

如图 5-62 所示,计算机信息系统的安全共分为三个层次,即物理安全、管理安全和数据安全。

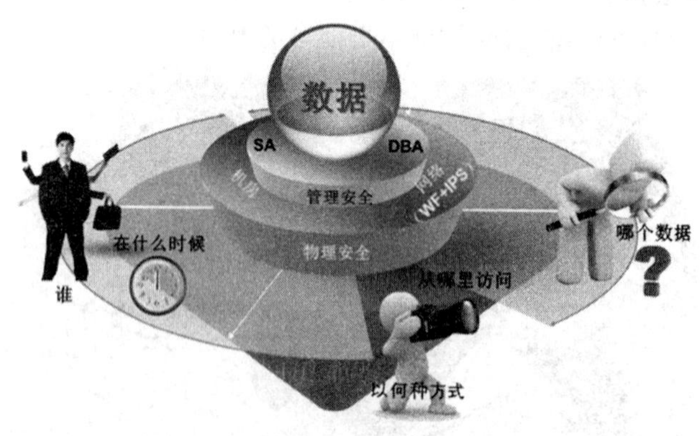

图 5-62 计算机信息系统安全的三个层次

其中,物理安全也即实体安全,包括环境安全、设备安全和媒体安全,是指保证计算机设备、设施(含网络)以及其他媒体免遭人为、地震、水灾、火灾、有害气体和其他环境事故(如电磁污染等)的破坏,如图 5-63 所示。

管理安全也即运行安全,是指保障计算机信息系统在良好的运行环境中持续工作,主要措施包括风险分析、系统备份与恢复、审计跟踪。

图 5-63　物理安全

数据安全是指防止信息财产被故意的或偶然的非授权泄露、更改、破坏或使信息被非法的系统辨识、控制，也即确保信息的完整性、保密性、可用性和可控性等。

数据安全是核心，通常我们所说的信息安全，很大程度上就是指数据安全。

作为通识课程，在此，我们避开专业知识，主要介绍一些与我们息息相关的信息安全知识。

2. 信息安全建设目标

信息安全的范围很大，包括如何防范商业企业机密泄露、青少年对不良信息的浏览、个人信息的泄露等。网络环境下的信息安全体系是保证信息安全的关键，包括计算机安全操作系统、各种安全协议、安全机制（数字签名、消息认证、数据加密等），直至安全系统，如UniNAC网络准入控制系统、DLP数据泄露防护系统等。只要存在安全漏洞便可以威胁全局安全。

网络信息安全建设的目标，就是要做到5个“不”：进不来、拿不走、改不了、看不懂、跑不了，如图5-64所示。

图 5-64　信息安全

进不来：是指没有授权的非法用户不能登录系统。

拿不走：是指合法用户即使登录了系统，如果权限不够，也只能查看，不能下载、拷贝相关信息。

改不了：是指合法用户登录系统后，如果权限不够，则只能查看相关信息，但不能修改。

看不懂：是指非法用户或合法用户即使通过非法途径拿到了数据，也看不懂数据的真实含义。

跑不了：是指系统具有日志、审计跟踪功能，哪个用户做了什么操作，都会进行记录，这样，一旦某个用户做了非法操作，可以进行追溯。

而黑客也是围绕着如何突破这5个“不”进行攻击的。

3. 常用攻击手段

黑客及别有用心的人常用的攻击手段有口令攻击、病毒木马植入、钓鱼、窃听、截获/篡改、电子邮件攻击、人员疏忽、安全漏洞攻击、拒绝服务、网络诈骗等。

需要注意的是，有一些攻击手段会用到相同的技术或其他几种技术的综合，例如，口令攻击手段中可能采取窃听、截获或病毒木马植入等技术来实现，而病毒木马植入又可能是通过电子邮件攻击、人员疏忽、安全漏洞攻击等途径得逞的。

(1)口令攻击。

口令攻击是最简单、最直接的攻击技术，是为了突破“进不来”。

口令攻击是指攻击者试图获得合法用户的账户及口令信息而采用的攻击技术，攻击者常常把破译用户的口令作为攻击的开始。只要攻击者能猜测或者确定用户的口令，他就能获得机器或者网络的访问权，并能访问到用户能访问到的任何资源。并且，如果这个用户有域管理员或root用户权限，则是极其危险的。

口令攻击的常用方法有如下3种：

① 监听。如图5-65所示，监听者通过网络监听或中途截击合法用户和服务器之间的往来数据包而非法得到用户的账户和口令。有时，监听者还可能篡改数据包，进行伪造，从而通过欺骗手段窃取相关信息。

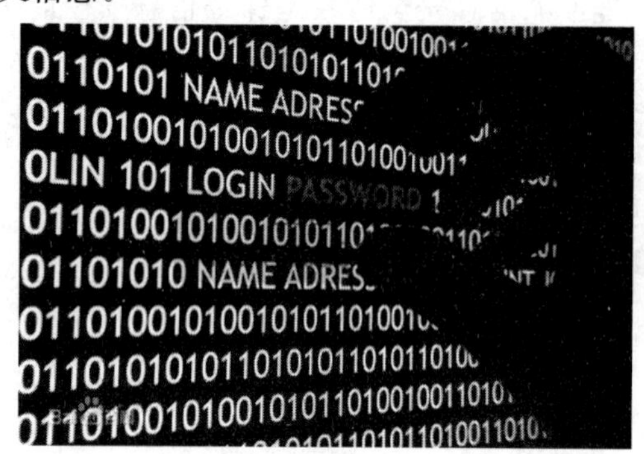

图5-65　监听

② 破解。在知道用户的账号后(如电子邮件地址@前面的部分)，攻击者利用一些专门软件强行破解用户的口令(密码)。这种方法不受网段的限制，但攻击者要有足够的耐心和时间。例如，可以采用字典穷举法(或称暴力法)来破解用户的口令。此时，攻击者通过一些工具软件自动地从字典中取出一个单词，作为用户的口令，尝试登入远程的主机，如果口令错误，就按顺序取出下一个单词，进行下一个尝试，并一直循环下去，直到找到正确的口令或字典中的单词全部尝试完。由于这个破译过程是由计算机程序自动来完成的，因此，在很短的时间内就可以把几十万条字典中的所有单词都尝试一遍。

③ 种植木马。特洛伊木马程序可以直接侵入用户的电脑并进行破坏，它常被伪装成工具程序或者游戏等，诱使用户打开或从网上直接下载，一旦用户打开或者执行了这些程序之后，它们就会像古特洛伊人在敌人城外留下的藏满士兵的木马一样留在用户的电脑中，并在用户的计算机系统中隐藏一个可以在Windows启动时悄悄执行的程序。当你连接因特网

时，这个程序就会通知攻击者，来报告你的 IP 地址以及预先设定的端口。攻击者在收到这些信息后，再利用这个潜伏在其中的程序，就可以任意地对你的计算机进行参数设定、复制文件、窥视你整个硬盘中的内容、监视你的操作、获取你的登录账户和口令等，从而达到控制你的计算机的目的。

(2)病毒木马植入。

通过植入病毒木马，攻击者可以控制你的计算机，从而监视你的操作，获取或篡改你的相关数据，甚至破坏你的计算机，达到突破“拿不走”“改不了”的目的，甚至不留下痕迹，破除“跑不了”。

(3)安全漏洞攻击。

安全漏洞是受限制的计算机、组件、应用程序或其他联机资源无意中留下的不受保护的入口点，是在硬件、软件、协议的具体实现或系统安全策略上存在的缺陷，从而可以使攻击者能够在未授权的情况下访问或破坏系统。

黑客可以利用计算机系统的安全漏洞进行攻击，例如 SQL 注入攻击：

当我们用字符串“or ′a′=′a”同时作为用户名和口令进行系统登录时，系统对应生成的登录查询语句就变成了：

select username from usertable where user=″or ′a′=′a′ and passwd=″or ′a′=′a′

这里，“select username from usertable”与问题的讨论无关，我们主要考察该 SQL 语句中条件部分的满足情况。

语句中的条件表达式为“user=″or ′a′=′a′ and passwd=″or ′a′=′a″，由于逻辑运算符“与”(and)的运算优先级比“或”(or)高，要先运算，因此，该条件表达式的运算步骤为：

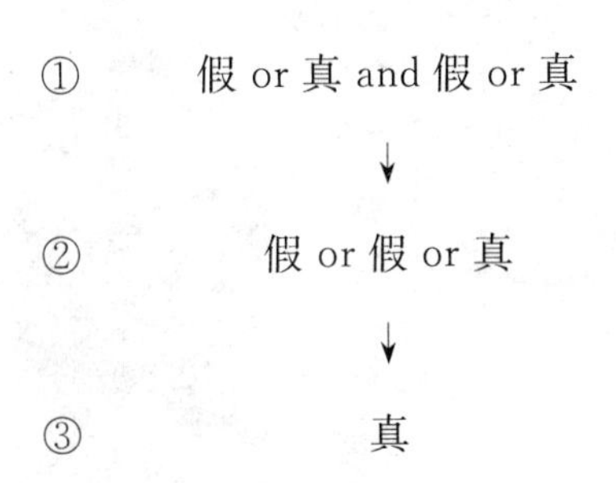

最后的运算结果为真，也就是说，系统认为输入的用户名和口令是正确的，为合法用户。因此，只要用户名和口令都输入“or ′a′=′a”，就可以登录系统。

(4)拒绝服务攻击。

拒绝服务攻击就是攻击者想办法让远程主机停止提供服务，是黑客常用的攻击手段之一，其攻击步骤和方法为：发现漏洞→取得用户权→取得控制权→植入木马→除痕迹→留后门→做好具体攻击的准备。

如图 5－66 所示，攻击者进行拒绝服务攻击，实际上是让服务器达到两种效果：一是迫使服务器的缓冲区满，不接收新的请求；二是使用 IP 欺骗，迫使服务器把非法用户的连接复位，影响合法用户的连接。只要能够对目标造成麻烦，使某些服务被暂停甚至主机死机，都属于拒绝服务攻击，达到合法用户“进不来”的效果。

(5)网络诈骗。

网络诈骗是指以非法占有为目的，采用虚构事实或者隐瞒真相的方法，利用互联网骗取

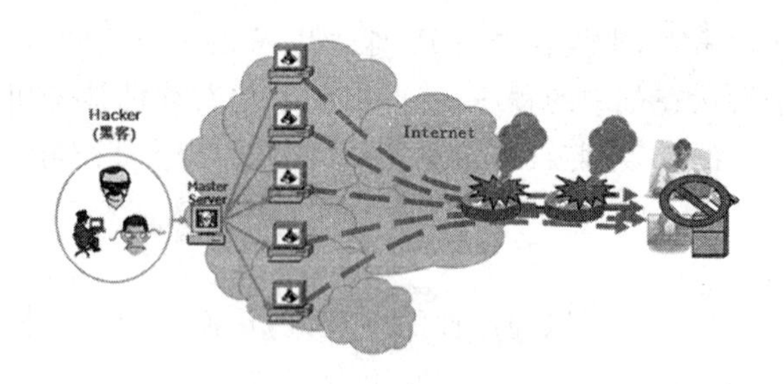

图 5-66 拒绝服务攻击

数额较大的公私财物的行为。

常见的网络诈骗有以下几种：

①假冒好友。骗子通过各种方法盗窃QQ、微信、邮箱等账号后，向用户的好友、联系人发布信息，声称遇到紧急情况，请对方汇款到其指定账户。还有一种以QQ视频聊天实施诈骗的新手段，嫌疑人在与网民视频聊天时录下其影像，然后盗取其QQ密码，再用录下的影像冒充该网民向其QQ群里的好友“借钱”。

②网络钓鱼。网络钓鱼是当前最为常见也较为隐蔽的网络诈骗形式。

如图5-67所示，所谓“网络钓鱼”，是指犯罪分子通过使用“盗号木马”“网络监听”以及伪造的假网站或网页等手法，通过网络发布各种吸引人眼球的信息，诱骗受害人上当，盗取用户的银行账号、证券账号、密码信息和其他个人资料，然后以转账盗款、网上购物或制作假卡等方式获取利益。

图 5-67 网络钓鱼

网络钓鱼主要可细分为以下两种方式：

一是通过电子邮件，或在一些网站上发布虚假信息，引诱用户中圈套。这些信息多以中奖、顾问、对账、优惠等内容引诱用户填入金融账号和密码，或是以各种紧迫的理由要求受害人登录某网页提交用户名、密码、身份证号、信用卡号等信息，继而盗窃用户资金。

二是建立假冒网上银行、网上证券网站，骗取用户账号密码实施盗窃。如图5-68所示，犯罪分子建立起域名和网页内容都与真正网上银行系统、网上证券交易平台极为相似的网站，引诱用户输入账号、密码等信息，进而通过真正的网上银行、网上证券系统或者伪造银行储蓄卡、证券交易卡盗窃资金。还有的利用合法网站服务器程序上的漏洞，在站点的某些网页中插入恶意代码，屏蔽掉一些可以用来辨别网站真假的重要信息，以窃取用户信息。

③网络托儿。例如，某知名汽车专业论坛上，经常会出现这样一些帖子。先罗列一些市

图 5-68　高仿钓鱼网站

场上比较烂的汽车品牌，弄个噱头，如 2018 十大烂车排行榜等，逐个对名单里面的汽车进行批评，而且出口毫不留情，仿佛很为广大车迷着想，令看者心惊胆战。然后会有一堆人跟帖顶起，附和楼主观点，等帖子的热度一上来，就会有人忽然问：××品牌的汽车怎么样？有人用过吗？接下来又有一大堆人上来介绍该品牌的好处、使用心得等等。

看到上面这样的帖子，很多不明就里的人都容易上当。其实，帖子里面的大部分人都是"托"，先贬低一部分汽车品牌，引起读者同感，然后借机宣传自己的品牌。

④网购诈骗。如图 5-69 所示，以各种诱人的优惠策略或刁难引诱受害人掉入陷阱。例如：谎称网店正在搞促销、抽奖活动，需要交纳一定的手续费；谎称网民下订单时卡单，要求网民重新支付或重新下订单；谎称支付宝系统正在维护，要求网民直接将钱汇到其指定的银行账户中；谎称购物网站系统故障，要求网民重新支付；网民在网购飞机票时，谎称网民提供的身份信息有误，要求网民重新支付购票款；谎称需要进行资质验证，要求网民支付验证资质费；谎称店内无货，朋友的店里有货，于是推荐一个看似差不多的网址等。

图 5-69　网购诈骗

4. 常用防御方法

常用的防范和保护有身份认证、访问控制、数据加密、数字签名、防火墙等技术以及我们日常生活中需要具备的一些安全意识和需要掌握的一些预防措施。

(1)身份认证技术。

身份认证是计算机系统的用户在进入系统或访问不同保护级别的系统资源时，系统确认该用户的身份是否真实、合法和唯一的过程，是一种基本的安全防御手段，这样，就可以有效地防止非法人员进入系统，防止非法人员通过违法操作获取不正当利益、访问受控信息、恶意破坏系统数据的完整性。如图 5-70 所示，访问自己的邮箱必须提供邮箱账号和密码。

图 5-70 身份认证

具有安全要求的系统一般都要求合法用户通过用户名和口令(密码)进行登录，并且不同的用户类型具有不同的资源访问权限等级，这样，非法用户"进不来"，合法用户只能对具有访问权限的资源进行相应操作(通过访问控制技术实现)，因此，有些资源只能查阅，"拿不走"，也"改不了"。

(2)访问控制技术。

访问控制是网络安全防范和保护的主要策略，它的主要任务是保证网络资源不被非法使用，"拿不走"或"改不了"，它是保证网络安全最重要的核心策略之一。

访问控制涉及三个基本概念，即主体、客体和访问授权。

主体：是一个主动的实体，它包括用户、用户组、终端、主机或一个应用，主体可以访问客体。

客体：是一个被动的实体，对客体的访问要受控。它可以是一个字节、字段、记录、程序、文件，或者是一个处理器、存储器、网络节点等。

访问授权：指主体访问客体的允许，授权访问对每一对主体和客体来说是给定的。例如，授权访问有读写、执行，读写客体是直接进行的，而执行是搜索文件、执行文件。对用户的访问授权是由系统的安全策略决定的。

在一个访问控制系统中，区别主体与客体很重要。首先，由主体发起访问客体的操作，该操作根据系统的授权或被允许或被拒绝。另外，主体与客体的关系是相对的，当一个主体受到另一主体的访问，成为访问目标时，该主体便成了客体。

常用的访问控制有：入网访问控制、网络权限控制、目录级控制以及属性控制等，如图 5-71所示即为目录级控制，该用户没有访问该文件夹下文件的权限。

在计算机系统中，认证、访问控制和审计共同建立了保障系统安全的基础。认证是用户进入系统的第一道防线。访问控制是在鉴别用户的合法身份之后，控制用户对数据信息的访问。审计则主要是当需要对系统所有用户的请求和活动进行关注的时候用来进行分析。

访问控制技术既能够控制用户和系统与其他系统和资源进行通信和交互，也能够保护

图 5-71 访问控制

系统和资源免受未经授权的访问,并为成功认证的用户授权不同的访问等级。

其实,要求用户输入正确的用户名和口令之后才能使用计算机也是一种访问控制,一旦用户登录后需要访问文件时,文件应有一个包含能够访问它的用户组的列表,如果用户不在这个列表上面,那么用户的访问要求就被拒绝。

(3)数据加密技术。

数据加密技术是数字签名等技术的基础。所谓数据加密技术是指将明文信息经过加密钥匙及加密函数转换,变成无意义的密文,而接收方则将此密文经过解密钥匙、解密函数还原成明文,加密技术是网络安全技术的基石。加密了的数据,即使一不小心被“拿走”,窃取者也“看不懂”。

加密技术包括两个元素:算法和密钥。算法是将普通的文本(或者可以理解的信息)与一串数字(密钥)结合,产生不可理解的密文的步骤,密钥是用来对数据进行编码和解码的参数。

如图 5-72 所示是一个简单加密算法的加密、解密过程。

加密	密钥 (key):8												解密
↓	明文	I		l	o	v	e		y	o	u	!	↑
	明文对应的 ASCII 码	73	32	108	111	118	101	32	121	111	117	33	
		加密、解密算法											
	密文对应的 ASCII 码	81	40	116	119	100	109	40	103	119	99	41	
	密文	Q	(	t	w	d	m	(	g	w	c	)	

图 5-72 加密、解密过程示意图

其中,加密算法为:将明文中所有字符依次变换为其 ASCII 值加 8 后对应的字符,对于英文字母,如果变换结果超出其字母区,则变换为该字母区前面的对应字符,例如,小写字母“v”的 ASCII 码为 118,加 8 后为 126,超出了小写字母区(“z”的 ASCII 码为 122),因此,超出“z”后再从“a”开始计算,变换结果为 100(126-122+97-1,“a”的 ASCII 码为 97),对应的字符为“d”。因此,明文“I love you!”经加密后就变成了密文“Q(twdm(gwc)”。解密过程正好相反。

如果不知道加密算法和密钥,或只知道其一,则即使得到了密文,也“看不懂”。

(4)数字签名技术。

现实生活中,签名有什么作用?在一封信中,文末的签名是为了表示这封信是签名者写的。计算机中,数字签名具有相同的含义:证明消息是某个特定的人,而不是随随便便一个人发送的(有效性);除此之外,数字签名还能证明消息没有被篡改(完整性)。

简单地说,所谓数字签名就是附加在数据单元上的一些数据,或是对数据单元所做的密码变换。这种数据或变换允许数据单元的接收者确认数据单元的来源和数据单元的完整性并保护数据,防止被人(例如接收者)进行伪造。它是对电子形式的消息进行签名的一种方法,相当于书写签名或印章,但其验证的准确度是一般手工签名和图章验证所无法比拟的。

数字签名有两个功效:一是能确定消息确实是由发送方签名并发出来的,因为别人假冒不了发送方的签名;二是数字签名能确定消息的完整性,因为数字签名的特点是它代表了文件的特征,文件如果发生改变,数字摘要的值也将发生变化,不同的文件将得到不同的数字摘要。

数字签名是目前电子商务、电子政务中应用最普遍、技术最成熟、可操作性最强的一种电子签名方法,能够确保传输电子文件的完整性、真实性和不可抵赖性。

(5)防火墙技术。

防火墙(Firewall)是在两个网络通信时执行的一种访问控制尺度,它能允许"被同意"的人和数据进入网络,同时将"不被同意"的人和数据拒之门外,最大限度地阻止网络中的黑客来访问网络,如图 5-73 所示。

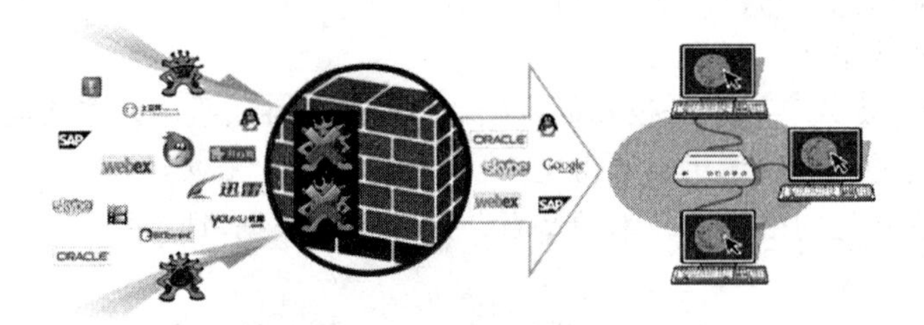

图 5-73 防火墙

(6)安全意识和预防措施。

在日常生活中,我们始终要秉承"天下没有免费的午餐""天上不会掉馅饼"的自我安全保护意识,不能贪图小便宜,要坐得正、行得直,遇事冷静、多思考,关键时候要仔细核查信息、甄别网站,平时要多学习、了解各种骗术及预防措施。

下面简单介绍一些常识或需要注意的地方:

①不要轻信陌生号码发来的信息;

②即使是常见的服务号或好友,也要对短信、QQ、微信内容进行甄别,最好拨打电话或采用另外的联系方式联系其本人进行确认,不要嫌麻烦;

③不要随意点击不明链接或下载网址、红包等;

④安装拦截软件、防病毒软件,定期查毒、杀毒,打安全补丁;

⑤各种银行、支付宝转账要通过官方网站下载的 APP 软件进行网银操作,不要轻易向他人泄露银行账号、密码、身份证号和交易验证码等相关信息;

⑥二维码不要随意扫描;

⑦妥善保存账号、密码、身份证号等关键信息;

⑧不要使用弱密码,如生日、电话号码、身份证号码、QQ、电子邮箱等与个人信息有明显联系的数据、单词、默认密码、键盘排列、短密码等;

⑨不要在多个场合使用同一个密码,为不同应用场合设置不同密码,特别是有关财务的网银及网购账户,避免一个账户密码被盗,其他账户密码也被轻易破解;

⑩不要长期使用固定密码,定期或者不定期修改密码,安全更有保障;

⑪不随便蹭网,不要使用公共 Wi-Fi,关闭自动连接;

⑫不要自动登录网银及手机银行;

⑬设置支付金额限制,尽量减少损失。

5.4.3 黑客

黑客似乎总是带着神秘的面纱,隐藏在角落里却看透整个世界,如图 5 - 74 所示,在网络的世界里,他们无所不能。

图 5 - 74　黑客

“黑客”一词是英文 Hacker 的音译。这个词早在莎士比亚时代就已经存在了,但是人们第一次真正理解它,却是在计算机问世之后。根据《牛津英语词典》解释,“hack”一词最早的意思是“劈、砍”,而这个词意很容易使人联想到计算机遭到别人的非法入侵。因此《牛津英语词典》解释“Hacker”一词涉及计算机的义项是:利用自己在计算机方面的技术,设法在未经授权的情况下访问计算机文件或网络的人。

最早的黑客出现于麻省理工学院。最初的黑客一般都是一些高级的技术人员,他们热衷于挑战、崇尚自由并主张信息的共享。

随着灰鸽子的出现,灰鸽子成了很多假借黑客名义控制他人电脑的黑客技术,于是出现了“骇客”与“黑客”分家。2012 年电影《骇客》也已经开始使用骇客一词,显示了黑客们的不同走向。

根据黑客的动机和行动方式,世界上通常将黑客分为:白帽、黑帽、灰帽、骇客、红帽。

(1)白帽。

白帽亦称白帽黑客、白帽子黑客,是指那些专门研究或者从事网络、计算机技术防御的人,他们通常受雇于各大公司,是维护世界网络、计算机安全的主要力量。很多白帽还受雇于公司,对产品进行模拟黑客攻击,以检测产品的可靠性。

(2)黑帽。

黑帽亦称黑帽黑客、黑帽子黑客,他们专门研究病毒木马,研究操作系统,寻找漏洞,并且以个人意志为出发点,攻击网络或者计算机。

(3)灰帽。

灰帽亦称灰帽黑客、灰帽子黑客，是指那些懂得技术防御原理，并且有实力突破这些防御的黑客——虽然一般情况下他们不会这样去做。与白帽和黑帽不同的是，尽管他们的技术实力往往要超过绝大部分白帽和黑帽，但灰帽通常并不受雇于那些大型企业，他们往往将黑客行为作为一种业余爱好或者是义务来做，希望通过他们的黑客行为来警告一些网络或者系统漏洞，以达到警示别人的目的，因此，他们的行为没有任何恶意。

(4)骇客。

骇客是黑客的一种，但他们的行为已经超过了正常黑客行为的界限，为了各种目的——个人喜好、金钱等等对目标群进行毫无理由的攻击。虽然同属黑客范畴，但是他们的所作所为已经严重地危害到了网络和计算机安全，他们的每一次攻击都会造成大范围的影响以及经济损失，因此，他们获得了一个专属的称号：骇客。

(5)红帽。

红帽也叫红帽黑客、红帽子黑客，最为人所接受的说法叫红客。严格来说，红帽黑客仍然是属于白帽和灰帽范畴的，但是又与这两者有一些显著的差别：红帽黑客以正义、道德、进步、强大为宗旨，以热爱祖国、坚持正义、开拓进取为精神支柱，这与网络和计算机世界里的无国界情况不同，所以，并不能简单将红客归于两者中的任何一类。红客通常会利用自己掌握的技术去维护国内网络的安全，并对外来的攻击进行防御。通常，在一个国家的网络或者计算机受到国外其他黑客的攻击时，第一时间做出反应、并敢于针对这些攻击行为做出激烈回应的，往往是这些红客们。

5.4.4 计算机病毒

1. 计算机病毒的定义

计算机病毒(Computer Virus)并不是生物学意义上的病毒，而是指“编制的或者在计算机程序中插入的破坏计算机功能或者破坏数据，影响计算机使用并且能够自我复制的一组计算机指令或者程序代码”，因此，计算机病毒是一段特殊的、具有破坏性的计算机程序。

2. 计算机病毒的特点

计算机病毒之所以称为病毒，是因为它具有许多和生物病毒相似的特征。

(1)破坏性。计算机病毒感染了系统后，都会不同程度地破坏系统的正常运行。发作时轻则影响计算机运行速度，降低计算机工作效率和稳定性，使用户不能正常使用计算机；重则破坏计算机的数据信息，甚至损坏计算机硬件。

(2)传染性。计算机病毒能够通过各种渠道从已被感染的计算机扩散到未被感染的计算机。

(3)潜伏性。感染系统之后，大多数的病毒不会马上发作，它潜伏在正常的计算机系统中，只有在满足其特定条件时才启动。

(4)寄生性。大多数计算机病毒不是以独立文件的形式存在，而是寄生在宿主(各种被感染的对象，如程序、文件、操作系统)中，当宿主被激活时，病毒代码就会被执行。

(5)隐蔽性。计算机病毒具有很强的隐蔽性，它通常寄生在正常的程序之中或隐藏在磁盘的某个地方，甚至有些病毒采用了极其高明的手段来隐藏自己，而且部分病毒在感染了系统之后，计算机系统仍能正常工作，用户不会感到有任何异常。

计算机病毒的生命周期一般为：开发期→传染期→潜伏期→发作期→发现期→消化期→消亡期。

3. 计算机病毒的传播方式

计算机病毒的传播方式主要包括以下几种：

(1)存储介质。包括硬盘、U盘和光盘等。

(2)网络。随着因特网技术的迅猛发展，因特网在给人们的工作和生活带来极大方便的同时，也成为病毒滋生与传播的温床，当人们从因特网下载或浏览各种资料时，病毒也就可能伴随这些有用的资料侵入到用户的计算机系统中。

4. 计算机病毒的分类

从第一个病毒出现以来，究竟世界上有多少种病毒，没有一个确切的说法，实际上也无法统计。目前，病毒的数量仍在不断增加，有时候还呈现出越演越烈的态势，并带来了巨大的破坏和损失，例如：

2007年1月，累计80%的中国用户受到了病毒的感染，其中78%以上的病毒为木马和后门病毒，其中，熊猫烧香病毒肆虐全球，如图5-75所示。

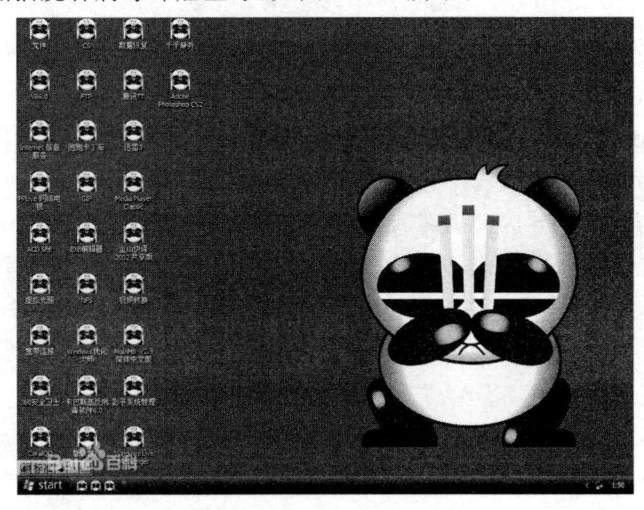

图5-75　熊猫烧香病毒中毒的电脑桌面

2010年，越南全国计算机数量约500万台，其中93%受过病毒感染，导致损失59 000万亿越南盾。

2017年5月，一种名为“想哭”(WannaCry)的勒索病毒席卷全球，如图5-76所示。据美国有线新闻网报道，截至2017年5月15日，大约有150个国家和地区受到影响，至少30万台电脑被病毒感染。电脑被勒索病毒感染后文件会被加密锁定，支付黑客所要赎金后才能解密恢复。微软公司总裁、首席法务官史密斯表示，用常规武器来做类比，此次事件相当于美军的战斧式巡航导弹被盗……全球政府都应该从这次袭击中警醒。更有人描述此次事件为，在世界网络范围内掀起了一场“生化危机”。

根据计算机病毒的主要特点，存在以下分类方法：

(1)破坏性。

按照病毒的破坏情况，可以将病毒分为良性病毒和恶性病毒。良性病毒是指其不包含立即对计算机系统产生直接破坏作用的代码；而恶性病毒就是指在其代码中包含损伤和破坏计算机系统的操作。大部分病毒是恶性的，恶性病毒根据破坏程度又分为：恶性病毒、极恶性病毒、灾难性病毒。

(2)传染方式。

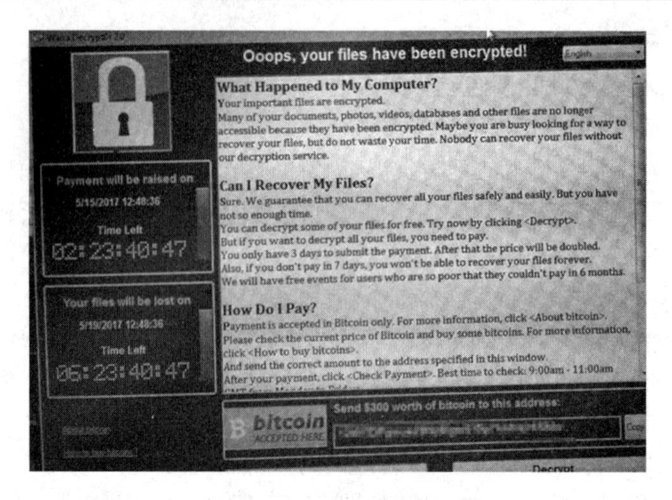

图 5-76 “想哭”勒索病毒

按照传染方式,可以将病毒分为引导区型、文件型、混合型与宏病毒。

① 引导区型病毒主要通过软盘在操作系统中传播,感染引导区,蔓延到硬盘,并能感染到硬盘中的“主引导记录”。由于软盘现在基本上被淘汰了,因此这类病毒也很少出现了。

② 文件型病毒是指文件被病毒感染,也称为“寄生病毒”。

③ 混合型病毒具有引导区型病毒和文件型病毒两者的特点。

④ 宏病毒是指用 BASIC 语言编写的并寄生在 Office 文档上的宏代码。宏病毒影响对文档的各种操作。

(3)传染渠道。

按照传染渠道,可以将病毒分为驻留型和非驻留型病毒。

驻留型病毒感染计算机后,把自身的内存驻留部分放在内存中,这一部分程序挂接系统调用并合并到操作系统中,它处于激活状态,一直到关机或重新启动。

非驻留型病毒在激活时并不感染计算机内存。

(4)算法。

按照病毒程序的设计算法,可以将病毒分为伴随型、“蠕虫”型和寄生型病毒。

① 伴随型病毒并不改变文件本身,它们根据算法产生.EXE 文件的伴随体,具有同样的名字和不同的扩展名(.COM),例如:XCOPY.EXE 的伴随体是 XCOPY.COM。病毒把自身写入.COM 文件并不改变.EXE 文件,当 DOS 加载文件时,伴随体优先被执行,再由伴随体加载执行原来的.EXE 文件。

② “蠕虫”型病毒通过计算机网络传播,不改变文件和资料信息,利用网络从一台机器的内存传播到其他机器的内存,计算机将自身的病毒通过网络发送。

③ 寄生型病毒。除了伴随型和“蠕虫”型,其他病毒均可称为寄生型病毒,它们依附在系统的引导扇区或文件中,通过系统的功能进行传播,按其算法不同还可细分为以下几类:

• 练习型病毒。练习型病毒自身包含错误,不能进行很好的传播,例如一些在调试阶段的病毒。

• 诡秘型病毒。它们一般不直接修改 DOS 中断和扇区数据,而是通过设备技术和文件缓冲区等对 DOS 内部进行修改,不易看到资源,使用比较高级的技术。

• 变型病毒(又称幽灵病毒)。这一类病毒使用复杂的算法,使自己每传播一份都具有不同的内容和长度。

5. 计算机病毒的防治技术

(1)病毒防治策略。

病毒的防治策略以预防、管理为主，清杀为辅。

① 不使用来历不明的移动存储设备(如光盘、U盘等)，不浏览一些格调不高的网站，不阅读来历不明的邮件。

② 系统和数据备份。要经常备份系统和数据，防止万一被病毒侵害后导致系统崩溃、数据破坏与丢失。

③ 安装防病毒软件。

④ 经常查毒、杀毒。

(2)杀毒软件。

随着世界范围内的计算机病毒大量流行，病毒编制花样不断变化，杀毒软件也在经受一次又一次的考验，并在与病毒程序的反复较量中不断发展。如国外的有迈克菲(McAfee)、卡巴斯基等，国内的有360、金山毒霸等，其技术在不断更新，版本在不断升级。

杀毒软件一般由查毒、杀毒及病毒防火墙三部分组成。

当然，杀毒软件具有被动性，一般需要先有病毒及其样本才能研制查杀该病毒的程序。有些软件声称可以查杀新的病毒，其实也只能查杀一些已知病毒的变种，而不能查杀一种全新的病毒。迄今为止还没有哪种杀毒软件能查杀现存的所有病毒，更不必说新的病毒。

5.4.5　信息安全道德规范与法规

在信息时代的网络空间中，我们一方面要想办法保护自己的隐私，使自己不受到伤害；另一方面，也要遵守信息安全道德规范和相关的法律法规，不能去侵犯别人的隐私权，伤害别人，这样，我们才能在网络空间中和谐相处。

1. 信息网络安全道德建设

目前的信息犯罪有两个显著特点：一是互联网信息犯罪非常普遍；二是计算机病毒和黑客攻击对信息系统的破坏程度日益严重。

对于信息犯罪带来的新的法律问题，需要合理制定相关的法律法规并加强管理，但同时也必须加强网络道德建设，起到预防信息犯罪的作用。信息道德建设是一个全新的世界性课题，当前信息道德建设的主要问题在于处理好以下几个关系：

(1) 虚拟空间与现实空间的关系。

现实空间是大家熟悉并生活其中的空间，虚拟空间则是由于电子技术尤其是计算机网络的兴起而出现的人类交流信息、知识、情感的另一种空间，其信息传播方式具有数码化或非物体化的特点，信息传播的范围具有时空压缩化的特点。这两种空间共同构成人们的基本生存环境，它们之间的矛盾与网络空间内部的矛盾是信息网络道德形成与发展的基础。

(2) 信息网络道德与传统道德的关系。

在虚拟空间中，人的社会角色和道德责任都与现实空间有很大不同，他摆脱了制约人们的道德环境，在超地域的范围内发挥更大的社会作用。如何在虚拟空间中引入传统道德的优秀成果和富有成效的运行机制？如何在充分利用信息高速公路对人的全面发展和道德文明的促进的同时抵御其消极作用？如何协调既有道德与信息网络道德之间的关系，使之整体发展为信息社会更高水平的道德？这些均是信息网络道德建设的重要内容。

(3) 个人隐私与社会监督。

在网络社会中，个人隐私与社会安全出现了矛盾：一方面，为了保护个人隐私，磁盘所记录的个人生活应该完全保密；另一方面，个人要为自己的行为负责，因此，每个人的网上行为应该被记录下来，供人们进行道德评价和道德监督，有关机关也可以查寻，作为执法的证据，以保障社会安全。

这就提出了道德法律的问题：大众和政府机关在什么情况下可以调阅网上个人的哪些信息？如何协调个人隐私与社会监督之间的平衡？这些问题不解决，网络主体的权益和能力就不能得到充分发挥，网络社会的道德约束机制就不能形成，社会安全也得不到保障。

2. 软件知识产权保护

知识产权是指人类通过创造性的智力劳动而获得的一项智力性的财产权，知识产权不同于动产和不动产等有形物，它是在生产力发展到一定阶段后，才在法律中作为一种财产权利出现的，知识产权是经济和科技发展到一定阶段后出现的一种新型的财产权。计算机软件是人类知识、经验、智慧和创造性劳动的结晶，是一种典型的由人的智力创造性劳动产生的“知识产品”。一般软件知识产权指的是计算机软件的版权。

目前，我国已经初步建立了保护知识产权的法律体系，为激励人类智力创造、保护自有知识产权技术成果和产品提供了必要的法律依据。

3. 信息安全法律法规

通过多年努力，我国已由全国人民代表大会常务委员会、国务院及国务院各部委发布了一系列维护信息安全的法律法规，包括：

(1)1994 年国务院发布的《中华人民共和国计算机信息系统安全保护条例》。

(2)1996 年新闻出版署发布的《电子出版物管理暂行规定》。

(3)1997 年公安部发布的《计算机信息网络国际联网安全保护管理办法》。

(4)1997 年全国人民代表大会公布的《中华人民共和国刑法》。

(5)1997 年公安部发布的《计算机信息系统安全专用产品检测和销售许可证管理办法》。

(6)1997 年公安部发布的《计算机信息系统安全专用产品分类原则》。

(7)1998 年公安部和中国人民银行制定了《金融机构计算机信息系统安全保护工作暂行规定》。

(8)1999 年国务院发布的《商用密码管理条例》。

(9)2000 年国家保密局发布的《计算机信息系统国际联网保密管理规定》。

(10)2000 年全国人民代表大会常务委员会通过的《全国人民代表大会常务委员会关于维护互联网安全的决定》。

(11)1988 年全国人民代表大会常务委员会颁布了《中华人民共和国保守国家秘密法》，于 2010 年修订。

(12)2002 年国务院发布《互联网上网服务营业场所管理条例》，2011 年第一次修订、2016 年第二次修订。

(13)2016 年全国人民代表大会常务委员会发布了《中华人民共和国网络安全法》并于 2017 年 6 月 1 日起施行。

这些法律法规为维护信息安全，打击计算机犯罪提供了法律武器。

2016 年 12 月 27 日，经中央网络安全和信息化领导小组批准，国家互联网信息办公室发布《国家网络空间安全战略》，阐明中国关于网络空间发展和安全的重大立场，指导中国网络安全工作，维护国家在网络空间的主权、安全、发展利益。

4.实名制

实名制，是一种近年来开始兴起的制度，即在办理和进行某项业务时必须提供有效的个人身份证明，并填写真实姓名。实名制最初是因为网瘾低龄化而开始试水，但随着网络化的不断发展，各种各样虚拟身份的交易日益重要而成为一种趋势，在很大程度上带来了安全保障，但另一方面其对个人隐私可能的侵犯也需要人们去探索和研究。

世界上许多国家的法律允许匿名制，许多国家的法律允许匿名注册发言。匿名制对社会的重要贡献是有利于信息安全、有利于保护个人信息；但匿名制的弊端是容易产生信息骚扰、信息诈骗等问题，且追查困难。而实名制对社会的重要贡献是可极大减少并严厉打击匿名制滋生的各类信息骚扰和违法犯罪活动；实名制的弊端是可能影响信息安全，造成信息或隐私泄露。

(1)手机实名制。

实行手机实名制，如图5-77所示，旨在遏制违法短信、诈骗短信、色情短信等垃圾短信，规范经营，减少通过手机短信进行违规、违法行为。

图5-77　手机实名制

2015年12月27日，全国人民代表大会常务委员会审议通过《中华人民共和国反恐怖主义法》，其中第二十一条规定："电信、互联网、金融、住宿、长途客运、机动车租赁等业务经营者、服务提供者，应当对客户身份进行查验。对身份不明或者拒绝身份查验的，不得提供服务。"

2016年5月，工业和信息化部发布最严手机实名制通知，要求各基础电信企业全面推进手机实名制，确保在2016年12月31日前本企业全部电话用户实名率达95%以上，2017年6月30日前全部实现实名制。而在2016年11月，工业和信息化部加快了实名制要求的步伐，发布《工业和信息化部关于进一步防范和打击通讯信息诈骗工作的实施意见》。

(2)网络实名制。

网络实名制最主要的目的是为了防止匿名在网上散布谣言，制造恐慌和恶意侵害他人名誉的一系列网络犯罪。网络实名制是网络文化中争议较大的一种，习惯了在网络这种虚拟空间中生活的民众反对实名制。但网民实名制能有效遏制网瘾，并使网友看到更有责任的言论，有利于建立社会信用体系，提高个人信息的准确度，使人与人之间的联系将更方便安全。

我国对于互联网用户实名制的倡导和规定由来已久：

2002 年，清华大学新闻与传播学院教授李希光首提禁止匿名上网。

2008 年，工业和信息化部答复，网络实名制立法提案虽未获通过，但“实现有限网络实名制管理”将是未来互联网健康发展的方向。

2012 年，全国人民代表大会常务委员会通过《关于加强网络信息保护的决定》，决定允许有限度的网络匿名，规定用户办理入网手续应提供真实身份信息，即允许前台匿名、后台实名，以保护个人隐私，保护个人信息。

2013 年，国务院办公厅下发《关于实施〈国务院机构改革和职能转变方案〉任务分工的通知》，提出要在 2014 年 6 月底前出台并实施信息网络实名登记制度。

2015 年，国家互联网信息办公室正式出台《互联网用户账号名称管理规定》，全面落实网络用户实名制。

2017 年 6 月 1 日起施行的《中华人民共和国网络安全法》第二十四条更进一步明确，网络运营者为用户办理网络接入等服务，在与用户签订协议或者确认提供服务时，应当要求用户提供真实身份信息。

2017 年 10 月 1 日起施行的《互联网跟帖评论服务管理规定》和《互联网论坛社区服务管理规定》，明确了注册用户需“后台实名”，否则不得跟帖评论、发布信息，如图 5－78 所示。同时，相关从业人员不得为牟取不正当利益或基于错误价值取向有选择地删除、推荐跟帖评论，不得利用软件、雇佣商业机构及人员等方式散布信息。

图 5－78 网络实名

(3)网吧实名制。

根据国家最新规定：凡进入网吧从事上网的消费者均须凭个人有效身份证件进行登记，经网吧管理人员审验后方可上机；无个人有效身份证件及 16 周岁以下未成年人一律不予接纳；16 周岁以下未成年人在国家法定节假日及寒暑假以外时间不得进入网吧，允许时间内进入除履行登记手续外，每次上网在线时间不得超过 3 小时；所有网吧不得通宵经营。

网民在网吧上网时登记姓名和身份证号，其积极意义主要有两个方面：

① 有利于核查、控制网上聊天内容，防止少数网民离奇古怪的恶作剧以及侦破和打击黑客在网上的犯罪活动。

② 未成年人处于读书学习的关键时期，长期迷恋、浸泡在网中，会分散注意力，不利于他们的健康成长。

(4)网游实名制。

文化部于 2016 年 12 月 1 日印发的《文化部关于规范网络游戏运营加强事中事后监管工作的通知》明确，网络游戏运营企业应当要求网络游戏用户使用有效身份证件进行实名注册，并保存用户注册信息；不得为使用游客模式登录的网络游戏用户提供游戏内充值或者消费服务。

参 考 文 献

[1]刘卫国，唐文胜. 大学计算机基础[M]. 北京：北京邮电大学出版社，2005.

[2]薛礼. 大学计算机基础[M]. 北京：清华大学出版社，2012.

[3]龚沛曾，杨志强. 大学计算机[M]. 6版. 北京：高等教育出版社，2013.

[4]吴宁. 大学计算机基础[M]. 2版. 北京：电子工业出版社，2013.

[5]胡宏智. 大学计算机基础[M]. 北京：高等教育出版社，2013.

[6]蒋加伏，沈岳. 大学计算机[M]. 4版. 北京：北京邮电大学出版社，2013.

[7]陈国良. 计算思维导论[M]. 北京：高等教育出版社，2012.

[8]战德臣，聂兰顺，等. 大学计算机——计算思维导论[M]. 北京：电子工业出版社，2013.

[9]郑阿奇，唐锐，栾丽华. 新编计算机导论(基于计算思维)[M]. 北京：电子工业出版社，2013.

[10]刘相滨，汪永琳. 大学计算机基础[M]. 2版. 上海：复旦大学出版社，2014.

[11]陆汉权. 计算机科学基础[M]. 2版. 北京：电子工业出版社，2015.

[12]唐培和，徐奕奕. 计算思维——计算学科导论[M]. 北京：电子工业出版社，2015.

[13]杨俊生，谭志芳，王兆华. C语言程序设计——基于计算思维培养[M]. 北京：电子工业出版社，2015.

图书在版编目(CIP)数据

大学计算机基础 ：计算思维/刘相滨主编. —北京：北京大学出版社，2019.1
ISBN 978-7-301-29903-6

Ⅰ. ①大… Ⅱ. ①刘… Ⅲ. ①电子计算机—高等学校—教材 Ⅳ. ①TP3

中国版本图书馆 CIP 数据核字(2018)第 210353 号

书　　名 大学计算机基础——计算思维
DAXUE JISUANJI JICHU——JISUAN SIWEI
著作责任者 刘相滨 主编
责 任 编 辑 王 华
标 准 书 号 ISBN 978-7-301-29903-6
出 版 发 行 北京大学出版社
地　　址 北京市海淀区成府路 205 号 100871
网　　址 http://www.pup.cn
电 子 信 箱 zpup@pup.cn
新 浪 微 博 @北京大学出版社
电　　话 邮购部 010-62752015 发行部 010-62750672 编辑部 010-62765014
印 刷 者 长沙超峰印刷有限公司
经 销 者 新华书店
787 毫米×1092 毫米 16 开本 15.5 印张 384 千字
2019 年 1 月第 1 版 2019 年 1 月第 1 次印刷
定　　价 45.00 元
